河北省一般公共预算财政资金项目（343-0402-YQN-7IAY）资助

河北省关闭煤矿地质环境与剩余资源多要素综合调查与评价

殷全增　陈中山　冯启言　张灯亮　台立勋
李　芳　宋朋印　谷　丰　高鹏远　张海荣　著

U0353314

中国矿业大学出版社

·徐州·

内 容 提 要

近年来,由于煤炭资源枯竭、开采条件恶化和国家产业政策的调整,大量煤矿关闭。在煤矿关闭区存在采空区塌陷、地裂缝、地下水污染、土壤污染、生态破坏等环境问题,同时,关闭煤矿仍然具有剩余矿产、土地、煤层气(瓦斯)、矿井水、地下空间等资源开发利用的潜力。本书针对河北省重点关闭煤矿区开展了地质环境与剩余资源多要素综合调查,探讨了多要素的调查方法,构建了多要素的评价指标体系和评价方法,提出了关闭煤矿资源再利用的模式,对河北省关闭煤矿的地质环境整治、生态恢复、资源再利用具有参考价值。

本书可供地质环境调查、生态恢复、关闭矿山资源开发利用等领域的工程技术人员参考。

审图号:GS(2022)5795 号

图书在版编目(C I P)数据

河北省关闭煤矿地质环境与剩余资源多要素综合调查

与评价 / 殷全增等著.—徐州 : 中国矿业大学出版社,

2022.11

ISBN 978 - 7 - 5646 - 5667 - 6

Ⅰ.①河… Ⅱ.①殷… Ⅲ.①煤矿－矿山地质－地质

环境－环境综合整治－研究－河北②煤矿－矿区－资源利

用－研究－河北 Ⅳ.①TD167

中国版本图书馆 CIP 数据核字(2022)第 220754 号

书　　名	河北省关闭煤矿地质环境与剩余资源多要素综合调查与评价
著　　者	殷全增　陈中山　冯启言　张灯亮　台立勋　李　芳　宋朋印 谷　丰　高鹏远　张海荣
责任编辑	李　敬
出版发行	中国矿业大学出版社有限责任公司 (江苏省徐州市解放南路　邮编221008)
营销热线	(0516)83885105　83884103
出版服务	(0516)83995789　83884920
网　　址	http://www.cumtp.com　E-mail:cumtpvip@cumtp.com
印　　刷	徐州中矿大印发科技有限公司
开　　本	787 mm×1092 mm　1/16　印张 14　字数 332 千字
版次印次	2022 年 11 月第 1 版　2022 年 11 月第 1 次印刷
定　　价	60.00 元

(图书出现印装质量问题,本社负责调换)

前　　言

　　党的十八大以来，生态文明建设已纳入"五位一体"总体布局和"四个全面"战略布局，把"美丽中国"作为生态文明建设的目标。特别是，河北省作为京津冀生态环境支撑区的城市功能定位已在《京津冀协同发展规划纲要》中明确提出，随着煤炭供给侧结构性改革深入推进，大量资源枯竭、地质环境破坏严重、产能落后的煤矿陆续关闭退出，全省关闭煤矿日益增多。为掌握河北省主要矿区关闭煤矿地质环境现状和了解大中型关闭煤矿资源基本情况，河北省煤田地质局物测地质队（以下简称"物测队"）陆续开展了系列调查评价项目，包括"河北省主要矿区关闭煤矿山多要素综合调查""小窑采空区探测常用物探方法优选""河北省关闭矿井剩余煤炭资源林南仓煤矿地下气化可行性评价"等，在全省范围内对关闭煤矿的地质灾害、地质环境、资源（剩余煤炭、土地、煤层气、矿井水、地下空间等资源）等多个要素开展综合调查，以期为煤矿地质环境保护、治理及地质资源高效利用提供基础资料和参考依据。

　　本书为近几年物测队对多个关闭煤矿地质环境调查评价项目的成果总结。全书共分7章，第1章由殷全增、陈中山、冯启言等执笔，第2章由殷全增、陈中山执笔，第3章由张灯亮、台立勋、张海荣执笔，第4章由陈中山、宋朋印、谷丰、高鹏远执笔，第5章由冯启言、陈中山执笔，第6章由殷全增、陈中山、李芳执笔，第7章由殷全增、陈中山、冯启言执笔。全书由殷全增、陈中山统稿。

　　在本书项目进行过程中得到了开滦（集团）有限责任公司、冀中能源集团有限责任公司、中国矿业大学、中国矿业大学（北京）等单位的支持，样品测试得到了河北省煤田地质局新能源地质队的支持，在此表示感谢。成书过程中，刘宇、路永歌、王震南、顾一芳、王晓青等在制图、数据处理等方面作出了贡献，在此一并致谢。

　　由于关闭煤矿地质条件复杂，关闭类型多样，内容广泛，大量关闭煤矿尤其是以往废弃的煤矿闭矿资料缺失，缺少长时间序列的监测资料，因此在调查方法、评价方法、资源再利用等方面都需要探索，限于作者专业背景和学术水平，书中错误在所难免，恳请读者批评指正。

作　者

2022 年 10 月

目　　录

第 1 章 绪 论

1.1 研究背景

我国煤炭资源丰富,但"相对富煤、缺油、少气"的能源资源禀赋特征,决定了煤炭是我国的基础能源,也是能源安全的战略保障(王双明 等,2020)。2021 年 9 月,习近平总书记考察陕西榆林时强调,在相当一段时间内,煤炭作为主体能源是必要的,否则不足以支撑国家现代化。2022 年 1 月,习近平总书记在山西瑞光热电有限责任公司考察时指出,富煤贫油少气是我国国情,要夯实国内能源生产基础,保障煤炭供应安全,统筹抓好煤炭清洁低碳发展、多元化利用、综合储运这篇大文章。根据前瞻产业研究院最新成果和中国能源中长期(2030 年、2050 年)发展战略研究报告,今后一段时期我国煤炭年需求总量最低将保持 2% 以上的增速。中国工程院战略研究表明,我国将坚持煤炭为主体、电力为中心、油气和新能源全面发展的能源战略,2050 年以前以煤炭为主导的能源结构将难以改变(袁亮,2021)。煤炭作为我国的战略能源,每年开采量十分巨大,我国的煤炭产量已占据世界煤炭总产量的 1/2 以上(段文婷,2022)。"十三五"以来,煤炭资源开发和煤矿建设取得明显成效,全国煤炭资源探明储量 1.71 万亿 t(截至 2018 年),占一次能源资源量的97%(徐亮,2021)。"十四五"现代能源体系中提出,坚持立足国内、补齐短板、多元保障、强化储备,完善产供储销体系,增强能源持续稳定供应和风险管控能力,实现煤炭供应安全兜底、油气核心需求依靠自保、电力供应稳定可靠。从我国煤炭资源产量变化(图 1-1)可以看出,2002—2014 年,煤炭产量呈现快速增长趋势,最高达到 38.70 亿 t,随后有所下降,至 2021 年,煤炭产量达到历史最高值 40.70 亿 t。2012 年河北省的煤炭产量达到最高值 1.20 亿 t,随后产量呈持续下降趋势(图 1-2)。

高强度的开发造成大量煤矿资源枯竭,同时我国在过去 20 年来产业政策也发生了很大变化,加之地质条件复杂,造成大量煤矿废弃或者关闭。随着我国经济发展进入新常态,大量煤矿因低产能、高消耗或矿井资源枯竭而关闭。在供给侧改革背景下,随着煤炭去产能政策的推进,产能过剩的关闭煤矿数量大幅提升(何皓 等,2018;殷全增 等,2021)。同时,部分煤矿由于地质环境遭到严重破坏而关闭(陈中山 等,2020)。2020 年我国因化解产能或安全问题关闭煤矿数量达 428 处,预测 2030 年我国关闭/废弃煤矿将达到 1.5 万处(袁亮 等,2021)。

1998 年 12 月,国务院发布《关于关闭非法和布局不合理煤矿有关问题的通知》(国发〔1998〕43 号),决定对于凡没有采矿许可证和煤炭生产许可证以及 1997 年 1 月 1 日后在国有煤矿矿区范围内开办的各类小煤矿,一律依法取缔。

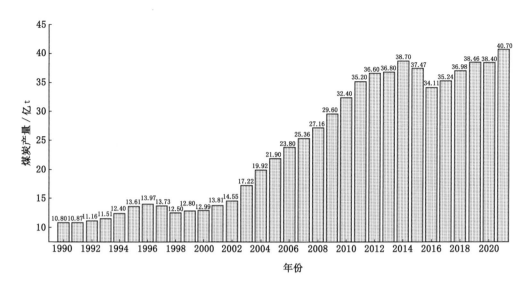

图 1-1　我国煤炭资源产量变化

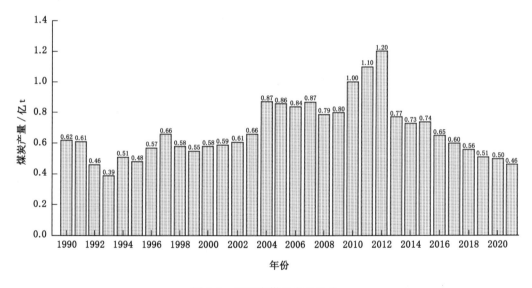

图 1-2　河北省煤炭产量变化

2000 年 6 月,中共中央办公厅、国务院办公厅发布《关于进一步做好资源枯竭矿山关闭破产工作的通知》(中办发〔2000〕11 号),决定对一批资源枯竭矿山实施关闭破产。

2001 年,国务院办公厅发布了《关于进一步做好关闭整顿小煤矿和煤矿安全生产工作的通知》(国办发〔2001〕68 号),明确提出凡属"四个一律关闭"的小煤矿全部予以关闭。"四个一律关闭"的小煤矿是指国有煤矿矿办小井、国有煤矿矿区范围内的小煤矿、不具备基本安全生产条件的各类小煤矿、"四证"不全以及生产高灰高硫煤炭的小煤矿。

2005 年,《国务院关于全面整顿和规范矿产资源开发秩序的通知》(国发〔2005〕28 号)规定,为解决当前矿产资源开发中存在的突出问题,国务院决定全面整顿和规范矿产资源开发秩序。

2010 年,《关于进一步淘汰落后产能推进煤矿整顿关闭工作的通知》(发改能源〔2010〕1118 号)中,为进一步加快煤炭行业结构调整,转变煤炭发展方式,确保实现"十一五"节能减排目标,继续深入推进煤矿整顿关闭、淘汰煤炭落后产能工作,对有关事项作出要求。

2013 年,国务院办公厅发布了《关于进一步加强煤矿安全生产工作的意见》(国办发〔2013〕99 号),明确提出,关闭 9 万 t/a 及以下、不具备安全生产条件、煤与瓦斯突出等灾害严重、发生较大及以上责任事故、超层越界拒不退回、资源枯竭、拒不执行停产整顿指令仍然组织生产的煤矿;加大政策支持力度,鼓励优势煤矿企业兼并重组小煤矿,修订煤炭产业政策,提高煤矿准入标准。

2015 年 12 月,中央经济工作会议提出,推动煤炭行业供给侧结构性改革的"去产能、去库存、去杠杆、降成本、补短板"五项重点任务。

2016 年 2 月,国务院发布了《关于煤炭行业化解过剩产能实现脱困发展的意见》(国发〔2016〕7 号),提出用 3~5 年的时间,再退出煤炭产能 5 亿 t 左右、减量重组 5 亿 t 左右的目标。

为了进一步推动我国煤炭产业规模化生产,"十二五"期间我国共计关闭煤矿 7 250 处。"十三五"期间,煤炭行业围绕推动供给侧结构性改革目标任务,深化市场化体制机制创新,着力淘汰落后产能、化解过剩产能。截止到 2020 年年底,我国累计关闭煤矿 7 448 处,全国累计退出煤炭产能 10 亿 t。"十四五"期间,我国经济结构将进一步调整优化,据《煤炭工业"十四五"高质量发展指导意见》,到"十四五"期末,全国煤矿数量控制在 4 000 处以内。

根据国家相关政策,河北省也陆续出台了一系列政策,对煤矿进行了关闭、整合。2012 年 12 月,河北省人民政府办公厅印发《河北省金属非金属矿山整顿工作方案》(办字〔2012〕138 号),该方案坚持依法淘汰、标本兼治、稳步推进的原则,统筹采取取缔、关闭、整合、整改、提升等有效措施,依法关闭不具备安全生产条件和破坏生态、污染环境等各类矿山。到 2015 年年底前,全省金属非金属矿山(包括尾矿库)关闭 1 100 座以上。

2016 年 6 月,河北省人民政府发布了《河北省煤炭行业化解过剩产能实现脱困发展的实施方案》,提出利用 3~5 年时间,全省退出煤矿 123 处,退出产能 5 103 万 t。

2017 年 4 月,河北省发展改革委印发《河北省煤炭工业发展"十三五"规划》(冀发改能源〔2017〕388 号),提出"十三五"期间,河北省将关闭退出煤矿 123 处,淘汰生产能力 5 103 万 t。到 2020 年全省煤炭产能 7 000 万 t 左右,煤炭产量控制在 5 000 万 t 左右。全省煤炭企业减少到 20 家以内,单个企业生产规模达到 300 万 t/a 以上。推动张家口、承德、秦皇岛、保定 4 市在"十三五"期间加快成为"基本无煤矿市"。

2019 年 7 月,国家发展改革委、河北省人民政府印发《张家口首都水源涵养功能区和生态环境支撑区建设规划(2019—2035 年)》,指出严格控制矿产资源开发,实行矿山有序退出,全面开展露天矿山污染深度整治,促进矿产资源开发利用与矿山地质环境保护协调发展,积极引导矿山企业绿色转型。

2021 年 3 月 31 日,河北省第十三届人民代表大会常务委员会第二十二次会议审议通过了《关于加强矿产开发管控保护生态环境的决定》,要求对安全生产和环保限期整改不达标、越界开采拒不退回的矿山,依法关闭;对属于国家和本省产业政策淘汰类、位于"四区一线"无法避让、资源枯竭和已注销采矿许可证、列入煤炭去产能关闭退出计划的矿山,限期关闭退出。

2022 年 9 月,河北省矿产资源保护监督处发布《河北省矿产资源总体规划(2021—2025 年)》,提出大幅压减小矿山数量。继续加大固体矿山关闭、整合重组力度,不断减少小矿山数量,提升矿山规模。依法关闭严重破坏生态环境的、严重浪费水资源的、限期整改仍未达到环保和安全标准的矿山。

1.1.1 关闭煤矿引发的主要地质灾害

露天矿地质灾害主要表现为边坡不稳定、排土场不稳定和采场水土流失等,井工煤矿则存在地表塌陷、开裂、变形等地质灾害(李柯岩,2019)。如果关闭煤矿的废弃地下空间一直不加以处理,各类废弃地下空间的围岩随时间会出现失稳,引发巷道、硐室或采空区的垮塌。特别是废弃采空区的垮塌,会在地表形成大面积的塌陷区。塌陷区对地表植被、耕地和居民住宅等造成很大的破坏和影响,从而进一步恶化生态环境,甚至造成无法挽救的生态损失(任辉 等,2018)。当废弃采空区垮塌所波及的地表为倾斜山地时,地面变形的不均匀性破坏了地表斜坡的原始平衡状态,可能诱发山体滑坡、岩崩及泥石流等自然灾害。特别在我国西南和西北地区的山区矿井,表土层薄、山坡陡,由于地下采矿活动引起的滑坡灾害时有发生(李怀展 等,2015;蔡振宇 等,2019)。煤矸石堆放场同样会产生滑坡、坍塌、泥石流等自然灾害(章安质,2010;杨培奇 等,2011;王瑞青 等,2013)。地质环境评价直接关系到地质灾害的发生概率,通过分析地质环境可以有效得出地质灾害隐患和等级。在进行地质环境复杂程度划分过程中,主要是从两个方面着手,分别是地质环境复杂类型划分和地质环境水文条件确定;而水文条件不仅仅是地下水和地表水的流通排放,还涉及水体水质以及流速流量是否会造成泥石流、地面塌陷、滑坡等现象,需要有针对性地分析地质灾害发生的可能性与水文因素的关系。指定区域内的气象水文条件是地质灾害发生的重要因素,因此需要在评估过程中认真分析,保证评估不存在盲点,整体评估科学合理(陈纳川,2022)。

1.1.2 关闭煤矿剩余资源

煤矿关闭后,仍赋存着丰富的可利用资源,包括剩余煤炭资源、煤层气资源、矿井水资源、地下空间资源、土地资源等。研究显示,关闭煤矿剩余煤炭资源的利用方向主要为煤炭地下气化,国内关闭煤矿剩余煤炭资源地下气化技术较为成功的陕西渭南市澄城县王村煤矿斜井有井式煤炭地下气化工业性试验是典型案例之一。关闭煤矿井下煤层气的利用方向较为单一,主要用于发电,较为成功的是内蒙古鄂尔多斯市乌兰煤炭(集团)有限责任公司。矿井水资源化利用主要有两个途径:一是通过简单处理作为井上、井下生产用水和附近农业灌溉用水;二是通过深度处理作为矿区居民或矿业城市居民生活用水。地热能的利用分为两种方式:一种是地热发电;另一种是热能直接利用,包括地热水的直接利用(如地热采暖、洗浴、养殖等)和地源热泵供热、制冷。地下空间可以在地下停车场、地铁等交通设施,地下商城、水下游乐馆等商业设施,人民防空、抵御自然灾害、地下军事指挥中心等人防和军事工程,地下油气库、地下仓库、特殊物资井下仓储等仓储设施,地下城市、地下医院、井下农业、蓄能站等方面发挥巨大作用。土地资源可用作农林用地或建设用地(任辉 等,2018;王行军,2020)。

1.1.3 关闭煤矿环境污染与生态问题

关闭煤矿后地下水位回弹并引起地下水污染,关闭/废弃煤矿因其遗留的自然资源和社会资源仍有巨大的开发潜力,但其周边区域存在地面沉降、煤矸石污染土壤、地下水污染、水土流失等现象(杜建平 等,2018;贾斌 等,2019;刘光秀 等,2019;王世虎,2018),导致大量土地资源无法利用,自然本底破坏严重,带来的生态、经济和社会胁迫压力巨大。只有先修复其生态本底,才能进一步利用其土地、工业和旅游资源,促进经济与社会的发展。但在无人工干预条件下,关闭/废弃煤矿生态恢复周期长、见效慢(张光富 等,2000),因此,对关闭/废弃煤矿进行生态修复迫在眉睫。

1.1.4 地质环境监测网络

地质环境监测既是矿山环境恢复治理工作的基础,也是地质环境管理工作的依据,尽管地质灾害具有突发性,但其突发前会出现各类征兆和变化,只有加强监测,才能做到提前预报、提前防治,减少损失(李喆,2020)。当前,我国关闭煤矿缺少地质环境监测网络,不能通过长期监测实现地质环境灾害预警。

1.2 研究进展

1.2.1 关闭矿山调查方法

1.2.1.1 遥感调查技术应用

遥感技术具有探测范围大、周期短、信息量大、资料获取速度快、客观真实、动态性强以及资料收集不受特殊地形限制等突出特点。

遥感调查是关闭矿山地质环境调查不可缺少的技术方法之一。利用卫星、航空影像解译关闭矿山地质环境问题,具有直观、真实、准确、时效性强等特点。利用遥感技术进行关闭矿山地质环境调查,能起到事半功倍的效果。通过大比例尺地面调查和高分辨率的遥感解译相结合的工作方法,能快速圈定关闭矿山地质环境问题的类型、形态、空间分布、规模及其外围地质环境条件,便于进行定性和定量分析研究,提高关闭矿山地质环境调查工作的质量和效率,对关闭矿山地质环境调查与评价起到重要作用。

总体而言,遥感调查技术在关闭矿山地质环境问题调查中的应用主要关注了遥感数据源的选择、解译标志的建立、解译方法的选择和解译成果的验证四个方面的问题。

过去,卫星遥感数据源大多选用国外的产品,如 Landsat、SPOT5、QuickBird 等,但随着我国遥感技术的发展,国产卫星遥感数据产品得到了广泛应用,如高分 1 号、高分 2 号。

解译标志主要基于关闭矿山地质环境问题各要素的形状、大小、色调、阴影、纹理、图形等特征。

关闭矿山地质环境遥感调查的研究对象不同、复杂程度不同,规模也不同,而遥感图像的空间分辨率从零点几米到几千米,也就决定了矿山地质环境调查研究中的遥感技术是有尺度条件的。遥感数据处理内容包括控制点选取,遥感数据正射校正、融合、镶嵌,标准 DOM 数字正射影像图分幅和整饰等,处理结果用于矿山地质环境调查解译,将结果进行野外验证。

遥感影像的解译主要有直接解译与间接解译两种方法。直接解译是从航片或卫片上根据地物影像的解译标志直接判断出地物类型。间接解译则采用监督分类或非监督分类的方法,但限于空间分辨率及要素的复杂性,分类结果的准确性略低。

应用遥感技术进行矿山环境地质问题调查,有很多专家学者做了实践和研究工作。

武强等(2004)将矿山环境调查划分为普通调查、验核调查和解剖调查三类,指出 3S 技术、野外和室内测试试验、长观动态监测和地球物理勘探等是矿山环境调查的主要技术手段和方法。

王晓红等(2004)总结了矿山地质环境要素的特征,建立了解译标志。选择 QuickBird、SPOT5 数据,先采用光谱角分类、最大似然分类等监督分类方法,初步识别了矿山地质环境要素,然后在自动识别的基础上进行目视解译,调查了矿山建筑物、矿山道路、尾矿库、金属矿固体废弃物、煤矿固体废弃物、开采硐口、被金属矿污染的水体、被煤矿污染的水体、露天石灰岩开采场等。

欧阳华平等(2009)利用 IKONOS 卫星遥感数据,对地面塌陷和地裂缝识别进行了研究,定性和定量分析了采煤塌陷区和地裂缝的位置、面积、长度和危害程度及范围。

魏采用等(2016)用 SPOT6、高分 1 号、高分 2 号为数据源,通过人工目视解译与野外调查验证相结合的手段,研究了卫宁北山地区的矿产资源开发状况,了解井口、硐口、露天采场的位置。

陈中山等(2020)以峰峰矿区为例,利用遥感技术,将室内解译与野外调查相结合,针对关闭煤矿不同要素分别建立遥感解译标志,通过比较历史影像,对矿区地质环境问题进行遥感解译与分析,研究了矿区土地类型改变及土地资源占用、地貌景观破坏、地面塌陷、地裂缝的识别。

徐振英(2020)采用高分辨率、多波段、多时相遥感影像,对研究区的露天采场、工业广场、废石渣堆、矸石山、排土场、尾矿库、选矿场、冶炼厂进行解译和判读,分析了矿业开采所造成的地形地貌景观破坏、土地资源损毁挖损、压占及占用等矿山地质环境问题的规模、分布和危害程度。

李华坦等(2021)基于高分 2 号遥感影像数据,在建立解译标志的基础上,采用目视法、类比法、直译法和推测法等解译了采场、矿山建筑物、中转场地(煤堆、矿石堆、选煤厂、选矿场、选矿池等)、固体废弃物(排土场、废石堆、尾矿库、煤矸石堆等)等土地压占情况,及地面塌陷等地质灾害情况。

唐尧等(2022)建立了崩塌、滑坡、泥石流及不稳定斜坡的解译标志,选取高分 1 号、高分 2 号卫星遥感数据对攀西地区的地质灾害进行了调查,结合地形地貌特征,分析了该地区地质灾害的空间分布规律。

卫星遥感数据的空间分辨率相对较低,对诸如地裂缝这样的地质环境问题的识别精度不高。无人机航拍可以获取高清晰、大比例尺的影像或测绘数据,受地形影响小,设备小型轻便,数据处理简单,资料直观且获取成本低,因此,可以有针对性地对重点工作区内部地质环境灾害点及孕灾地质条件进行辅助调查,解决了传统遥感监测数据比例尺小、精度不够的难题。

侯恩科等(2019)对比分析了卫星遥感影像与无人机遥感影像在地表裂缝调查、解译识别中的优缺点,认为无人机航拍影像中裂缝整体视觉清晰,可充分反映出宽度大于5 cm的地表裂缝的形态、长度、位置等发育特征,且解译出的地表裂缝发育规律更接近实际。无人机遥感不仅提高了煤矿区地表裂缝调查的精度和可靠性,也为地表裂缝各项研究提供了丰富的基础数据。

杨雪茹(2021)通过无人机遥感技术实现了对调查区域的初步解译,包括灾害范围、受灾程度等,并通过野外核实对其进行进一步的详细解译。需要注意的是,在对地质灾害信息进行判读时,必须综合考虑现场的实际情况,防止因某些因素的影响而产生漏判或误判。在解译裂缝时,需要重点关注阴影和纹理,如果裂缝过小,在遥感影像上所呈现出来的差别就比较模糊,会给目视解译工作造成一定的困难,因此需要结合地形图来进行判断。如果裂缝已经出现且缝隙较大的话,就应该重点判读遥感影像上的阴影位置。而在裂缝还未裂开的时候,则主要通过纹理来进行判读。同时,要有效利用影像比例尺来精准判断裂缝的宽度和长度等信息。

赵兴志等(2022)利用无人机航空三维倾斜摄影技术获取熊耳山-伏牛山矿集区重点区段矿山的高精度4D产品,并进行数据处理和三维建模,得到的三维模型包含丰富的矿山信息,可以有效便捷地识别因矿山活动引发的土地资源损毁、挖损、占压、地形地貌景观破坏及崩塌、滑坡、泥石流、地面塌陷、地裂缝等地质灾害信息。

1.2.1.2 采空区地球物理探查方法

关闭矿山的地下存在大面积的采空区,导致地表不断沉陷,使地面建筑物、道路、土地、生态环境等遭受到严重破坏,给关闭矿山的地质环境治理和综合利用带来很大的不确定性。采空区是随着煤炭开采逐渐形成的,其稳定性随时间的推移逐渐增强;不同的开采方法影响了采空区的变化;采空区的埋藏深度对地表的破坏有很大差异;处于不同的地质结构、水文地质条件的采空区不仅对地表破坏的程度不同,对地下水环境的影响也不同。此外,由于资料缺失导致很多采空区的范围不清楚,形成了潜在的危害。

地球物理勘查方法由于具有高效、无损等特点,在采空区探测中得到广泛应用(胡承林,2011)。根据采空区通常存在的电磁场异常、地震异常、重力异常、放射性异常等地球物理特征,目前主要的物探方法包括浅层二维(三维)地震法、瞬变电磁法、高密度电阻率法、大地电磁法、地质雷达法、测氡法等。

煤矿采空区及其上覆塌陷区的存在破坏了地层层状结构以及地层完整性,致使煤层反射波组特征发生变化,具体表现为反射波同相轴不连续、错断、杂乱,甚至出现空白反射,并且地震波振幅、频率、能量均降低,相位反转等。由于煤矿采空区以及上覆塌陷岩层与围岩的物性存在较大差异,可根据其不同的地震响应特征,实现三维地震对煤矿采空区的探测,并且获得较高分辨率的三维地震探测数据和地质解释成果(闫忠明 等,2022)。浅层二维(三维)地震法可以连续测量,圈定采空区范围较为准确可靠,裴文春等(2007)、唐世庚等(2008)、张春燕(2011)、闫忠明等(2022)对其进行了研究和实践,但该方法易受表层多次反射波的干扰,且受限于地形。

瞬变电磁法是利用不接地回线或接地电极向地下发送脉冲式一次电磁场,用线圈或接地电极观测由该脉冲电磁场感应的地下涡流产生的二次电磁场的空间和时间分布,从而解决有关地质问题的时间域电磁法。瞬变电磁法的激励场源主要有两种,一种是载流线圈或回线,另一种是接地电极。目前,使用较多的是回线场源。发射的电流脉冲波形主要有矩形波、三角波和半正弦波等,不同波形有不同的频谱,激发的二次场频谱也不相同。由于是在没有一次场背景的情形下观测纯二次场异常,因而异常更直接、探测效果更明显、原始数据的保真度更高(戴前伟 等,2013;王士党 等,2015)。瞬变电磁法具有施工效率高、对低阻体敏感、地形影响小等优点(覃庆炎,2014;牟义,2018)。

高密度电阻率法是以岩土体的导电性差异为物质基础,在人工电流场作用下,通过观测和研究视电阻率的变化规律,进而解决地质、环境、工程问题的一种电法勘探方法。采用高密度电阻率法工作时,将数十根电极一次性布设完毕,每根电极既是供电电极又是测量电极。通过程控式多路电极转换器选择不同的电极组合方式和不同的极距间隔,从而完成野外数据的快速采集。对某一极距而言,其结果相当于电阻率剖面法;而对同一记录点处不同极距的观测又相当于一个测深点。所以,高密度电阻率法实际上是电阻率剖面法和电阻率测深法的综合。高密度电阻率法在观测中设置了较高密度的测点,电极布设一次完成,具有剖面测量和测深两种性质。与传统的电阻率法相比,高密度电阻率法成本低、效率高,信息丰富,解释方便,因而勘探能力显著提高,但是高密度电阻率法的勘探深度有限(胡承林,2011)。

当煤层被采空后,其上下岩层形成一定的空隙,使原有的应力场发生变化,从而破坏了岩石的完整性、连续性,导致各岩层导电性也随之发生变化。煤层采空区垮落带与完整地层相比,岩性疏松、密实程度低、内部充填松散物,在未充水的情况下,视电阻率明显高于周围完整地层,在电性上表现为相对高阻异常;采空裂隙带的岩性与周围完整地层相比基本无变化,但裂隙带内裂隙发育且在未充水的情况下导电性差,出现相对高阻异常;若采空区垮落带与裂隙带均充满水,导电性就会大大增强,进而表现为相对低阻异常。这些电性差异为高密度电阻率法的应用提供了良好的物性前提(杨镜明 等,2014;杨京勋 等,2022)。

大地电磁法是根据不同频率的电磁波在地下传播具有不同的趋肤深度,通过采集不同频率的地电信号,从而达到测深的目的,包括 AMT 法(音频大地电磁法)、CSAMT 法(可控源音频大地电磁法)、EMAP 法(电磁排列剖面法)、EH4 法(电磁成像系统)等(王士党 等,2015)。AMT 法是利用自然电磁场作为探测的场源;CSAMT 法是利用人工场源作为探测的场源;EMAP 法是对 AMT 法的改进,兼顾 CSAMT 法的稳定性和 AMT 法的轻便性;EH4 法是利用部分可控源与天然源相结合作为场源。牟义等(2013)、刘国利等(2018)、白锦琳(2018)、张大明(2022)利用大地电磁法对煤矿采空区进行探测,探测的采空区范围与实际观测结果相符,对采空区的含水性有显著反应。张永超等(2016)应用 CSAMT 法对大采深急倾斜煤层进行探测,验证了该法的可行性。

煤矿采空区形成后,改变了地下地质体的应力分布状态,促使地质体发生变形,从而改变了地下气体的运移与集聚环境,对氡气的运移与富集具有一定的控制作用,主要表现为三个方面:① 储气作用。相对于周围完整岩体来说,采空区垮落带及裂隙带是相对松散带,其中岩石块体之间空隙大,连通性好,是储存气体与地下水的理想场所。② 集气作用。采空区煤层顶板塌陷垮落后,应力集中向围岩内部迁移,在采空区周边形成一个低应力区,一般来说,气体与液体总是由压力较高的部位向压力较低的部位运移。因此,采空区及其周边派生变形区就成为地下抽吸气体的容器,不断把围岩中的气体抽到采空区中来,造成氡元素在采空区的聚集。同时,由于采空区及其周边裂隙带的存在,还可以其他方式促使放射性元素向采空区运移、富集。③ 通道作用。采空区垮落带及其派生裂隙都是气体自下向上运移的良好通道。在地温与地压作用下,氡气必然与其他气体(CO、CO_2、CH_4、H_2S 等)一起自地下深处向地表迁移,在地表形成氡异常。总之,通过上述种种作用,氡气向采空区运移,在采空区集聚,在地表形成一个与采空区形态相应的氡异常区。因此,可以通过测量地表氡元素的浓度(实际是测量氡及其子体衰变所释放的 γ 射线的强度)来准确圈定煤矿采空区的位置和范围。苏彦丁等(2015)应用该方法做了初步的实践工作,认为该方法得到的结果较粗糙,尚有诸多需要解决的问题。

由于采空区所处的地形、地质环境千差万别,使得不同采空区的物性反映呈现出很大的差别,因而基于物性差异进行探测的各种物探方法对不同采空区探测的适宜性和效果存在一定差别。因此,结合具体条件将不同的物探方法综合使用,即采用综合性的物探方法,扬长避短、相互验证,从而提高勘查精度,已成为使用物探技术进行采空区探测的主流方法。程建远等(2008)针对不同的采空区类型,提出了小煤矿采空区快速检测的最佳技术组合,即综合利用遥感地质影像分析、地面地质调查、地面地震与电法勘探以及钻探验证等多种手段,实现采空区的多方法、多参数综合探测,减少多解性,提高综合探测精度。胡承林(2011)对同一区域使用高密度电阻率法、瞬变电磁法、浅层地震法的结果进行了分析比较,认为采空区勘查较有效的方法组合为瞬变电磁法加高密度电阻率法同线布设相互补充,辅以人工浅震加以验证。陈中山等(2022)依据地质条件的差异性和探测方法自身的局限性,选定三维地震、瞬变电磁和测氡法等三种技术对关闭小煤矿采空区探测精度进行了研究,认为整体上三维地震能够给出采空区的空间分布,探测精度、可靠性最高,但其施工成本高、工艺复杂、工期长,整体探测效率较低;测氡法能够定性圈定采空区及巷道分布区,探测精度、可靠性一般,但其施工成本低、工艺简单、工期短,整体探测效率高;瞬变电磁法探测精度受地层的电性特征影响较大,整体探测效率一般;并依据不同地质条件提出了四条采空区探测方法路线,给出了优选方案。付天光(2014)采用浅层二维地震法和瞬变电磁法对采空区分布范围及其积水情况进行了综合物探,既确定了采空区的范围也探查了采空区的积水状况。

1.2.2 矿区地球化学调查与评价技术

20 世纪 90 年代以来,中西方地学家对矿床环境效应方面进行了大量研究,重点研究了矿床自然风化、矿山开采、选矿冶炼对矿山周围土壤、沉积物、大气以及水体(地表水、地下水)等环境要素中化学元素的组合、浓集度、赋存状态及其效应的影响(李昂 等,2011)。

对矿山环境评价的主要地球化学手段列举如下:

(1)勘查是资源开发的第一步,同时也是环境污染防治的第一步,多建立在地球化学勘查技术基础上的地球化学填图项目,以土壤圈、岩石圈、水圈和生物圈中元素分布为背景,实现对环境的监控,促使勘查地球化学家以全球眼光来看待环境污染(祁惠惠 等,2018)。

(2)如果将尾矿坝或废石堆看作与出露矿体类似的异常源,那么在地表作用下,尾矿坝或废石堆中的杂质元素同样也会进入表生地球化学循环,在水系、土壤、植被或大气中发生迁移、富集。因此,矿床次生富集带的地球化学评价和次生晕、分散流、植物和大气(包括土壤中气)测量等地球化学找矿评价方法也可用于研究采矿环境问题。

(3)基于GIS的空间分析技术是矿山环境评价中常用的方法。一般采用正方形网格单元划分,选取矿山地质环境现状、地质环境条件、矿产资源开发利用规划、矿山生态环境恢复治理难易程度等作为评价因子(陈翠华 等,2005)。评价模型一般包括质量指数评价模型、综合指数评价模型、地质累积指数评价模型、标准化方法和污染程度分析(强建华,2021)。

(4)稳定同位素示踪技术广泛应用于各种地质和水文地球化学过程的研究。例如在地表水或地下水体系研究中,稳定硫同位素被广泛用于示踪硫的来源(钱建平 等,2010)。在硫沉降(当地或远源迁移硫)、酸性矿山排水(AMD)或SO_4^{2-}矿物沉淀等矿山环境研究中硫同位素得到很好的应用,被用来指示河流中保守元素的行为特征,估计矿山废弃物中释放的元素的最大扩散范围。

(5)由于苔藓植物具有很强的吸附保留重金属元素的能力,并且可以定性和定量地识别区域性大气沉降中的重金属元素,指示特征重金属元素污染源位置和对周围地区的污染程度,故国内开展了苔藓植物及配套降尘中重金属元素含量及环境地球化学特征的研究,旨在揭示苔藓植物对环境质量及其变化的指示作用。

(6)地球化学工程学的要点是利用自然的地球化学作用,尽可能地不干扰自然界,以元素自然循环来去除有关的化学元素。由于地球化学工程学模拟自然界的各种自清洁作用,就地取材地改善人类生存的环境,不会带来新的污染,因而具有广阔的应用前景(郭敏,2021)。地球化学工程学的环境技术包括衰变、分解或中和,富集作用,分散作用,隔离作用及用化学方法调整环境的物理条件。

(7)运用地球化学计算方法中的主成分分析法,通过对少数几个综合指标的分析,对监测点(样本)或污染物(指标)进行分类,从中选择最有代表性的点或污染物,同时删除一些次要的点或污染物,完成环境监测或监测项目的优化(李昂 等,2011;胡婷 等,2020)。

1.2.2.1 土壤污染调查与评价

雷鸣等(2012)为了解湘南某矿区土壤和地下水重金属污染状况,于枯水期(2010 年11 月)和丰水期(2011 年 7 月)采集了该矿区东河流域土壤和地下水样品,测定了其中 Pb、Cd、Zn、As、Hg 的含量,采用综合污染指数法(内梅罗污染指数法)进行了分析,得出该矿区主要的重金属污染元素为 Cd、As 和 Hg 等结论。

于晓燕(2020)对白云鄂博矿区土壤中重金属、轻稀土和放射性核素三种污染物的含量进行了测定,运用内梅罗法、地累积法、主成分分析法及随机森林回归分析法等综合研究得出了该矿区土壤的污染程度、累积程度及主要污染物质来源等信息。孙天河等(2021)利用地球化学方法和多元统计方法对济南市平阴县城区及附近区域表层土壤中主要重金属元素的影响因子进行了分析。胡婷等(2020)运用环境地球化学调查方法对调查区的农用地进行调查分析,评价耕地土壤受污染情况,较好地实现了表层土壤等级的划分和对各污染物空间分布的分析。郭敏(2021)通过地球化学法评价了解和分析耕地土壤中的营养元素、有益元素、有害元素在岩石-成土母质-土壤及农作物中分布、分配、转化、迁移、富集(贫化)的规律,有助于调整种植作物、提高农业产出和指导农业规划。

强建华(2021)采用多类型、多时相遥感数据对矿山开发占用/损毁土地、矿山地质灾害、矿山环境污染等一系列矿山环境问题进行全面摸底调查,为矿山生态修复及山水林田湖草全域整治提供数据支撑。陈翠华等(2005)采用地质累积指数和污染程度分析,结合GIS空间分析技术,对江西德兴地区进行了较系统的环境地球化学质量评价。

1.2.2.2　水环境污染调查

在四川省典型矿山地下水污染因子识别中,刘国(2015)对四个典型矿山进行了矿物成分分析、浸出毒性试验、地下水水质采样分析等,结果表明:典型煤矿地下水污染因子为矿井和排矸场产生的酸性废水和金属离子Fe;典型黑色和有色金属矿为废石场和尾矿库产生的酸性废水、金属离子和选矿药剂;典型非金属以氟为主。朱阁(2018)以新桥狮子山矿区为研究对象,通过现场调查、水土样本监测,结合水化学分析、同位素分析、地下水质量与重金属污染指数评估、自组织特征映射神经网络模型(SOFM)及尾矿重金属形态分析等方法探究了安徽铜陵区内地下水环境特征及重金属在地下水中的分布和迁移规律。

温冰于2017年选取湖南锡矿山典型锑矿区水环境作为研究对象,开展了研究区水环境水文地球化学特征研究,利用水化学方法初步分析地下水环境中锑的来源和迁移转化特征;随后分别利用氢氧同位素、硫酸盐硫氧同位素以及锶同位素等多元同位素技术,以各同位素分馏理论为指导,充分利用各同位素的特定优势,深入综合识别研究区地下水环境中锑的来源,探讨锑在地下水环境中的迁移转化过程及其影响因素;最后在综合分析水化学和多元同位素研究成果的基础上,总结出了湖南锡矿山地下水环境中锑的来源和迁移转化模式。

祁惠惠等(2018)利用水文地球化学和环境同位素等分析方法研究了地下水盐分来源和咸化特征。向晓蕊等(2014)认为地球化学方法对煤矿地下水中主要成分和形成的地质及水文地质条件以及煤矿水害事故的处置和治理尤为重要。钱建平等(2010)在矿山-河流系统中重金属污染的地球化学研究中运用微量元素、稀土元素和高精度的Pb、S同位素测试手段,示踪了重金属的来源及其运移途径;运用3S技术和高新技术手段提取和识别环境地球化学信息,加强了矿山-河流系统重金属污染及其生态环境影响的监测。

1.2.3　关闭矿山地质环境评价方法

我国从20世纪90年代开始,就有学者针对矿山相关的地质环境评价提出了相关的评价方法。起初地质环境评价主要应用于采矿前及煤矿安全生产的前期调查评估。此阶段已有相关学者提出用层次分析法(邢少春 等,1995;王志宏 等,1995)、灰色聚类法(刘正林 等,1992)、灰色斜率关联度法(高文华,1995)、分区赋值法(赵理中,1994)对采掘地质条件、矿井水文地质条件和矿产资源地质条件等进行评价分析。

蔡鹤生等(1998)认为专家-层次分析法将定性分析与定量分析相结合,评价体系与权值分布较为科学合理,并在实际应用中得到了检验,是地质环境评价中较好的评价分析方法。此后,一批学者在专家-层次分析法的应用和方法改进方面提出了很多方式与方法(杨梅忠 等,2000;许福美 等,2004;郝启勇 等,2006)。有学者已在 2003 年实现矿山地质环境评价的软件运用,该软件将矿山地质环境问题归纳为三大类 23 项指标,以专家-层次分析法为基础,建立了一套矿山地质环境调查与评估的智能运算程序,为矿山生态环境治理恢复提供了一定依据(徐友宁 等,2003)。大部分学者是对专家-层次分析法的改进进行探讨,有学者发现将专家-层次分析法与灰色综合评判法结合(蒋复量 等,2009)、专家-层次分析法与集对分析法结合(蒋复量 等,2009)对石膏矿山的地质环境影响评价较好,其评价结果与该地区的地质环境影响评估报告一致,这些研究结果为矿山地质环境影响评价提供了新方法与新思路,为精准刻画与精确评估矿山地质环境影响评价提供了依据。此外,矿山地质环境影响评价也可与 GIS、RS 技术相结合,从而绘制矿山地质环境影响评价分布图,让读者能够更清晰、直观地了解某一地区的矿山地质环境情况。如王念秦等(2009)利用 MAPGIS 软件结合专家-层次分析法分析获得了甘肃省矿山地质环境评价分布情况图;杨青华等(2010)利用 GIS 和 RS 数据结合专家-层次分析法得到了黄石市矿山地质环境评价图;马世斌等(2015)利用 IKONOS2 数据结合层次分析法获得了聚乎更煤矿的矿山地质环境影响评价图。对于类似省、市级大尺度的矿山地质环境影响评价,陈建明等(2010)提出一种多尺度评价分析方法,该种方法适用于矿山开发活动点多、面积广大、分布不均的地区,能够大大减少工作量,也更具逻辑性、系统性和可操作性。

近年来,矿山地质环境影响评价方法更多地集中在专家-层次分析法的改进与应用上(张建萍 等,2018;赵玉灵,2020),也有学者利用改进的支持向量机方法(卢文喜 等,2016)、网格分析法(郭艳 等,2017)、IFS-TOPSIS 法(许锐 等,2021)、Fisher 判别法(黄栋良 等,2021)等方法进行地质环境影响评价。但专家-层次分析法是目前应用较广、较为成熟的矿山地质环境影响评价方法。该方法结合了专家打分法定性分析的优点与层次分析法定量分析的优点,能够弥补两者的不足之处,从而使评价结果兼具客观性与主观性,这对未来进行矿山地质环境的治理修复具有重要实际意义。

1.2.4 资源再利用研究进展

国外地质工作者早在 20 世纪中叶就开始探索关闭/废弃矿井资源的再利用,对关闭矿井开发利用较多的主要是采矿业发达或地下空间开发技术相对先进的德国、芬兰、荷兰、俄罗斯、美国等国家。

2008 年,我国国土资源部、发展改革委、环境保护部及安全监管总局联合下发了《关于加强废弃矿井治理工作的通知》,要求抓紧建立健全并落实好矿山环境治理和生态恢复责任机制,避免造成新的遗留问题。

2018 年,国家能源局设立课题"关闭矿井各类资源综合利用研究",主要是总结国内外矿井关闭后对剩余煤炭、煤层气、矿井水、地热、地面土地、地下空间等资源开展综合利用的案例,分析我国关闭矿井各类剩余资源的利用潜力、发展重点,梳理实际工作中存在的问题、面临的障碍,提出推动关闭矿井各类资源综合利用的政策措施建议。

2018 年"两会"期间,袁亮院士提出煤矿关闭或去产能后,仍赋存多种可利用资源,比如地下空间、水、煤及共伴生资源、土地等。如果单个煤矿地下空间以 60 万 m³ 计算,到 2020 年,我国去产能矿井地下空间约为 72 亿 m³;到 2030 年,约为 90 亿 m³。据估算,目前的去产能煤矿中赋存煤炭资源量高达 420 亿 t,非常规天然气近 5 000 亿 m³,并且还具有丰富的矿井水、地热、空间、土地和旅游资源等(任辉 等,2019)。

1.2.4.1 剩余煤炭资源

据目前研究成果,去产能煤矿中赋存煤炭资源量高达 420 亿 t。废弃煤矿井中的剩余煤炭资源,在横向上主要分布于煤柱、边角煤、"三下一上"残煤、丢失顶底板煤及薄、劣不可采煤等,在纵向上则主要分布于上、下邻近煤层,形成邻近不可采煤层和深部不可采煤层等。总体而言,煤层埋深越大,构造越复杂,煤层群越发育,矿井中残煤的总体比例越大(尹志胜 等,2014;贺小龙 等,2019)。

煤炭资源大量剩余。据袁亮院士有关研究结果,预计到 2020 年,我国关闭煤矿数量将达到 12 000 处,到 2030 年数量将达到 15 000 处(袁亮,2018)。由于开采方法、开采装备等历史性限制,全国综合煤炭资源的矿井回采率仅为 30%,关闭煤矿内存在大量的剩余煤炭资源。如安徽两淮矿区,截至 2018 年年底,去产能及关闭矿井数量近 20 处,关闭煤矿剩余煤炭资源量达 15.3 亿 t(任辉 等,2018)。

1985 年,中国矿业大学开始在徐州、唐山、阜新、鹤壁、新密、重庆、华亭等地十多个关闭煤矿井中进行煤炭地下气化试验,煤炭地下气化试验进入快速发展阶段。2005 年,中国矿业大学针对西南地区煤炭特征——高煤层气(瓦斯)、急倾斜、严重突出、薄煤层条件,在重庆中梁山开展了残留煤地下气化工业性试验,项目稳定运行半年,气化煤炭总量近 1 万 t,日产煤层气 4 万 m³ 以上,所产煤层气主要作为民用燃气和锅炉燃气(谢小平,2014;李柯岩,2019)。

自从煤炭气化的设想提出以后,英国、美国等国家先后进行了煤炭地下气化试验研究及开发工作(张祖培,2000)。我国也于 20 世纪 50 年代开始进行地下煤炭气化研究与试验,并取得了一定成就。如今,依托于关闭/废弃矿井的巨大空间资源进行煤炭地下气化的研究工作,变产煤为产气,必将给我国煤炭资源开发战略增添新的活力。

(1) 对我国关闭/废弃矿井适用于煤炭地下气化的资源进行全面评估,从国家层面对资源进行整合,建设煤炭地下气化产业示范区。

(2) 成立国家级煤炭地下气化实验中心和工程研究中心,产、学、研相结合,进行产业化关键技术的研发与攻关,形成具有我国自主知识产权的关闭/废弃矿井煤炭地下气化技术体系。

(3) 成立国家级关闭/废弃矿井地下煤气化行动小组,统筹国内地下煤气化技术的实施,制定发展策略和发展规划,制定中长期关闭/废弃矿井煤炭地下气化关键技术开发及产业化计划(袁亮,2018)。

1.2.4.2 剩余煤层气资源

关闭煤矿由于受采动影响,煤层气的赋存、运移与富集均发生一定规律性的变化。关闭煤矿中煤层气主要赋存状态有吸附态、游离态以及水溶气三种,主要赋存位置为采空区、主采煤层残煤中、应力释放的邻近煤层以及邻近煤岩层裂隙带中。从开始建井,煤层受到扰动,压力平衡就遭受破坏而发生变化,煤储层中吸附态甲烷发生解吸变为游离态并发生运移,主要运移至采煤工作面或者巷道。整体上,从采煤工作面向上、下两个方向,吸附态气体含量增加,游离态气体含量减少。生产矿井关闭后,由于采煤时引起的岩层移动及采动裂隙发育,导致巷道及采空区中所积聚的煤层气发生不同程度的运移及富集。与此同时,煤矿关闭后,矿井水的疏排工作亦停止,导致矿井水位回弹,形成井下封堵后部分气体以吸附或溶解态赋存(徐潇 等,2016)。

目前,我国绝大部分矿井关闭后处于全封闭、通风或淹井的状态,矿井中赋存的煤层气特征亦存在差异。全封闭的煤矿有利于煤层气的保存,便于后期关闭煤矿煤层气的抽采;处于通风状态的矿井,部分煤层气通过通风孔排放到大气中,井下煤层气处于不断运移的状态;处于淹井状态的关闭矿井不利于煤层气的高效开采。而整体上,无论处于哪种状态的关闭矿井,均可能发生次生灾害,如煤层气泄漏、温室效应、地下水污染等(孙宏达,2014;徐潇 等,2016)。

随着煤层气(瓦斯)基础研究及抽采技术不断取得突破,我国煤矿煤层气(瓦斯)抽采利用近几年迅速发展,2016 年我国煤层气抽采总量达 170 亿 m^3,其中井下煤层气抽采量达 123 亿 m^3。依据"十三五"规划,2020 年,煤层气(瓦斯)抽采量达到 240 亿 m^3,其中地面煤层气产量 100 亿 m^3,利用率 90% 以上;煤矿煤层气抽采 140 亿 m^3,利用率 50% 以上。但是目前我国煤矿煤层气抽采主要集中于未开采或生产矿井。

随着我国经济发展进入新常态,能源结构不断优化调整,煤炭行业产能不断大规模退出,我国矿井关闭数量持续增加,为避免关闭煤矿中煤层气(瓦斯)的浪费,其有效开发利用势在必行。目前我国关闭矿井煤层气(瓦斯)资源开发、利用尚处于实验阶段,对关闭煤矿煤层气进行抽采并加以利用,变废为宝,是煤炭行业当前的重要发展方向。"十五"期间,国内进行了"关闭煤矿煤层气开发利用有利地区优选"项目攻关;中煤科工西安研究院承担了"关闭煤矿煤层气地面抽放与利用先导性试验技术研究"科技攻关项目,以铜川矿务局王家河关闭矿井为试验基地,初步建立了一套适合报废矿井的煤层气资源预测方法,提出了一套报废矿井煤层气开发技术工艺,为报废矿井煤层气"低成本、高效益、产业化"开采提供了技术支撑(尹志胜 等,2014)。近几年亦开展了国际合作项目:中英"中国报废矿井煤层气抽采与利用"合作项目,对 82 个矿务局关闭煤矿的相关数据进行了分析研究;中美"中国报废煤矿甲烷排放"项目,对沁水煤田 44 个关闭煤矿煤层气排放量进行了评估。

近几年,我国部分地区进行了关闭煤矿煤层气抽采实验。例如:山西晋城煤业集团已施工 10 口报废煤矿地面井(截至 2013 年),其中 7 口井成功产气,每口井平均日产气量可达到 2 000 m^3,煤层气浓度约 90%(叶建平 等,2007;任辉 等,2018),初步显现了晋城矿区关闭煤矿煤层气开发的潜力,对我国关闭煤矿煤层气勘探开发具有重要意义。山西蓝焰煤层气集团有限责任公司牵头承担的 2014 年度山西煤基(煤层气)重点科技攻关项目"关闭煤矿采空区地面煤层气抽采技术研究及示范"已实施 27 口关闭煤矿采空区煤层气井建设,15 口井完成设备安装运行,单井日均产量 1 155 m^3,截至 2016 年年底累计抽采利用约 1 700 万 m^3 煤层气。与此同时,2016 年内蒙古乌兰煤矿关停后,通过多次尝试、攻关,探索出利用地面卸压钻孔进行煤层气抽采的新途径,截至 2017 年,采空区接入负压抽采系统的有效产气井 18 口,每天产气量 4 万 m^3(纯量)(于志军 等,2017;任辉 等,2018)。

废弃矿井采动裂隙发育,采动空间附近煤体内吸附状态瓦斯多转为地下空间的游离气体,多数瓦斯被风流带走或缓慢逸散,其浓度较低(郭庆勇 等,2003)。废弃矿井瓦斯主要来源于未采煤层和保护煤柱。针对废弃矿井瓦斯资源,我国"十二五"期间进行了废弃矿井采空区地面煤层气抽采技术研究及示范研究,取得明显成效。试验研究表明,常规垂直井存在施工时经过采空区地层钻进困难,抽采时单井产量低、瓦斯浓度低等问题,而采用地面复合 L 形水平井抽采技术配合煤层增透技术,抽采效果显著(胡炳南 等,2018)。目前,关闭煤矿煤层气开发利用中存在的问题主要为:关闭煤矿煤层气抽采技术及模式适配性差;基础研究薄弱;矿井封闭质量不确定;矿井水无相应处理措施;企业开发利用成本高,积极性不高(任辉 等,2018)。

据袁亮院士团队估算,我国废弃煤矿井煤层气资源近 5 000 亿 m³。据报道,废弃矿井煤层气抽采利用将是我国"十三五"期间乃至今后较长时间煤层气抽采利用的新动向(艾顺龙 等,2014)。开采过程中对煤层的扰动破坏,会使吸附的瓦斯气体从煤岩中释放出来。煤矿关闭后,体系处在一个封闭的状态中,残煤中部分吸附态瓦斯转变成游离瓦斯存储于地下储气空间。废弃矿井中煤层气(瓦斯)的主要来源包括邻近煤层、邻近岩层(围岩)、遗煤、煤柱及生物成因煤层气(魏庆喜 等,2008)。废弃矿井煤层气资源量的大小主要取决于煤炭开采扰动影响范围内残留煤炭量(残煤量)及其含气量(残煤含气量)、矿井封闭程度(封闭方式及封闭效果)、采空区或工作面充水程度等(孙宏达,2014;贺小龙 等,2019)。

国外也很早关注废弃煤矿煤层气(瓦斯)的开发利用。1954 年,英国开始了关闭煤矿煤层气(瓦斯)开发利用研究,主要包括低浓度煤层气(瓦斯)利用、关闭矿井监测与管理、关闭矿井煤层气开发等 3 类技术。英国的关闭煤矿煤层气(瓦斯)开发利用技术一直处于世界领先地位(刘文革 等,2016;刘文革 等,2018)。

从 20 世纪 60 年代开始,德国关闭了大量煤矿。2015 年,德国仅剩余了 3 个井工煤矿,并在 2018 年之前全部关闭。2001 年,德国将煤矿煤层气(瓦斯)纳入《可再生能源法》,制定了为期 20 年的固定退税率优惠政策。在此优惠政策的推动下,德国关闭煤矿的煤层气(瓦斯)开发利用产业得到快速发展(韩甲业,2013)。2001 年 5 月,德国鲁尔工业区进行了利用关闭煤矿煤层气(瓦斯)供暖发电工程建设,第一批建成了 3 座发电厂,每座电厂发电能力均为 0.135 万 kW·h。2002 年,德国格鲁班瓦斯公司建成了一座利用煤层气(瓦斯)发电的发电厂,发电能力达 0.51 万 kW·h(孙宏达,2014)。截至 2018 年,德国拥有17 个关闭煤矿煤层气(瓦斯)抽采利用项目,煤层气(瓦斯)发电装机容量 185 MW,煤层气(瓦斯)年抽采量为 2.5 亿 m³,抽采浓度为 15%～70%,年发电量为 10 亿 kW·h(刘文革 等,2016;刘文革 等,2018)。

美国是关闭煤矿煤层气(瓦斯)开发利用商业化最成功的国家,也是第一个将关闭煤矿煤层气(瓦斯)排放量计算在温室气体排放总量内的国家。到 2011 年,美国共建设了 38 个关闭煤矿煤层气(瓦斯)抽采利用项目,利用关闭煤矿煤层气(瓦斯)总量约 1.6 亿 m³,其中近 60% 的项目分布在伊利诺斯州含煤盆地(孙宏达,2014;李柯岩,2019)。

1.2.4.3　矿井水资源

我国煤矿赋存丰富的矿井水,生产时期矿井水一般直接外排(谭杰,2012)。矿井关闭后,一般不再人为排放,可能会引发一些安全隐患。某些条件适合的废弃矿井地下水应进行综合利用。对于含一般悬浮物的矿井水,采用混凝沉淀技术实现极细粉尘颗粒的去除,经消毒处理后,其水质一般能够达到生产使用和生活饮用水标准(任育才 等,2014);对于富含矿物质的洁净矿井水,可经简单清污分流处理后,加工为矿泉水。如徐州新河煤矿矿井水含有丰富的锶元素,经权威部门认证为富锶矿泉水,由此建立了富锶矿泉水产业,并取得了良好的经济效益。

1.2.4.4　地热资源

我国很多煤矿井开采深度达数百米,甚至超千米,地温较高,有的还存在地温异常的情况。在矿井关闭后,其地热可作为清洁能源充分开发和利用(廖波 等,2009;王志伟等,2012)。我国废弃煤矿井地热资源以西南地区最为丰富,其次是华北地区和中南地区,再次为华东地区,而以东北地区、西北地区最少。影响废弃煤矿井地热资源分布的因素主要包括基底起伏以及构造形态、断裂、岩浆活动、水文地质条件等(贺小龙 等,2019)。

全国主要沉积盆地距地表 2 000 m 以内储藏的地热能达 7.361×10^{21} J,相当于 2.5×10^{11} t 标准煤的发热量,地热水可开采资源量为 6.8×10^{9} m³/a,所含热量为 9.63×10^{17} J,折合每年 3.284×10^{7} t 标准煤的发热量(张农 等,2019)。

矿井水蓄热技术是将矿井水作为热源或者散热器,回收废弃矿井水中的地热能资源的技术,可分为闭环回路和开环回路两种。其技术难点在于确定合适的矿井地热容量、建立双向循环系统、研究水体污染风险控制技术以及考虑矿井水水文地质参数对管道换热的影响。

国外废弃矿井水蓄热应用方面,大多是浅层地热技术的应用,十分重视废弃矿井地下空间、矿井水、地热能等多种资源的协调开发利用。国外对于利用矿井作为地热能利用的热源和冷源的研究较早,已有很多从关闭矿井淹没区回收地热能的成功案例和设备。目前商业化开发最为成功的是荷兰的海尔伦(Heerlen)煤矿,目前已进入"矿井水 3.0"时代。其设计理念及目标是:在建筑物和矿井水网络中增加热源和冷源存储,并建立需求和供给侧管理系统。通过对供需双侧的智能化控制,实现各建筑物集群间、与主干管网的实时能量交换和储存,最终实现各集群能量自给自足。

1.2.4.5　地下空间资源

关闭/废弃矿井地下空间资源开发利用是一个亟待解决的重要问题。如果这些煤矿直接关闭将导致资源的极大浪费和国有资产的损失,同时也存在着矿山安全、环境和社会问题(袁亮,2018)。关闭/废弃矿井地下空间资源开发利用具有重要的社会、经济和环境保护等意义,将关闭/废弃矿井空间资源利用方式分为单一开发利用和多元开发利用,满足不同种类空间资源开发的多样化需求(刘钦节 等,2021)。

在地下空间资源再利用方面,主要有建地下储气库、深地科学实验室、压缩空气蓄能发电站、地下医院、地下冷库以及处理废弃物、储藏固体物质、存储液体物质和改造成旅游景点等(胡炳南 等,2018)。

（1）地下储气库

关闭/废弃矿井储气库是利用关闭/废弃的煤矿或其他矿藏的封闭性建立储气库。将废弃旧矿井改造为地下储气库,必须将原来通向地面的井筒进行严格密封后重新钻掘新的生产井和监测井。由于地下储气库建设改造工艺复杂,利用废弃煤矿作为地下储气库的成功案例不多,仅在美国、比利时、德国有为数不多的成功案例(宋德琦,2001;杨毅,2003)。

由于工艺复杂,目前我国还没有利用废弃/关闭煤矿作为地下储气库的成功案例。现在,我国主要利用废弃的石油、天然气井作为地下储气库,另有少量废弃盐矿井作为地下储气库。目前我国已利用废弃油气井建成地下储气库 27 座,累计调峰供气量已突破 500 亿 m^3,相当于我国 2019 年全年天然气消费量的 1/6 左右;供气能力最强的相国寺储气库,日供气量已经达到 2 443 万 m^3;我国第一座地下储气库——天津大张坨储气库,日供气量也超过了 2 100 万 m^3(王庆凯,2020;王行军,2021)。

(2)地下储油库

我国石油储备库大多为地面石油储备库,其占地面积大、易受外界因素影响、安全性较差,因此专家学者呼吁加大地下石油储备库的建设。地下储油库具有造价低、运营成本低、安全性高、占地面积小、环境效益明显、装卸速度快、隐蔽性好等特点。美国、日本以及欧洲一些国家的地下石油储备库大多建在盐岩介质或报废的盐矿井中(于崇 等,2010)。2014 年,皖北煤电集团与中国石化合作,利用旗下的含山石膏矿采空区打造大型地下储油库。废弃采空区做地下储油库的技术难点为密封防渗、硐室稳定和不影响油品质量等。

(3)地下实验室

地下实验室是利用位于一定深度的矿井地下空间独特而稳定的环境条件,能够满足特殊实验等的环境要求而建设的特殊实验室。美国、日本、英国等许多国家都已经建立起地下实验室。美国在南达科他州布莱克山处一处废弃金矿在地表下约 1 500 m 建成了极深地实验室,用于暗物质探测、中微子和质子衰变实验等重大研究(刘峰 等,2017)。日本利用原砂川矿把 766 m 深的立井改造成无重力实验场(谢和平 等,2018;王行军,2021)。

2017 年,谢和平研究团队经过多年详细的论证研究最终选定在吉林省夹皮沟金矿地下 1 470 m 建成了中国第一个细胞培养实验室,成为我国第一个深地医学地下实验基地(谢和平 等,2018;王行军,2021)。

(4)井下农业

苏联园艺学家在废弃矿井下进行蔬菜栽培试验已获得了成功,在地下 300~500 m 深的矿井下面种植黄瓜、西红柿及大白菜等蔬菜,经过测定表明:井下生产的蔬菜的糖和维生素 C 含量增高,维生素 C 的含量可以提高 2~3 倍;同时,井下蔬菜一年中多播多收,产量可达地面种植产量的 10 倍以上,而井下温室建设费只相当于地面温室的1/4(陈苏根,1990)。北京京煤集团有限责任公司、冀中能源峰峰集团有限公司,在废弃/关闭煤矿巷道内种植蘑菇,利用废旧的矿车和铁轨运输蘑菇生长所需物料,采摘的蘑菇也利用旧轨运出(谢和平 等,2018;王行军,2021)。

(5)地下水库

地下水库是指利用废弃矿井、巷道等作为储水空间回灌储存地面水而形成的水库。早在 1964 年,日本的松尾氏提出了修建地下水库的设想。20 世纪 80 年代以来,日本建成一系列的地下水库,总库容达到 2 800 万 m^3,有效地保障了农业、生产生活供水,且防止了海水入侵。20世纪80年代以后,美国实施了含水层储存与回采工程计划,建成了100个以上的地下水库(谢和平 等,2015)。

针对我国西部地区煤炭开发过程中的严重缺水问题,前人提出了矿井水井下储存利用的新理念,即利用煤炭开采形成的采空区作为储水空间,用人工坝体将不连续的煤柱坝体连接构成复合坝体,将矿井水回灌到地下,建设成为地下水库(顾大钊,2014;顾大钊,2015)。神华集团在神东矿区进行了工程示范,2010年在神东大柳塔煤矿建成了首个煤矿分布式地下水库,累计建成32座煤矿地下水库,储水量达到3 100万 m³,是世界上唯一的煤矿地下水库群,提供了矿区95%以上的用水(顾大钊,2014;顾大钊,2015)。

(6) 抽水蓄能站

落差型地下抽水蓄能电站是利用废弃矿井建设的水利蓄能发电站,其基本原理是利用废弃矿井井底与蓄水池的高度落差进行发电,用电低峰时,利用富余电力将废弃矿井内的矿井水通过水泵抽到地面的水库蓄积起来,在用电高峰期再将地面水库的水通过管道放回到矿井,推动矿井底部的水轮机发电,达到削峰填谷的目的。在华北平原,很难找到建立地表抽水蓄能电站的天然高落差地形条件,因此可利用废弃矿井建造抽水蓄能发电站,具有良好的经济、社会和环境效益(谢和平 等,2015)。

地下抽水蓄能发电在美国、德国等已经是一种比较成熟的技术,其中大部分地下抽水蓄能电站均是依托关闭或废弃矿井建立的。我国若要实现关闭/废弃矿井地下空间抽水蓄能发电,需要全面研究关闭/废弃矿井开发利用过程中矿井水资源化的政策、经济、能源、环境问题,开展利用关闭/废弃矿井建设地下水库、矿井水循环利用和抽水蓄能发电等技术研究。

① 结合未来关闭/废弃矿井分布、数量及容积等参数,充分利用关闭/废弃矿井中巨大的地下空间,实现储水、蓄能发电、矿井水循环利用和新能源开发等多重目标,实现变产煤为产电。

② 建立地下水库建设与抽水蓄能发电的技术路线图,提出亟须攻克的关键技术领域和研发平台,构建煤矿地下水库、矿井水循环利用与抽水蓄能发电一体化技术体系(袁亮,2018)。

(7) 放射性废物处置

随着核电机组的大规模建设,未来数十年将产生近百万立方米放射性固体废物,而目前我国还没有专门处置核电厂放射性固体废物的处置库,很多核电厂的暂存库只能超期暂存废物。根据我国关于放射性废物处置的法律法规、标准规范,关闭/废弃矿井可以用于处置放射性固体废物。未来,可围绕未来核电厂所在区域,就近选择关闭/废弃矿井进行评估,建设放射性废物处置库(袁亮,2018)。

(8) 国家级科研平台建设

地下空间资源可以作为科学研究的重要场所和载体,利用关闭/废弃千米深井地下空间资源建设1:1地质条件国家实验室,开展极深地实验研究,为国防科工、国家安全提供有力保障(袁亮,2018)。

参考文献

艾顺龙,孟建兵,2014.袁亮:开展深部开采关键技术研究[N].中国电力报,2014-10-21.

白锦琳,2018.可控源音频大地电磁法在采空区探测中的应用[J].山东国土资源,34(9):82-86.

蔡鹤生,周爱国,唐朝晖,1998.地质环境质量评价中的专家-层次分析定权法[J].地球科学——中国地质大学学报,23(3):299-302.

蔡振宇,盖增喜,2019.人工智能在拾取地震P波初至中的应用:以汶川地震余震序列为例[J].北京大学学报(自然科学版),55(3):451-460.

陈翠华,倪师军,何彬彬,等,2005.GIS技术支持下的江西德兴地区矿山环境地球化学质量评价[J].成都理工大学学报(自然科学版),32(6):633-639.

陈建明,于浩,常玲,等,2010.多尺度矿山地质环境评价:以新疆白杨沟矿区为例[J].新疆地质,28(3):346-349.

陈纳川,2022.废弃矿山地质环境治理方法分析[J].西部资源(3):85-87.

陈苏根,1990.苏联利用废矿井种植蔬菜[J].农村实用工程技术(6):29.

陈中山,明正,刘宁,等,2020.基于遥感技术的峰峰矿区关闭煤矿地质环境问题调查与评价[J].中国煤炭,46(11):112-117.

陈中山,殷全增,耿丽娟,等,2022.关闭小煤矿采空区地面探测方法优选[J].地球物理学进展,37(1):367-373.

程建远,孙洪星,赵庆彪,等,2008.老窑采空区的探测技术与实例研究[J].煤炭学报,33(3):251-255.

戴前伟,侯智超,柴新朝,2013.瞬变电磁法及EH-4在钼矿采空区探测中的应用[J].地球物理进展,28(3):1541-1546.

杜建平,邵景安,周春蓉,等,2018.煤矿临时建设用地凹凸地貌重塑技术研究:以重庆市木朗煤矿为例[J].西南大学学报(自然科学版),40(6):140-148.

段文婷,2022.煤炭资源利用现状及可持续发展[J].矿业装备(2):134-135.

付天光,2014.综合物探方法探测煤矿采空区及积水区技术研究[J].煤炭科学技术,42(8):90-94.

高文华,1995.多层权重的灰色斜率关联度分析:临涣矿井综采地质条件评价[J].煤田地质与勘探,23(2):32-36.

顾大钊,2014."能源金三角"地区煤炭开采水资源保护与利用工程技术[J].煤炭工程,46(10):34-37.

顾大钊,2015.煤矿地下水库理论框架和技术体系[J].煤炭学报,40(2):239-246.

郭敏,2021.地球化学方法在耕地质量评价中的应用及其意义[J].四川地质学报,41(2):326-329.

郭庆勇,张瑞新,2003.废弃矿井瓦斯抽放与利用现状及发展趋势[J].矿业安全与环保,30(6):23-26.

郭艳,初禹,高永志,2017.黑龙江省鹤岗煤矿区矿山地质环境评价[J].地质论评,63(增刊1)：347-348.

韩甲业,2013.我国报废煤矿瓦斯抽采利用现状及潜力[J].中国煤层气,10(4):23-25,12.

郝启勇,尹儿琴,鲁孟胜,等,2006.兖济滕矿区地质环境综合评价[J].煤田地质与勘探,34(2):48-51.

何皓,郭二民,路平,等,2018.国外关闭矿山环境管理策略研究与启示[J].环境保护,46(19):71-73.

贺小龙,吴国强,朱士飞,等,2019.我国废弃煤矿井地质工作重点方向研究与思考[J].中国矿业,28(1):80-84.

侯恩科,张杰,谢晓深,等,2019.无人机遥感与卫星遥感在采煤地表裂缝识别中的对比[J].地质通报,38(2/3):443-448.

胡炳南,郭文砚,2018.我国采煤沉陷区现状、综合治理模式及治理建议[J].煤矿开采,23(2):1-4.

胡承林,2011.综合物探技术在煤矿采空区的应用研究[D].成都:成都理工大学.

胡婷,王利伟,卢妍楹,2020.环境地球化学调查方法在农用地土壤污染环境评价中的应用[J].绿色环保建材(3):18,20.

黄栋良,梅金华,何卫平,2021.湖南矿山地质环境破坏影响评价及防治研究[J].矿业研究与开发,41(9):118-124.

贾斌,宋少秋,2019.废弃矿山生态修复治理技术应用:以北京房山区废弃矿山为例[J].矿产勘查,10(11):2831-2834.

蒋复量,周科平,李长山,等,2009.基于层次分析和灰色综合评判的石膏矿山地质环境影响评价[J].中国安全科学学报,19(3):125-131.

蒋复量,周科平,李向阳,等,2009.基于集对分析的矿山地质环境影响评价研究[J].矿冶工程,29(2):1-4.

雷鸣,曾敏,廖柏寒,等,2012.某矿区土壤和地下水重金属污染调查与评价[J].环境工程学报,6(12):4687-4693.

李昂,施泽明,倪师军,2011.地球化学方法在矿山环境评价中的应用[J].矿物学报,31(增刊1):713-714.

李华坦,王雁鹤,赵琳兴,等,2021.遥感技术在矿山环境地质调查中的应用:以宁夏卫宁北山为例[J].宁夏工程技术,20(3):280-284.

李怀展,查剑锋,元亚菲,2015.关闭煤矿诱发灾害的研究现状及展望[J].煤矿安全,46(5):201-204.

李柯岩,2019.关闭煤矿资源开发利用现状与政策研究[J].中国矿业,28(1):97-101.

李喆,2020.焦作土壤监测(污染)研究:以焦作国家级矿山地质环境监测网络为例[J].商品与质量(12):180.

廖波,荆留杰,田秋红,2009.我国矿井热害现状及井下地热利用探讨[J].山西建筑,35(8):193-195.

刘峰,张波,方志,等,2017.Generation of reactive atomic species of positive pulsed corona discharges in wetted atmospheric flows of nitrogen and oxygen[J].Plasma science and technology,19(6):55-63.

刘光秀,曹艳妮,刘伟,等,2019.阳泉矿区土地复垦方法探讨[J].中国锰业,37(3):100-103.

刘国,2015.四川省典型矿山地下水污染因子识别与修复技术筛选[D].成都:成都理工大学.

刘国利,邓新刚,马如庆,2018.可控源音频大地电磁法在巨厚低阻含水层下富水性探测中的应用研究[J].煤炭技术,37(5):151-153.

刘钦节,王金江,杨科,等,2021.关闭/废弃矿井地下空间资源精准开发利用模式研究[J].煤田地质与勘探,49(4):71-78.

刘文革,韩甲业,于雷,等,2018.欧洲废弃矿井资源开发利用现状及对我国的启示[J].中国煤炭,44(6):138-141,144.

刘文革,张康顺,韩甲业,等,2016.废弃煤矿瓦斯开发利用技术与前景分析[J].中国煤层气,13(6):3-6.

刘正林,孙吉益,1992.矿井水文地质条件的定量评价方法[J].煤炭工程师(3):38-41.

卢文喜,郭家园,董海彪,等,2016.改进的支持向量机方法在矿山地质环境质量评价中的应用[J].吉林大学学报(地球科学版),46(5):1511-1519.

马世斌,李生辉,安萍,等,2015.青海省聚乎更煤矿区矿山地质环境遥感监测及质量评价[J].国土资源遥感,27(2):139-145.

牟义,2018.浅埋采空区瞬变电磁法响应特征试验研究[J].煤炭科学技术,46(10):203-208.

牟义,董健,张振勇,等,2013.CSAMT 探测在煤矿深部采空区中的应用[J].煤炭科学技术,41(增刊):336-339.

欧阳华平,赖健清,张建国,等,2009.遥感技术在煤矿开采区详细地质灾害调查中的应用[J].矿物学报(增刊):405-406.

裴文春,王德民,程增庆,等,2007.三维地震资料解释技术分析煤层冲刷及采空区[J].煤炭科学技术,35(8):32-34.

祁惠惠,马传明,和泽康,等,2018.水文地球化学和环境同位素方法在地下水咸化中的研究与应用进展[J].安全与环境工程,25(4):97-105.

钱建平,江文莹,牛云飞,2010.矿山-河流系统中重金属污染的地球化学研究[J].矿物岩石地球化学通报,29(1):74-82.

强建华,2021.遥感技术在新疆南部地区矿山环境调查及生态修复中的应用[J].西北地质,54(3):253-258.

覃庆炎,2014.瞬变电磁法在积水采空区探测中的应用[J].煤炭科学技术,42(8):109-112.

任辉,吴国强,宁树正,等,2018.关闭煤矿的资源开发利用与地质保障[J].中国煤炭地质,30(6):1-9.

任辉,吴国强,宁树正,等,2018.加快关闭煤矿煤层气资源开发利用的思考与建议[J].中国煤炭地质,30(11):1-4,23.

任辉,吴国强,张谷春,等,2019.我国关闭/废弃矿井资源综合利用形势分析与对策研究 [J].中国煤炭地质,31(2):1-6,81.

任育才,周思益,2014.煤矿井废弃水用作城市给水水源的实际利用[J].中国市政工程 (6):33-34,37,95-96.

宋德琦,2001.FT8-55 燃压机组技术考察报告[J].天然气与石油,19(2):1-3.

苏彦丁,李淑燕,李建国,2015.氡气放射性测量在煤矿采空区探测中的应用[J].中国煤炭 地质,27(10):70-75.

孙宏达,2014.煤炭资源枯竭矿井煤层气(瓦斯)资源分布规律及资源评价方法研究[D].徐 州:中国矿业大学.

孙天河,刘伟,靳立杰,等,2021.基于多元统计的土壤主要重金属影响因素分析:以济南市 平阴县城区及附近区域为例[J].安全与环境学报,21(2):834-840.

谭杰,2012.煤矿矿井水产业化应用前景探讨[J].煤炭加工与综合利用(5):51-53.

唐世庚,陈燕,2008.二维反射地震在煤矿构造与采空区勘查中的应用[J].工程勘察(7): 70-74.

唐尧,马松,王立娟,等,2022.高分辨率遥感技术在地质灾害调查与成灾规律分析中的应 用:以攀西米易地区为例[J].中国地质调查,9(3):96-103.

王念秦,王永锋,王得楷,2009.甘肃矿山生态地质环境现状综合评价分区研究[J].水土保 持研究,16(5):225-228,232.

王庆凯,2020.中国地下储气库累计供气突破 500 亿立方米[EB/OL].(2020-01-21)[2021- 01-21].http://www.chinanews.com/ny /2020/01-21/9066439.shtml.

王瑞青,张春磊,2013.地下采矿条件下坡体移动变形分析[J].山西建筑,39(10):91-93.

王士党,杨冲,钟声,2015.采空区探测方法的选择[J].煤炭技术,34(9):225-228.

王世虎,2018.生态文明建设背景下历史遗留矿山环境问题与对策[J].矿业安全与环保, 45(6):88-91,96.

王双明,孙强,乔军伟,等,2020.论煤炭绿色开采的地质保障[J].煤炭学报,45(1):8-15.

王晓红,聂洪峰,杨清华,等,2004.高分辨率卫星数据在矿山开发状况及环境监测中的应 用效果比较[J].国土资源遥感,16(1):15-18.

王行军,2020.我国关闭煤矿资源综合利用存在问题研究[J].中国煤炭地质,32(9): 128-132.

王行军,2021.关闭矿井资源开发利用状况研究[J].中国煤炭地质,33(5):20-24.

王志宏,彭世济,张达贤,1995.矿产资源地质条件综合评价方法[J].中国矿业,4(4): 20-22.

王志伟,冉雍,2012.我国煤矿地热科学的研究进展与展望[J].华北国土资源(6): 103-104,106.

魏采用,强英云,吴振宇,等,2016.卫宁北山地区矿产资源开发状况遥感动态监测[J].宁 夏工程技术,15(4):401-403.

魏庆喜,刘丽民,2008.废弃矿井煤层气来源及赋存状态[J].科技情报开发与经济(16): 119-121.

温冰,2017.湖南锡矿山水环境中锑来源及迁移转化的多元同位素解析[D].武汉:中国地质大学.

武强,李云龙,董东林,2004.矿山环境地质调查技术要求研究[J].水文地质工程地质(2):97-100.

向晓蕊,李小明,刘赛,等,2014.水化学在煤矿防治水工作中的应用及展望[J].华北科技学院学报,11(10):18-22.

谢和平,高明忠,刘见中,等,2018.煤矿地下空间容量估算及开发利用研究[J].煤炭学报,43(6):1487-1503.

谢和平,侯正猛,高峰,等,2015.煤矿井下抽水蓄能发电新技术:原理、现状及展望[J].煤炭学报,40(5):965-972.

谢小平,2014.高瓦斯煤层群薄煤层上保护层开采卸压机理及应用研究[D].徐州:中国矿业大学.

邢少春,刘永先,赵存明,1995.用层次分析法定量评价采掘地质条件[J].煤田地质与勘探,23(6):35-38.

徐亮,2021.我国煤炭开发建设现状与"十四五"展望[J].中国煤炭,47(3):44-48.

徐潇,周来,冯启言,等,2016.废弃煤矿瓦斯赋存与运移气-水-岩相互作用研究进展[J].煤矿安全,47(6):1-4,8.

徐友宁,袁汉春,何芳,等,2003.矿山环境地质问题综合评价指标体系[J].地质通报,22(10):829-832.

徐振英,2020.河南省矿山地质环境动态遥感监测分析研究[J].环境科学与管理,45(2):120-123.

许福美,王文生,2004.矿井地质灾害灾度评价方法研究[J].矿业安全与环保,31(6):18-20.

许锐,张文勇,隋国晨,等,2021.基于 IFS-TOPSIS 的矿山地质环境评价[J/OL].安全与环境学报:1-13[2022-09-11].https://kns.cnki.net/KXReader/Detail? invoice＝sRMMz0A9xi57Ta5LIjsFe5SS7V9VIoqk8pwJi25ZZrR4Fnj2YckRgoSKv％2F9％2FRYFjNMFfEuqHCQOFMf3iqR7ePkYgfyex4tbtqtyPdPZwdBk1Hv23KVS1JE1m6ORTEhFAEeizw8uNMQ0j8U％2BLMjYL3d5cxRGpfnOFKrTagaiQazc％3D＆DBCODE＝CJFD＆FileName＝AQHJ202301030＆TABLEName＝cjfdlast2023＆nonce＝2E5D6EC15724412E9711A4F7DCC5C4BD＆TIMESTAMP＝1686280502033＆uid＝. DOI: 10. 13637/j. issn. 1009-6094.2021.1843.

闫忠明,李传海,2022.煤矿采空区三维地震探测技术研究[J].矿山测量,50(1):24-27.

杨京勋,曲鹏志,金哲洙,2022.高密度电法在煤矿采空区探测中的应用[J].吉林地质,41(1):59-64.

杨镜明,魏周政,高晓伟,2014.高密度电阻率法和瞬变电磁法在煤田采空区勘查及注浆检测中的应用[J].地球物理学进展,29(1):362-369.

杨梅忠,梁明,巨天乙,等,2000.黄陵矿区地质灾害的现状与评价预测[J].煤田地质与勘探,28(1):20-23.

杨培奇,刘淑梅,何芳军,等,2011.基于水土保持工程措施的煤矿生态恢复研究[J].黑龙江科技信息(3):285.

杨青华,李艺,杜军,2010.基于GIS和RS的黄石市矿山地质环境定量评价[J].长江科学院院报,27(8):70-73,78.

杨雪茹,2021.无人机遥感监测技术在地质灾害调查的研究与应用[J].世界有色金属,(23):157-159.

杨毅,2003.天然气地下储气库建库研究[D].成都:西南石油学院.

叶建平,冯三利,范志强,等,2007.沁水盆地南部注二氧化碳提高煤层气采收率微型先导性试验研究[J].石油学报,28(4):77-80.

殷全增,陈中山,冯启言,等,2021.河北省主要矿区关闭煤矿资源再利用模式探讨[J].煤田地质与勘探,49(6):113-120.

尹志胜,桑树勋,周效志,2014.煤炭资源枯竭矿井煤层气运移及富集规律研究[J].特种油气藏,21(5):48-51.

于崇,李海波,李国文,等,2010.大连地下石油储备库初始渗流场数值反演[J].岩石力学与工程学报,29(3):609-616.

于晓燕,2020.白云鄂博矿山土壤污染分析及生态修复研究[D].包头:内蒙古科技大学.

于志军,孙杰,刘天绩,等,2017.废弃矿井瓦斯抽采利用技术初探:以呼鲁斯太矿区乌兰特矿为例[J].中国煤炭地质,29(7):24-27,59.

袁亮,2018.关闭煤矿资源开发利用迫在眉睫[J].新能源经贸观察(7):50.

袁亮,2021.废弃矿井资源综合开发利用助力实现"碳达峰、碳中和"目标[J].科技导报,39(13):1.

袁亮,杨科,2021.再论废弃矿井利用面临的科学问题与对策[J].煤炭学报,46(1):16-24.

章安治,2010.煤矸石的地质灾害效应与综合利用途径分析[J].产业市场(6):57-59,56.

张春燕,2011.三维地震勘探技术在采空区探测中的应用[J].煤炭科技(3):54-56.

张大明,2022.基于可控源音频大地电磁法的煤矿采空区勘查效果分析[J].能源与环保,44(1):138-142.

张光富,郭传友,2000.恢复生态学研究历史[J].安徽师范大学学报(自然科学版),23(4):395-398.

张建萍,史慧君,曹金亮,2018.大同市矿山地质环境风险评价[J].水文地质工程地质,45(3):153-158.

张农,阚甲广,王朋,2019.我国废弃煤矿资源现状与分布特征[J].煤炭经济研究,39(5):4-8.

张永超,程辉,张克聪,等,2016.CSAMT探测大采深急倾斜煤层采空区研究[J].地球物理学进展,31(2):877-881.

张祖培,2000.煤炭地下气化技术[J].探矿工程(岩土钻掘工程)(1):6-9.

赵理中,1994.煤层开采地质条件分区评价[J].山西矿业学院学报(2):143-149.

赵兴志,贾煦,孙建伟,等,2022.无人机航空三维倾斜摄影技术在矿山生态修复支撑调查中的应用[J].地质装备,23(4):22-26,31.

赵玉灵,2020.基于层次分析法的矿山环境评价方法研究:以海南岛为例[J].国土资源遥感,32(1):148-153.

朱阁,2018.安徽铜陵典型金属矿山地下水环境特征与重金属迁移规律研究[D].北京:中国地质大学(北京).

第2章 河北省煤炭资源开发及煤矿关闭状况

2.1 自然地理概况

2.1.1 地理位置

河北省简称冀,地处华北平原北部,兼跨内蒙古高原,东临渤海、内环京津,西为太行山,北为燕山。燕山以北为张北高原,其余为平原。南北长约 730 km,东西宽约 560 km,大陆海岸线长 437.94 km,总面积为 18.88 万 km²。东南部、南部衔山东、河南两省,西倚太行山与山西省为邻,西北与内蒙古自治区交界,东北部与辽宁省接壤。

2.1.2 地形地貌

河北省背倚高原,面向海洋,西北山峦重叠,东南平原辽阔,地形复杂(图 2-1)。

高原和山地约占全省总面积的 3/5。从总体上看,地势西北高、东南低,并呈阶梯状下降的趋势,大地貌单元可分为坝上高原、山区和平原三个地形区。坝上高原位于河北省的西北部,占全省总面积的 9.7%,为内蒙古高原的南缘,大部分海拔在 1 350～1 600 m,气候寒冷,以牧农业为主,矿产资源较少。山区包括太行和燕山山区,占全省面积的 50.5%,由一系列中山、低山、丘陵、盆地、河谷交错构成,全省 50 多个矿产资源大县主要集中在广大山区,为河北省的主要矿产资源和工矿区的分布区域,也是矿产资源开发规划的重点地区;燕山-太行山海拔多在 500 m 以上,部分地区超过 1 500 m,其中小五台的东台海拔达 2 882 m,为全省第一高峰。平原区主要由海河平原和滦河平原构成,占全省总面积的 39.8%,平原海拔均低于 100 m,多低于 50 m,沿海一带基本在 4 m 以下,地势平坦,为河北省农业生产基地和城镇集中分布区。

2.1.3 土壤与植被

2.1.3.1 土壤

据张秀芝等(2017)的研究,河北平原共有潮土、褐土、滨海盐土、棕壤、砂姜黑土、水稻土、沼泽土、石质土、新积土、草甸风沙土、草甸盐土、粗骨土、红黏土等 13 个土类,包括 37 个亚类,79 个土属(图 2-2)。其中分布最广的是潮土、褐土和滨海盐土,三者分别占平原区总面积的 62.59%、28.89% 和 2.21%,其他 10 个土壤类型只零星分布。从太行山山前地带到滨海平原,土壤类型按褐土—潮土—滨海盐土的顺序依次分布。

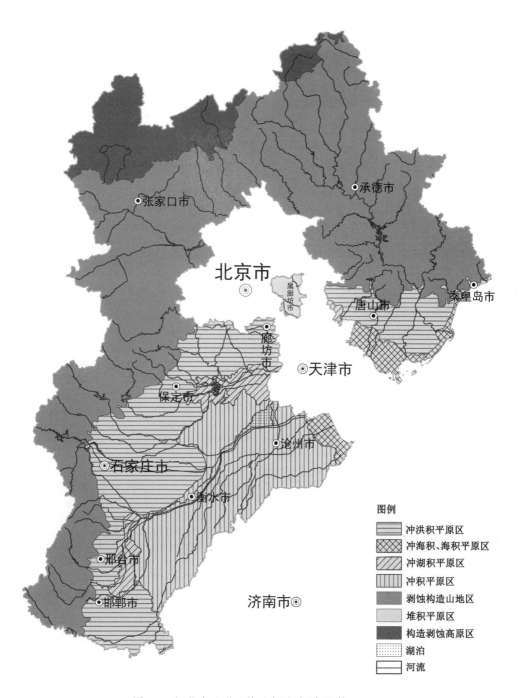

图例

	冲洪积平原区
	冲海积、海积平原区
	冲湖积平原区
	冲积平原区
	剥蚀构造山地区
	堆积平原区
	构造剥蚀高原区
	湖泊
	河流

图 2-1　河北省地形地貌示意图(郜洪强 等,2016)

2.1.3.2　植被

河北省植被包括亚高山草甸、针叶林、混有温性针叶林的落叶阔叶林、半旱生草丛、草甸草原、草原、沼泽植被、水生植被、盐生植被、栽培植被等 10 种植物区。有木本植物 500 多种,其中用材树百余种、果树百余种,主要有二青杨、栓皮栎、落叶松、榆、橙、槐、白楸及桦等。

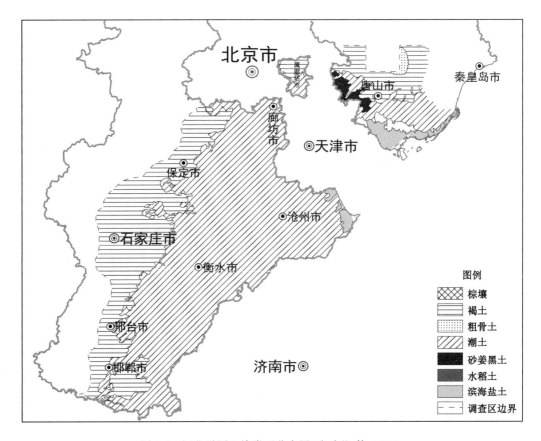

图 2-2　河北平原土壤类型分布图(张秀芝 等,2017)

灌木种类很多,分布较广。草本植物很多,仅坝上地区就有 300 多种,如禾本科的羊草、无芒雀麦草、冰草,豆科的紫花苜蓿、野豌豆等。

2.1.4　地层与地质构造

2.1.4.1　区域地质

(1)区域地层。河北省为太平洋成矿域的一部分,经过漫长的地质历史演变,除缺失奥陶系上统至石炭系下统地层外,其他地层发育比较齐全,蕴藏着丰富的矿产资源。全省各时代地层出露较全,太古宇、元古宇、古生界、中生界及新生界地层在区内广泛分布,由于受区域性构造控制,各时代地层分布很不均匀。

① 太古代至元古代主要构造运动为五台运动、双山子和吕梁运动、蓟县运动,形成了以深、浅变质岩、中性火山碎屑岩等为主,夹有变质铁矿、磷矿、铜矿、金矿、石墨等资源的地层,主要分布于太行山中段燕山北部。

② 古生代主要构造运动为加里东和海西运动,形成了一套海相沉积的碎屑岩及碳酸盐岩为主和海陆交互至陆相沉积地层。这一时期气候暖湿,植物繁茂,为河北省的主要成煤期,故含有煤层及铝土页岩、结核状铁矿等,主要分布在太行山两翼和燕山南麓。

③ 中生代主要构造运动为印支和燕山运动,岩浆活动频繁,燕山山区的侵入岩主要为花岗岩和闪长岩,太行山则以闪长岩类为主。在太行山和燕山山地的一些断陷盆地中,沉积了一套侏罗系陆相沉积与喷出岩交替的含煤地层。白垩系的砾岩、砂岩等仅在张家口、承德一带有少量出现。

④ 新生代在喜马拉雅运动影响下,山区古近系、新近系岩性以砾岩、砂岩、泥岩和黏土与灰色块状或气孔状玄武岩为主,平原区古近系、新近系岩性为一套厚层状半固结河、湖相砂岩、泥岩,山区第四系岩性为松散的冲洪积砂、砂砾石层、湖相层淤泥质土、黄土、黄土状土等。

河北省经历的大地构造运动期次多、时间长,岩浆活动频繁,三大岩类发育齐全,成矿作用显著,因而矿产资源相对丰富,形成了以冶金、煤炭、建材、石化为主的矿业经济体系。

(2)区域构造。河北省主体构造处于中朝准地台的北部,仅康保、围场县的部分地区属于内蒙古-大兴安岭地槽褶皱系。河北省北部以康保-围场断裂为界,以北为内蒙古板块南缘,以南为相对刚性的华北板块,构成两个 I 级构造单元。内蒙古板块在河北省分布有限,未再进一步划分构造单元;对华北地台区的板块构造划分为 4 个 II 级构造单元。

中朝准地台在河北省境内可划分为内蒙地轴、燕山台褶带、山西断隆和华北断坳 4 个 II 级构造单元。这些 II 级构造单元又沿某些深断裂、大断裂分别划分成若干 III 级构造单元。内蒙地轴自西而东划分为张北台拱、沽源陷断束、围场拱断束 3 个 III 级单元。燕山台褶带自西而东划分为宣龙复式向斜、军都山岩浆岩带、承德拱断束、马兰峪复式背斜和山海关台拱 5 个 III 级单元。山西断隆划分为五台台拱、涞源台陷和太行山拱断束 3 个 III 级单元。华北断坳自西北而东南划分为冀中台陷、沧县台拱、黄骅台陷、埕宁台拱、临清台陷、内黄台拱 6 个 III 级单元。

区内断裂十分发育,按规模及切穿地壳层圈的深度分为深断裂、大断裂、一般断裂;按方向分东西或近东西向、北北东向、北西或北西西向、近南北向断裂 4 组:属于第一组的主要有康保-围场、丰宁-隆化、大庙-娘娘庙、尚义-平泉深断裂和密云-喜峰口、固安-昌黎大断裂,属于第二组的主要有上黄旗-乌龙沟、紫荆关-灵山、怀柔-涞水、定兴-石家庄、邢台-安阳、沧州-大名深断裂,沽源-张北、平坊-桑园、青龙-滦县、海兴-宁津大断裂,属于第三组的主要有马市口-松枝口、无极-衡水、临漳-魏县大断裂,属于第四组的有后城、兴隆-蓟县、冷口、雄县、元氏-临城、涉县断裂。

2.1.4.2　岩浆岩

河北省侵入岩十分发育,可以划分为太古宙、古元古代、中元古代、古生代、中生代印支期、燕山期侵入岩,在空间分布上几乎遍布基岩出露区。

2.1.4.3　含煤地层

河北省含煤地层分布较为广泛,聚煤期多,持续时间长,自古生代石炭-二叠纪,包括晚石炭世本溪组、太原组,早二叠世山西组,中生代早侏罗世杏石口组、中侏罗世下花园组、早白垩世西瓜园组和青石碰组,以及新生代古近纪灵山组和新近纪汉诺坝组均有煤层赋存。本书研究区含煤地层主要为侏罗系中统下花园组和石炭系上统-二叠系下统的本溪组、太原组和山西组(表 2-1)。

表 2-1 河北省含煤地层简表

地层年代	含煤地层	河北省主要分布地点	含煤情况及重要性
新近系中新统	汉诺坝组	张北、康保、沽源、尚义、丰宁等地	分布局限,煤层薄,次要含煤地层
古近系始新统-渐新统	灵山组	曲阳、涞源、张北等地	分布局限,煤层不稳定,次要含煤地层
白垩系下统	青石砬组	万全、尚义、康保、沽源、丰宁等地	分布局限,煤层不稳定,次要含煤地层
白垩系下统	西瓜园组	下花园、滦平、平泉等地	分布局限,煤层多不可采,次要含煤地层
侏罗系中、下统	下花园组	蔚县、宣化、下花园、康保等地	分布较广,煤层稳定性较好,主要含煤地层
侏罗系中、下统	杏石口组	下花园、滦平、平泉等地	分布局限,煤层薄,无工业价值,次要含煤地层
石炭系上统-二叠系下统	山西组 / 太原组 / 本溪组	峰峰、邯郸、邢台、临城、元氏、灵山、涞水、河北平原、开滦、兴隆等地	分布范围广,煤层厚度大,稳定性好,主要含煤地层

2.1.4.4 地震

河北省地处环太平洋地震带,是地震多发区。全省有记载的 5 级以上地震,共发生 57 次,其中 8 级以上 1 次,7 级以上 4 次,6 级以上 17 次。发生于 1679 年 9 月 2 日的三河-平谷大地震(8 级),是河北省内有历史记载以来最大震级。此外,1976 年 7 月 28 日的唐山-丰南大地震,为 7.8 级;1830 年 6 月 12 日的磁县地震,为 7.5 级;1966 年 3 月 22 日的邢台地震,为 7.2 级。这是震级较大的三次地震。廊坊-香河-大厂一带的地震烈度属省内最高,为 9 度。平原区地震烈度相对高于山区,除少数地区(如黄骅-盐山、高阳-河间-交河、曲周、大名一带)为 6 度外,其余地区均在 7~8 度。山区地震烈度一般为 6 度或低于6 度,仅在涞源、武安、阳原、蔚县、怀安、怀来、抚宁、迁安数处达 7 度。

2.1.4.5 工程地质条件

河北省岩土体可分为下列 12 个类型。

(1)坚硬块状中厚层状碳酸盐岩:包括中元古界长城系高于庄组,蓟县系杨庄组、雾迷山组、铁岭组,上元古界青白口系景儿峪组,中上寒武统及中下奥陶统各组的灰岩、白云岩。主要分布于燕山南部和太行山东麓。

(2)坚硬中厚层状碎屑岩:包括中元古界长城系常州沟组、团山子组、大红峪组,为石英岩、砂岩夹页岩、白云岩和赤铁矿。主要分布于燕山南麓及太行山南段。

(3)较坚硬薄层状碎屑岩:包括上元古界青白口系下马岭组、长龙山组及其并层,为页岩、砂岩及少量灰岩。分布于燕山中东段和太行山北段。

(4)软弱层状碎屑岩:包括中生界三叠系各组及侏罗系下侏罗统南大岭组、下花园组、九龙山组、后城组,白垩系下及上白垩统西瓜园组、南店组、青石砬组、洗马林组、土井子组,古近系始新统长辛店组、渐新统灵山组,新近系中新统九龙口组,为砂岩、砾岩、凝灰岩、页岩,夹煤及油页岩。主要分布于燕山全区,太行山东麓只零星出露。

（5）软硬相间中厚层状碎屑岩：包括上古生界石炭系和二叠系本溪组、太原组、山西组、石盒子组、石千峰组、于家北沟组、三面井组，为砂岩、页岩，夹灰岩及煤层。分布于康保、围场、唐山柳江、曲阳、井陉、邢台至峰峰一带。

（6）坚硬块状岩浆岩：包括两部分，一是各旋回侵入岩体，二是中新生代各期喷出岩。主要分布于燕山区和太行山北段，太行山南段的井陉雪花山、武安阳邑、赞皇、永年也有零星分布。

（7）坚硬块状变质岩：包括中下太古界迁西群，上太古界阜平群、单塔子群各组，主要为麻粒岩、片麻岩、变粒岩、斜长角闪岩，夹大理岩、磁铁石英岩。主要分布于燕山中北部，及迁西、阜平、赞皇等地。

（8）较坚硬薄层状变质岩：包括上太古界五台群、双山子群，下元古界甘陶河群、东焦群、朱杖子群及元古界化德群各组，主要为片麻岩、变粒岩、片岩、石英岩、大理岩、千枚岩、板岩、变砾岩、变砂岩、变火山岩，夹磁铁角闪石英岩。分布于青龙、阜平、井陉、滦平、康保等地。

（9）黄土及黄土状土：分布于山麓、河谷阶地、盆地边缘，主要时代是上更新世马兰期，垂直节理发育，具轻微湿陷性，多属中等压缩性土。

（10）膨缩性土：见于邯邢山前地区的冰水沉积黏土，坝上尚义、康保一带的上新统壶流河组红黏土。具中等压缩性。

（11）砂土：分布于河谷、山前冲洪积扇及坝上高原土地砂化地带。

（12）一般黏性土、老黏土及砂性土：分布于平原、山麓及河流二、三级阶地上。冲湖积平原及其以东的冲海积平原地带常有淤泥层夹入。

2.1.5　气象与水文

2.1.5.1　气象

河北省地处中纬度欧亚大陆东岸，属于温带湿润半干旱大陆性季风气候。大部分地区四季分明，寒暑悬殊，雨量集中，干湿期明显。冬季寒冷干旱，雨雪稀少；春季冷暖多变，干旱多风；夏季炎热潮湿，雨量集中；秋季风和日丽，凉爽少雨。

因受纬度和地形的影响，全省气候的地区差异性较大，温度由北向南逐渐增高，年平均气温介于 $-0.3 \sim 13$ ℃，冀北高原年平均气温低于 4 ℃，中南部地区年平均气温上升至 12 ℃以上。全省年极端最高气温多出现在 6～7 月，长城以南均在 40 ℃以上，最高气温达 42.5 ℃；北部坝上地区冬季长达 6 个月，极端最低气温 -42.9 ℃，南部邯郸地区极端最低气温为 -29 ℃。冻土深度随气温由北向南渐暖渐浅，冻土最深在坝上的北部，达 2.5 m以上，最浅在邯郸地区，不到 0.5 m。

全省年平均降水量为 350～770 mm。多年水面蒸发量为 1 600～2 200 mm，潮湿系数为 0.3～0.4。年降水量时空分布极不均匀，总的趋势是东南部多于西北部。全省年内降水时段分配极不均匀，降水变率大，强度也大，以夏季降水量最多，占全省年降水总量的65%～75%。全省年均日照时数为 2 303.1 h，均属日照条件较好地区，年均无霜期为 81～204 d。全省风力资源丰富，冀北高原及渤海海岸年平均风速为 4～5 m/s，为风速最大区域；其他地区年平均风速为 2～4 m/s。季节风力分布以春季最大，冬季次之，秋季最小。

2.1.5.2 水文

河北省水系发育,河流众多,分布的水系主要为海河、滦河、辽河和内陆河 4 个水系。主要河流从南到北依次有漳卫-南运河、子牙河、大清河、永定河、潮白河、蓟运河、滦河等。海河水系位于河北省中南部地区,省内流域面积达 12.5 万 km^2,为一扇状水系,主要有北运河、永定河、大清河、子牙河、南运河等五大支流,经天津入渤海;滦河水系发源于冀北山地,长 888 km,直接注入渤海,省内流域面积为 4.6 万 km^2;内陆河水系位于张家口坝上高原,流域面积为 1.2 万 km^2,均为间歇性小河流,多流入安固里淖和察汗淖等内陆湖泊;辽河水系位于河北省东北部,分布在承德地区的围场县和平泉县北部,大部分属于西辽河上游老哈河的发源地,少部分为大清河的上游,流域面积为 0.4 万 km^2;湖泊主要分布在河流的中下游地区,多为浅盆式洼淀,如文安洼、白洋淀、衡水湖和安固里淖等,其中以文安洼最大,面积约为 1 250 km^2。

(1)地表水系。河北省河流长度大于 10 km 者有 300 余条,坝上湖淖 50 余个,较大者有 10 余个,平原冲洪积扇前缘的湖泊洼地近 10 个,人工渠系、水库和蓄洪区也很普遍。

依河流的汇流特征,地表水系可划分为内流河系和外流河系两类。

① 内流河系。分布于张家口市西北部的坝上地区,主要有大青沟河、黑水河、灯笼素河、葫芦河、安古里河等。河流源近流短,径流量小,季节性明显,旱季断流,雨季水位暴涨,各河分别注入湖淖。坝上湖淖星罗棋布,较大的有察汗淖、安古里淖、大盐淖、小盐淖、黄盖淖、张飞淖、三盖淖、九连城淖、囫囵淖、公鸡淖、水泉淖等。

② 外流水系。除冀东几条小河单独流入渤海外,主要河流,包括辽河上游的大凌河、滦河、潮白河、蓟运河、永定河、大清河、子牙河、漳卫河,直接或汇入海河后间接流入渤海。其上游多水库,平原区只在汛期有短暂流水,常时干涸。在山前冲洪积扇的前缘洼地,自北而南分布着白洋淀、东淀、文安洼、千顷洼、宁晋泊、大陆泽、永年洼等地表水的汇流及调节场所。

(2)地下水。地下水系统是具有一定时空分布特征的复杂动态系统,具有明确的边界和层次结构。河北省地下水可划分为 10 个系统、38 个亚系统和 35 个次亚系统。各地下水系统的边界依地表分水岭、地下分水岭、火成岩体隔水边界、隔或阻水断层、平原古河间带的黏性土弱透水带等来划定。

全省可分为松散岩类孔隙水,碳酸盐岩类裂隙-岩溶水,碎屑岩、变质岩、火成岩类裂隙水 3 种类型。

① 松散岩类孔隙水广布于平原、高原、山间盆地和谷地。山前平原强透水,极易接纳降水补给,地下水水质多属重碳酸钙镁型。中部平原及滨海平原,地下水补、径、排条件变差,地下水易污染,水质变差,为氯化物硫酸钠镁型水。高原松散岩类孔隙水水质差,为高氟水分布区。盆地及谷地的松散岩类孔隙水水质较好。

② 碳酸盐岩类裂隙-岩溶水主要分布于太行山南段、中段、北段的井陉、易县、涞源和燕山的遵化-宽城一带,常形成闭合完好的泉域。岩溶发育带易引发矿井突水、地面塌陷、水库渗漏、地下水污染。岩溶水补给区地下水埋深大,开采困难,缺水旱庄广布。岩溶裂隙水水质主要为重碳酸钙(或钙镁)型水。

③ 碎屑岩、变质岩、火成岩类裂隙水分布于太行山、燕山山地,盆地周边及坝上的康

保一带。地下水赋存于基岩风化壳及各类构造裂隙带,受降水补给,含水不均匀,以间歇泉形式排泄。

2.1.6　生态环境

2.1.6.1　生态分区

根据河北省发布的《河北省建设京津冀生态环境支撑区"十四五"规划》,全省生态功能区共包括环京津生态过渡带、坝上高原生态防护区、燕山-太行山生态涵养区、低平原生态修复区和沿海生态防护区 5 个区域。全省生态功能分区及涉及煤矿矿区情况见表 2-2。

表 2-2　河北省生态功能分区说明表

序号	分区名称	涉及县(市、区)	主体生态功能	涉及矿区(煤田)、煤产地
1	环京津生态过渡带	廊坊、保定、沧州和定州、雄安新区的 27 个县(市、区)	为京津城市发展提供生态空间保障	三河煤田等
2	坝上高原生态防护区	张家口市 4 个县	防风固沙和涵养水源	张北煤田、康保煤田、沽源煤田、尚义煤田等
3	燕山-太行山生态涵养区	张家口、承德、唐山、秦皇岛、保定、石家庄、邢台、邯郸市的 56 个县(市、区)	涵养水源、保持水土、生态休闲	宣下矿区、蔚县矿区、赤城煤产地、万全煤田、围场煤产地、兴隆矿区、开滦矿区、涞源煤产地、涞水煤产地、阜平煤产地、灵山煤田、井陉矿区、临城-隆尧煤田、邢台矿区、邯郸矿区、峰峰矿区等
4	低平原生态修复区	石家庄、沧州、衡水、邢台、邯郸市和辛集市的 69 个县(市、区)	京南生态屏障和农田生态保护、水源涵养、环境宜居	元氏煤田
5	沿海生态防护区	唐山、秦皇岛、沧州市的 11 个县(市、区)	提供海洋生态服务,保障海洋生态安全	柳江煤田

2.1.6.2　生态红线

依据河北省发布的《河北省生态保护红线》,河北省生态保护红线体系共包括陆域生态功能极重要区、极敏感脆弱区、各类保护地和海洋生态功能区、海洋敏感脆弱区等。

全省生态保护红线总面积 4.05 万 km^2,占全省面积的 20.70%。其中,陆域生态保护红线面积 3.86 万 km^2,占全省陆域面积的 20.49%,海洋生态保护红线面积 1 880 km^2,占全省管辖海域面积的 26.02%。

河北省生态保护红线主要类型有坝上高原防风固沙、燕山水源涵养-生物多样性维护、太行山水土保持-生物多样性维护、河北平原河湖滨岸带以及海岸海域等生态保护红线,主要分布于承德、张家口市,唐山市北部山区,秦皇岛市中北部山区,保定、石家庄、邢台、邯郸市西部山区,沧州、衡水、廊坊市局部区域。

（1）坝上高原防风固沙生态保护红线

分布范围：该区属内蒙古高原的南缘，生态保护红线主要分布于张北县、沽源县、康保县、察北管理区、塞北管理区，以及尚义县、丰宁满族自治县、围场满族蒙古族自治县的部分地区。生态保护红线面积为 3 277 km²，占全省陆域面积的 1.74%。

生态系统类型及生态功能：区域内以草原生态系统为主，其次为森林生态系统，植被组成以旱生针茅属植物为优势种，羊草草原比重较大，组成森林的树种有白桦、华北落叶松、山杨、蒙古栎等，具有极其重要的防风固沙功能。

保护重点：主要保护脆弱的草原生态系统和林草交错区过渡地带。

（2）燕山水源涵养-生物多样性维护生态保护红线

分布范围：该区位于河北省东北部，北与坝上高原相接，南与平原为邻。生态保护红线主要分布于张家口东部坝下、承德地区坝下和唐山、秦皇岛市所属 19 个县（市）。生态保护红线面积为 22 579 km²，占全省陆域面积的 11.97%。

生态系统类型及生态功能：区域内以森林生态系统为主，植被覆盖率高，降水条件好，河流水系发达，是滦河、潮白河、辽河三大水系的主要发源地，有潘家口、大黑汀等水库，是北京、天津、唐山三大城市重要水源地，具有重要的水源涵养功能。区域内物种丰富，植被保护良好，为大量生物提供了栖息地，保护了物种的完整性，具有较强的生物多样性维护功能。

保护重点：主要保护森林生态系统，以及珍稀野生动植物栖息地与集中分布区。

（3）太行山水土保持-生物多样性维护生态保护红线

分布范围：该区位于河北省西部，西与山西省交界，东与平原相连，南与河南省相接。生态保护红线主要分布于保定、石家庄、邢台、邯郸市 4 市的西部山区。生态保护红线面积为 11 158 km²，占全省陆域面积的 5.92%。

生态系统类型及生态功能：区域内以森林生态系统为主，有大小河流数十条，分属于海河水系的大清河、子牙河、漳卫河系，还分布有西大洋、王快、岗南、黄壁庄、朱庄、岳城等多个大中型水库，具有重要的水土保持与水源涵养功能。区域内西部深山区物种比较丰富，具有较强的生物多样性维护功能。区域内低山丘陵区植被盖度较差，水土流失敏感性强，水土流失严重，易发生地质灾害，是国家水土流失重点治理区域。

保护重点：主要保护森林生态系统，珍稀野生动植物栖息地与集中分布区，以及太行山丘陵水土流失重点治理区。

（4）河北平原河湖滨岸带生态保护红线

分布范围：该区属华北平原北部区，南到河南省界，北至燕山，西邻太行山，东濒渤海。生态保护红线主要分布于廊坊、沧州、衡水市，秦皇岛、唐山市南部，保定、石家庄、邢台、邯郸市东部。生态保护红线面积为 1 618 km²，占全省陆域面积的 0.86%。

生态系统类型及生态功能：区域内主要以农田生态系统为主，兼有河流与淡水湿地生态系统，分布有海河、滦河两大水系，其中，海河是该区域最大河流，主要支流有北运河、永定河、大清河、子牙河、南运河。区域内还分布有白洋淀、衡水湖、南大港等河湖、湿地、洼地，具有重要的洪水调蓄、生物多样性维护功能。

保护重点：主要保护内陆河流与淡水湿地生态系统，逐渐恢复流域内珍稀濒危野生动植物栖息地。

（5）海岸海域生态保护红线

分布范围：海岸海域生态保护红线主要分布于秦皇岛、唐山、沧州市的沿海地区。生态保护红线面积为 1 880 km²，占全省管辖海域面积的 26.02%。

生态系统类型及生态功能：区域内主要有海洋、河口、湿地、森林等生态系统。主要生态功能是维护水产种质资源，缓解生态环境恶化，改善沿海地带生态脆弱性，提高抵御风沙和大潮等自然灾害的能力，是京津地区的海防安全重要屏障。

保护重点：主要保护海岸海域生态系统，逐步恢复海岸海域区域内的水产种质资源栖息地以及沿海防护林。

2.1.6.3　影响生态环境的主要人类工程活动

全省影响生态环境的主要人类工程活动包括资源和能源的开发、工农业生产、城镇建设、交通水利建设等各项活动。

由于人口的增长和科学技术的不断进步，人类改造自然的能力变得十分强大，人类工程活动对地质环境的影响也以空前的速度急速发展，并因此产生了严重的环境问题。如工农业生产、城镇建设和交通建设等虽然带来了人居和生产环境的改善，但是却对自然环境造成了破坏；水利水电工程是综合性的工程项目，包括水利枢纽、水库工程、引水工程、下游灌溉工程和输变电工程等，这类工程对地质条件要求高，对区域地质环境影响显著；矿业工程的特点是大多为深部开发，经常出现深采和高边坡等一系列问题，带来地下和地表条件的各种变化，如地面塌陷、露天采场、废土石堆、矸石堆、尾矿库形成地质灾害、破坏地形地貌景观、占用土地资源、矿山地下排水破坏地下水资源等，产生了较严重的环境影响。

2.1.7　矿产资源及社会经济概况

河北省是全国矿产资源大省。河北省自然资源厅（海洋局）（2021）统计数据显示，截至 2020 年年底，河北省已发现矿产 130 种，其中有查明资源储量的矿产 104 种，无查明资源储量的矿产 26 种。列入《2020 年河北省矿产资源储量表》的矿产 73 种，未列入的矿产 31 种。列入该储量表矿产地 1 530 处，按矿产大类划分，能源矿产 167 处、金属矿产 891 处、非金属矿产 472 处；按矿产地规模划分，大型 217 处、中型 360 处、小型 953 处。列入该储量表的矿产中，资源储量排位居全国前 5 位的有冶金用白云岩、铁矿等 37 种，位次在 6～10 位的有钼矿、铝土矿、盐矿等 20 种。这些资源分布广泛，体系比较完整，具有建设大型钢铁、建材、化工等综合工业基地和发展煤化工、盐化工、油化工的有利条件和良好基础。

主要矿产中，煤炭保有资源储量为 228.54 亿 t，居全国第 12 位；铁矿保有资源储量为 96.09 亿 t，居全国第 3 位；钼矿保有资源储量为 87.46 万 t（金属量），居全国第 10 位；金矿保有资源储量为 290.51 t（金属量），居全国第 18 位；冶金用白云岩保有资源储量为 12.67 亿 t，居全国第 5 位；水泥用灰岩保有资源储量为 55.13 亿 t，居全国第 12 位。

平原交通发达，快速便捷的立体交通网络已经建成。铁路纵横交错，京广、京九、京沪铁路纵贯南北，以京广、京山、津浦、石太、石德、京包、京秦、京原、京哈等 15 条铁路干线及支线、地方铁路形成了以石家庄为枢纽的铁路网。公路四通八达，有 17 条国家干线公路。此外，海运条件也十分便利，拥有数个较大出海口岸。

中华人民共和国成立以来，全省工农业发展迅速，人民生活水平不断提高，特别是改革开放以来，社会经济迅猛发展，已形成以农业为基础，工业为主导，一、二、三产业均衡发展的经济结构。2020 年，河北省常住总人口 7 461 万人，地区年生产总值 36 206.9 亿元，居民人均可支配收入为 27 136 元，其中城镇居民人均可支配收入为 37 286 元，农村居民人均可支配收入为 16 467 元。

截至 2020 年年底，河北省耕地面积为 9 017.01 万亩，园地 1 506.21 万亩，林地 9 643.27 万亩，草地 2 906.03 万亩，湿地 211.75 万亩，城镇村及工矿用地 3 179.73 万亩，交通运输用地 624.11 万亩，水域及水利设施用地 858.70 万亩。

海岸带总面积为 114 万 hm^2，海洋生物 660 多种，是我国北方重要的水产品基地。旅游资源也是全国最丰富的省份之一，长城在河北省境内长 1 000 多千米。全省拥有的省级以上文物保护单位达 900 多处，居全国第一位。其中最著名的有承德避暑山庄、万里长城之首山海关、北戴河旅游度假区、清东陵和清西陵等。

河北省已基本形成新能源、汽车、电气、煤炭、纺织、冶金、建材、化工、机械、电子、石油、轻工、医药等优势产业，其中煤炭、冶金、建材、化工等优势产业都是以全省丰富的矿产资源为基础发展起来的。

2.2 煤炭资源开发状况

2.2.1 煤炭资源分布

河北省地处我国东部沿海经济发达地区，是富煤、少气、贫油的省份。河北省含煤时代、煤类齐全，含煤面积广，储量丰富，开采规模大，是我国主要产煤省份之一，煤炭资源开发利用在国民经济中占据重要的地位。

河北省煤炭资源分布广泛，地质史上主要聚煤期的含煤地层在河北省均有赋存，从晚古生代到新生代共有 6 个聚煤期。各聚煤期含煤地层的分布和赋存，受区域性地质构造单元控制。其中，太行山断褶带-太行山东麓含煤区（太行山山区、东麓赋煤带）、平原断坳内含煤区（冀中平原赋煤带）构造主要表现为断块活动强烈，造成整体抬升和下降，经后期改造保存有峰峰武安煤田、邢台煤田、临城煤田、隆尧煤田、元氏煤田、井陉煤田、灵山煤田、蔚县煤田、大城煤田及诸煤产地。燕山断褶带范围内构造主要表现为变形剧烈，地层普遍褶皱，经剥蚀煤系地层主要保存向斜部分，经后期改造保存有宣化-下花园煤田、万全煤田、开平煤田、蓟玉-车轴山煤田、兴平煤田及诸煤产地。冀北隆起带自元古代末期隆起，基本未接受沉积，直到早中侏罗世发生活动，沉积了早侏罗世、早白垩世煤系，经后期改造保存有沽源煤田、康保煤田、忠义煤田及诸煤产地。

河北省煤炭资源大部分赋存于太行山东麓赋煤带、冀中平原赋煤带、燕山南麓赋煤带和燕山山区赋煤带内。冀北赋煤带赋存量较小且煤质较差，冀中平原赋煤带赋存量巨大，但埋藏较深。历经半个多世纪的勘查投入，河北省已勘查完成并列入《2020 年河北省矿产资源储量表》的煤炭保有资源储量为 228.54 亿 t。河北省煤炭资源主要分布见图 2-3。图 2-4、图 2-5 分别为河北省侏罗系中统下花园组、河北省石炭-二叠系煤岩层对比图。白垩系下统青石砬组局部分布于承德、张家口，煤层较薄。

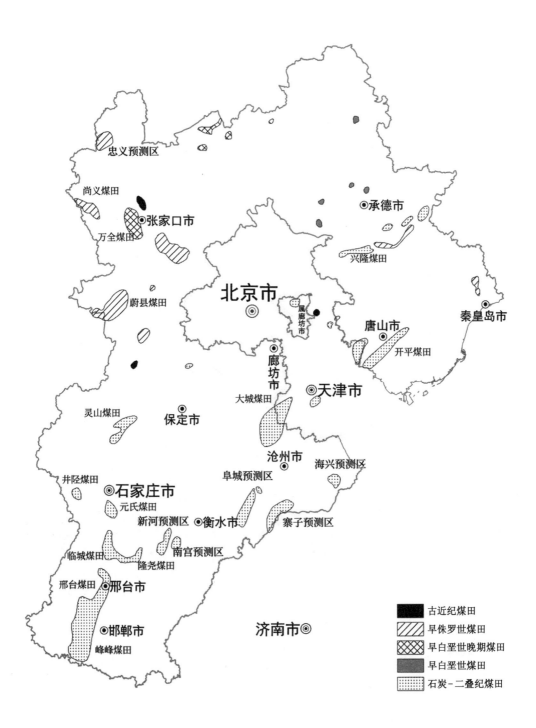

忠义预测区

尚义煤田

张家口市

万全煤田

承德市

兴隆煤田

蔚县煤田

北京市

属廊坊市

唐山市

秦皇岛市

开平煤田

廊坊市

天津市

大城煤田

灵山煤田

保定市

沧州市

海兴预测区

阜城预测区

井陉煤田

石家庄市

元氏煤田

新河预测区

衡水市

寨子预测区

临城煤田

南宫预测区

隆尧煤田

邢台煤田

邢台市

邯郸市

峰峰煤田

济南市

	古近纪煤田
	早侏罗世煤田
	早白垩世晚期煤田
	早白垩世煤田
	石炭–二叠纪煤田

图 2-3 河北省煤炭资源分布示意图（河北省煤田地质勘查院,2010）

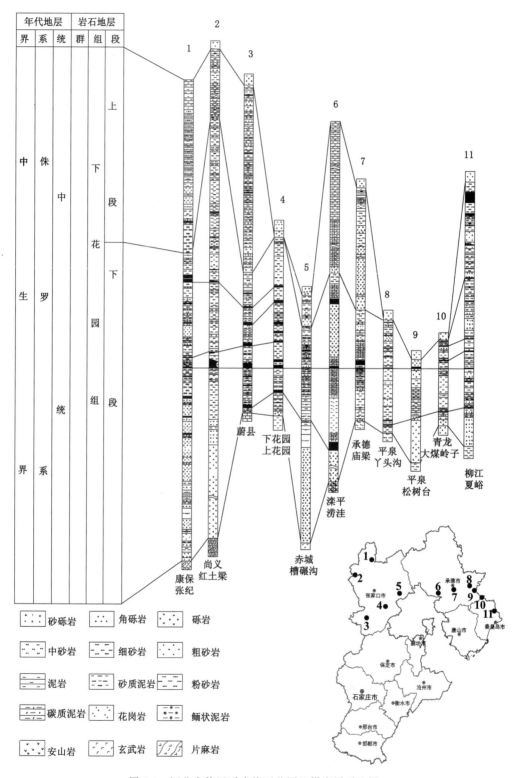

图 2-4　河北省侏罗系中统下花园组煤岩层对比图

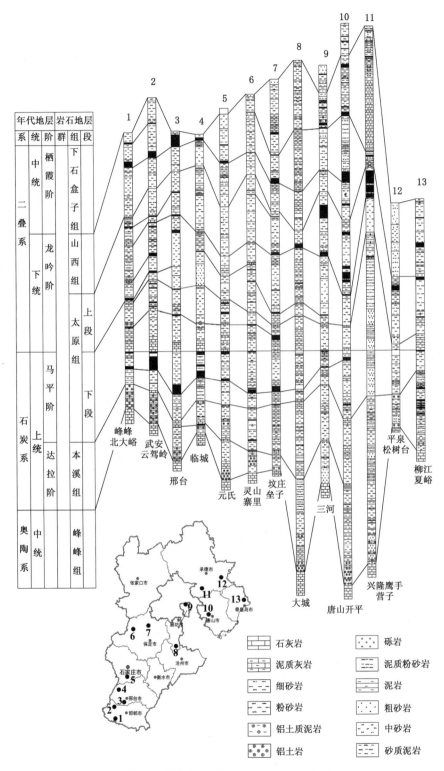

图 2-5　河北省石炭-二叠系煤岩层对比图

2.2.2 煤炭资源开发及矿业布局基本情况

河北省是个煤炭大省,开发时间长、强度大。目前,河北省各个主要煤田和矿区1 000 m以浅的煤炭资源分布和赋存情况已基本掌握,1 000～1 200 m的煤炭资源已基本了解,1 200 m以深的煤炭资源勘查程度相对偏低,基本处于未开发利用状态。尤其是近些年,未发现较大的煤田。早期煤炭的开发,因小、乱、散、粗放型开采,构成了诸多后矿山问题。随着国家淘汰落后产能和化解过剩产能政策的实施,大批煤矿被关闭。据不完全统计,2011—2020年全省共关闭煤矿381处。其中:2011—2014年主要为淘汰落后产能,共计关闭煤矿237处;2016—2020年主要为化解过剩产能,共计关闭煤矿144处。截至2020年年底,河北省剩余生产矿井37个,含大型矿井18个、中型矿井12个、小型矿井7个。全省剩余生产矿井基本情况及布局见表2-3、表2-4和图2-6～图2-12。

剩余新建、在建、资源整合、技术改造等类型的煤矿22个,含大型矿井1个、中型矿井4个、小型矿井17个。

表 2-3　2016—2020 年河北省关闭煤矿及 2020 年剩余煤矿统计表

序号	地区	关闭矿井/个	生产矿井/个	在建(新建、资源整合、技术改造)矿井/个
1	邢台	34	10	7
2	邯郸	19	14	7
3	石家庄	1	0	0
4	唐山	11	6	0
5	保定	3	1	0
6	张家口	65	4	5
7	承德	9	2	1
8	秦皇岛	2	0	2
	合计	144	37	22

注:为截至 2020 年年底数据。

表 2-4　全省剩余生产矿井一览表

序号	煤矿名称	地址	2020 年年底剩余产能 /(万 t/a)	备注
		一、邢台市(10 处)		
1	冀中股份公司邢台矿	邢台市桥西区	80	生产
2	冀中股份公司章村四井	邢台市沙河市	90	生产
3	冀中股份公司葛泉矿	邢台市沙河市	95	生产
4	冀中股份公司葛泉矿东井	邢台市沙河市	90	生产
5	冀中股份公司东庞矿	邢台市内丘县	360	生产
6	冀中股份公司东庞矿北井	邢台市内丘县	90	生产
7	东庞通达煤电有限公司西庞井	邢台市内丘县	40	生产
8	冀中股份公司邢东矿	邢台市邢台县	125	生产
9	河北金牛邢北煤业有限公司	邢台市邢台县	45	生产
10	邢台市奇胜投资有限公司奇胜煤矿	邢台市内丘县	30	生产

表 2-4(续)

序号	煤矿名称	地址	2020 年年底剩余产能 /(万 t/a)	备注
		二、邯郸市(14 处)		
1	邯郸市孙庄采矿有限公司	邯郸市峰峰矿区	35	生产
2	邯郸市牛儿庄采矿有限公司	邯郸市峰峰矿区	40	生产
3	峰峰集团辛安矿	邯郸市磁县	150	生产
4	峰峰集团大社矿	邯郸市峰峰矿区	150	生产
5	峰峰集团新屯矿	邯郸市峰峰矿区	80	生产
6	峰峰集团羊东矿	邯郸市峰峰矿区	150	生产
7	峰峰集团宝峰公司九龙矿	邯郸市磁县	168	生产
8	峰峰集团万年矿	邯郸市武安市	300	生产
9	峰峰集团梧桐庄矿	峰峰市磁县	300	生产
10	峰峰集团大淑村矿	邯郸市武安市	150	生产
11	邯矿集团郭二庄煤矿	邯郸市武安市	180	生产
12	邯矿集团郭二庄煤矿二坑	邯郸市武安市	60	生产
13	邯矿集团云驾岭矿	邯郸市武安市	180	生产
14	峰峰集团天成矿业	邯郸市磁县	30	生产
		三、保定(1 处)		
1	邯矿集团阜平矿业公司	保定市阜平县	45	生产
		四、张家口(4 处)		
1	开滦集团蔚州矿业公司单侯矿	张家口蔚县	180	生产
2	开滦蔚州地煤冀鑫矿业有限公司	张家口蔚县	15	生产
3	肥矿集团蔚县鑫国矿业有限公司鑫发煤矿一井	张家口蔚县	30	生产
4	肥矿集团蔚县鑫国矿业有限公司红土湾煤矿	张家口蔚县	30	生产
		五、承德(2 处)		
1	承德暖儿河煤矿	承德市承德县	30	生产
2	兴隆县平安矿业有限公司(平安堡煤矿)	承德市兴隆县	45	生产
		六、唐山(6 处)		
1	开滦(集团)唐山矿业分公司	唐山市路南区	300	生产
2	开滦(集团)东欢坨矿业分公司	唐山市丰润区	450	生产
3	开滦股份吕家坨矿业分公司	唐山市古冶区	330	生产
4	开滦林西矿业有限公司	唐山市古冶区	150	生产
5	开滦(集团)钱家营矿业分公司	唐山市丰南区	540	生产
6	开滦股份范各庄矿业分公司	唐山市古冶区	480	生产
合计	37 个(截至 2020 年年底数据)		5 643	

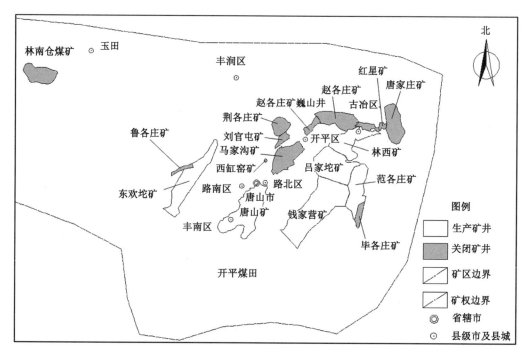

图 2-6　开滦矿区煤炭资源开发现状图

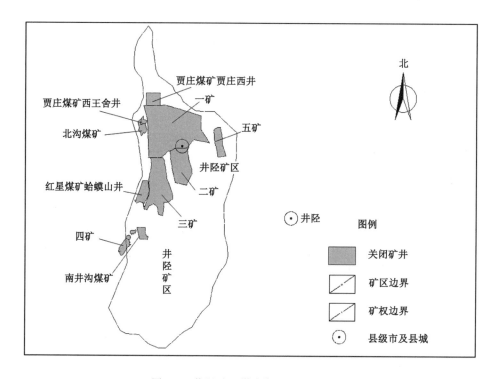

图 2-7　井陉矿区煤炭资源开发现状图

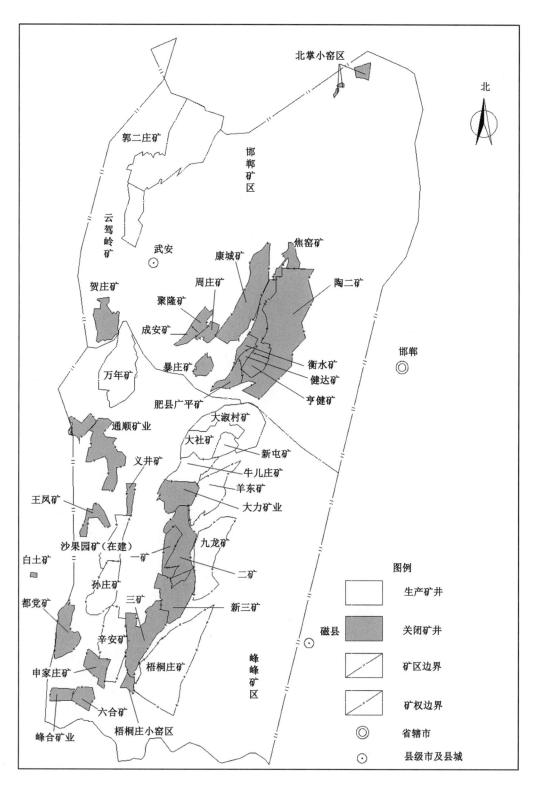

图 2-8　邯郸、峰峰矿区煤炭资源开发现状图

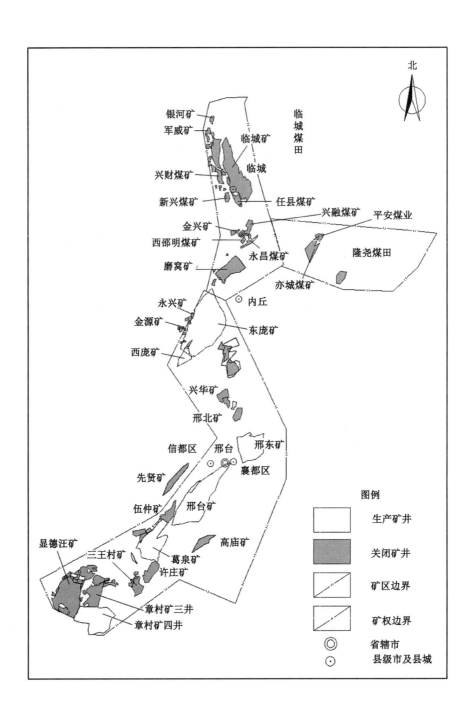

图 2-9 邢台矿区煤炭资源开发现状图

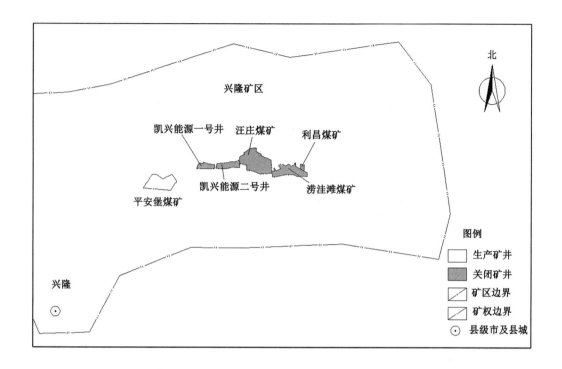

图 2-10　兴隆矿区煤炭资源开发现状图

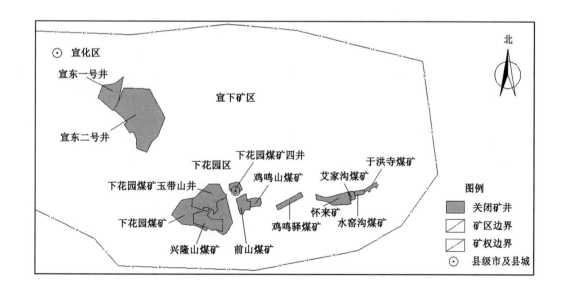

图 2-11　宣下矿区煤炭资源开发现状图

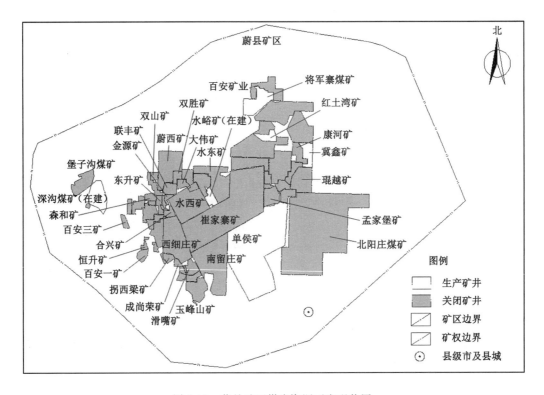

图 2-12 蔚县矿区煤炭资源开发现状图

目前河北省拥有开滦(集团)有限责任公司和冀中能源集团有限责任公司两家大型煤炭集团。截至 2019 年 3 月末,开滦(集团)在河北省纳入合并范围内的煤矿有 11 个,主要集中在开滦矿区、蔚县矿区、兴隆矿区和一些煤产地,煤炭地质储量总计 32.89 亿 t,可采储量总计 16.83 亿 t(表 2-5)。中华人民共和国成立后到 2019 年年底,开滦(集团)共生产优质原煤 16.98 亿 t,精煤 4.15 亿 t。

表 2-5 开滦(集团)资源储量统计表

地区	矿井名称	地质储量/亿 t	可采储量/亿 t	煤种
河北省唐山市	赵各庄	0.61	0.08	肥煤
	林西	1.43	0.08	肥煤、焦煤
	唐山	3.69	1.85	1/3 焦煤
	荆各庄	0.47	0.02	气煤
	钱家营	8.86	5.55	肥煤
	东欢坨	6.10	3.79	气煤
	范各庄	2.71	1.69	肥煤
	吕家坨	3.23	2.18	
	小计	27.10	15.24	—

表 2-5(续)

地区	矿井名称	地质储量/亿 t	可采储量/亿 t	煤种
河北省蔚县	崔家寨	2.60	0.35	长焰煤
	单侯	2.96	1.17	
	小计	5.56	1.52	—
河北省承德市	平安矿业	0.23	0.07	瘦-贫煤
总计		32.89	16.83	—

资料来源:平安证券《煤炭行业区域专题报告:河北篇》(2019)。

截至 2018 年年末,冀中能源集团在河北省的煤矿主要集中在峰峰矿区、邯郸矿区、邢台矿区以及张北、宣下矿区,煤炭地质储量总计 41.79 亿 t,可采储量总计 5.62 亿 t(表 2-6)。

表 2-6　冀中能源集团资源储量统计表

地区	矿区	地质储量/亿 t	可采储量/亿 t	煤种
河北省邯郸市	峰峰矿区	19.01	2.60	焦煤、肥煤、无烟煤
	邯郸矿区	8.89	1.46	无烟煤为主
河北省邢台市	邢台矿区	13.11	1.10	1/3 焦煤、气煤、肥煤为主
河北省张家口市	张北、宣下矿区	0.78	0.46	1/3 焦煤、气煤为主
河北省石家庄市	井陉矿区	—	—	主焦煤、1/3 焦煤、气煤为主
总计		41.79	5.62	—

资料来源:平安证券《煤炭行业区域专题报告:河北篇》(2019)。

2.3　煤矿关闭情况

2.3.1　关闭煤矿分类

2.3.1.1　按生产能力分类

煤矿按生产能力分类,可分为大型矿井(生产能力≥120 万 t/a)、中型矿井(45 万 t/a≤生产能力<120 万 t/a)和小型矿井(生产能力<45 万 t/a)。河北省 2016—2020 年关闭煤矿中大型矿井为 7 处,中型矿井为 23 处,小型矿井为 114 处,见表 2-7。

表 2-7　河北省 2016—2020 年关闭煤矿按生产能力分类统计表　　单位:处

地区	类型			合计
	大型	中型	小型	
邯郸	1	9	9	19
邢台	1	4	29	34
石家庄	0	0	1	1

表 2-7(续)

地区	类型			合计
	大型	中型	小型	
唐山	1	4	6	11
张家口	4	5	56	65
承德	0	0	9	9
保定	0	0	3	3
秦皇岛	0	1	1	2
合计	7	23	114	144

2.3.1.2 按煤矿开采经营实体身份分类

煤矿按开采经营实体身份分类,具体可分为国有煤矿、集体煤矿(地方煤矿)以及个体煤矿。根据关闭煤矿开采经营实体身份的不同,关闭煤矿档案也千差万别。国有关闭煤矿的档案资料真实、正规、数据可靠,且资料的保存时间相对较长。个体煤矿因管理不够严谨,档案资料杂乱且误差较大,且大多数资料保存不全。河北省 2016—2020 年关闭煤矿按经营实体身份分类情况统计见表 2-8。

表 2-8 河北省 2016—2020 年关闭煤矿按经营实体身份分类统计表

地区	类型			合计
	大型	中型	小型	
邯郸	14	5	0	19
邢台	13	10	11	34
石家庄	1	0	0	1
唐山	5	6	0	11
张家口	64	1	0	65
承德	3	6	0	9
保定	3	0	0	3
秦皇岛	2	0	0	2
合计	105	28	11	144

2.3.1.3 按煤矿关闭原因分类

河北省 2015 年前关闭煤矿主要为资源枯竭型和淘汰落后产能型,这些关闭煤矿中相当一部分为关闭多年、规模较小的私人(或地方)小煤矿、小煤窑,资料保存不系统,且当时已无矿业活动迹象。其中相当一部分小煤矿未在本书调查区内(包括保定、张家口北部和承德北部的一些煤产地小煤矿,以及柳江煤田、三河煤田的一些小煤矿)。2015 年后关闭煤矿主要为化解过剩产能型。

2.3.2 煤矿关闭基本情况

河北省围绕"坚决去、主动调、加快转",开展了大量的去产能相关工作。近年来,河北省制定了多项淘汰落后产能、化解过剩产能的政策。

2.3.2.1　河北省煤矿关闭基本情况

据河北省能源局煤炭处数据显示,河北省 2015 年前煤炭去产能主要为淘汰落后产能,2011—2015 年五年淘汰落后产能煤矿 237 处,淘汰落后产能 1 650 万 t。2015 年后,按照国家供给侧结构性改革部署开始实施化解过剩产能,2016—2020 年,五年总任务为关闭煤矿 123 处,占煤矿总数的 62%。2018 年,河北省政府又制定了《河北省重点行业去产能工作方案(2018—2020 年)》,即"去产能 432511 工程",将 2018—2020 年三年任务量确定为 3 000 万 t,去产能任务总量增加 300 万 t。

2016—2020 年,五年时间河北省煤矿实际化解煤炭过剩产能 161 处(关闭煤矿 144 处、缩减产能 17 处)。其中:2016 年 54 处(关闭煤矿 51 处、缩减产能 3 处)、2017 年 27 处(关闭煤矿 25 处、缩减产能 2 处)、2018 年 30 处(关闭煤矿 28 处、缩减产能 2 处)、2019 年 30 处(关闭煤矿 27 处、缩减产能 3 处)、2020 年 20 处(关闭煤矿 13 处、缩减产能 7 处)。

2.3.2.2　本次调查的关闭煤矿情况

本次共计调查关闭煤矿 193 处,其中大中型关闭煤矿为 30 处、个体小煤矿(含老窑区)为 163 处。调查的大中型关闭煤矿名单见表 2-9。

表 2-9　本次调查的大中型关闭煤矿一览表

序号	关闭煤矿名称	位置	生产能力/(万 t/a)	闭坑时间
1	峰峰矿务局二矿	邯郸峰峰矿区	53	2003 年
2	冀中能源井陉矿业集团元氏矿业	石家庄元氏县	60	2014 年
3	冀中能源邯矿集团陶一矿	邯郸武安市	65	2016 年
4	冀中能源邯矿集团康城煤矿	邯郸武安市	50	
5	冀中能源峰峰集团大力矿业	邯郸峰峰矿区	40(原为 85)	
6	冀中能源峰峰集团通顺矿业	邯郸峰峰矿区	55	
7	冀中能源井矿集团瑞丰煤业(井陉三矿)	石家庄井陉矿区	30(原为 80)	
8	开滦集团蔚州矿业公司南留庄矿	张家口蔚县	42	
9	承德隆泰矿业有限公司汪庄矿	承德鹰手营子	42	
10	马家沟矿业有限责任公司	唐山开平区	60	
11	冀中能源邯郸矿业集团亨健矿业公司	邯郸复兴区	90	2017 年
12	河北省磁县申家庄煤矿有限公司	邯郸磁县	85	
13	冀中能源股份有限公司显德汪矿	邢台沙河市	180	
14	冀中能源股份有限公司章村矿三井	邢台沙河市	55	
15	磁县六合工业有限公司	邯郸磁县	80	2018 年
16	河北冀安矿业公司许庄矿	邢台沙河市	60	
17	开滦集团蔚州矿业公司北阳庄矿	张家口蔚县	180	
18	开滦集团蔚州矿业公司西细庄矿	张家口蔚县	60	
19	张矿集团宣东矿井	张家口宣化区	150	
20	张矿集团蔚西煤矿一井	张家口蔚县	60	

表 2-9(续)

序号	关闭煤矿名称	位置	生产能力/(万 t/a)	闭坑时间
21	张矿集团水西煤矿	张家口蔚县	45	2018 年
22	开滦集团蔚州矿业公司单侯矿北井	张家口蔚县	45	
23	开滦集团林南仓矿业分公司	唐山玉田县	180	
24	邯矿集团聚隆矿业公司	邯郸武安市	60	2019 年
25	峰峰集团新三矿	邯郸峰峰矿区	95	
26	张矿集团堡子沟煤矿	张家口蔚县	60	
27	开滦集团蔚州矿业公司崔家寨矿	张家口蔚县	205	
28	开滦集团赵各庄矿业有限公司	唐山古冶区	100	
29	冀中能源邯矿集团陶二矿	邯郸武安市	120	2020 年
30	开滦集团荆各庄矿业分公司	唐山古冶区	100	

2.3.2.3　河北省剩余煤矿基本情况

截至 2020 年年底,河北省剩余煤矿 59 个,其中:生产矿井 37 个,含大型矿井 18 个、中型矿井 12 个、小型矿井 7 个;在建矿井(新建、资源整合、技术改造)22 个,含大型矿井 1 个、中型矿井 4 个、小型矿井 17 个(图 2-13)。

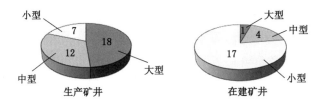

图 2-13　截至 2020 年年底河北省剩余煤矿基本情况

参考文献

郜洪强,南贵军,刘明辰,等,2016.河北省矿山地质环境治理模式[M].北京:地质出版社.

河北省煤田地质勘查院,2010.河北省煤炭资源潜力评价报告[R].邢台:河北省煤田地质勘查院.

河北省自然资源厅(海洋局),2021.矿产资源概况[EB/OL].(2021-10-12)[2022-10-12]http://zrzy.hebei.gov.cn/heb/gongk/gkml/tjxx/zygk/kcgk/10645331901008470016.html.

张秀芝,赵相雷,李波,等,2017.基于区域土壤元素地球化学的河北平原土壤质地类型划分[J].第四纪研究,37(1):25-35.

第3章　关闭煤矿资源环境多要素综合调查技术

3.1　调查模式

3.1.1　调查内容及技术适应性

关闭煤矿资源环境多要素综合调查是通过资料收集与分析、遥感调查、地面调查、采样化验等多种手段，必要时采用无人机航测技术，基本掌握关闭煤矿地面塌陷、地裂缝、崩塌、滑坡、泥石流等地质灾害以及地形地貌景观破坏、土地压占与破坏、含水层破坏、水土环境污染等地质环境问题，了解关闭煤矿残煤及其他有益矿产、煤层气、地下空间、矿井水、土地、地热、煤矸石等资源基本情况，并提出资源利用建议，是关闭煤矿区生态修复、资源利用和规划必不可少的依据。

针对形式各异、来源多样、历史和现实并存的数据，需要构建集资料收集与分析、遥感调查、野外调查、物探、采样化验、数据资料处理与管理、评价分析、成果表达为一体的关闭煤矿多要素综合调查技术手段和方法体系，即不同的关闭煤矿要素应使用恰当的技术手段和方法（表 3-1、图 3-1），以实现协同观测、高效处理、聚焦服务。

表 3-1　多要素综合调查示方法与技术适用性一览表

多要素类型		资料收集与分析	遥感调查	无人机航测	物探	野外调查	采样化验	示范调查 井下	示范调查 解剖
矿山基本情况、地形地貌、自然地理等基本情况调查		√	√						
矿山地质环境背景调查		√					√		
地形地貌景观破坏调查		√	√	重点解剖		√			√
土地压占与破坏调查		√	√	重点解剖		√	√		√
水污染破坏调查		√				√	√	√	√
矸石有害、有益、安全隐患调查		√	√	重点解剖		√			√
地质灾害调查		√	√	重点解剖	重点解剖	√			√
关闭煤矿资源调查	土地	√		重点解剖		√			√
	剩余煤炭及其他有益矿产	√			重点解剖			√	√
	煤层气	√			重点解剖				√
	地下空间	√			重点解剖			√	√
	矿井水、地热	√			重点解剖	√	√		√
	煤矸石	√	√	重点解剖		√	√		√

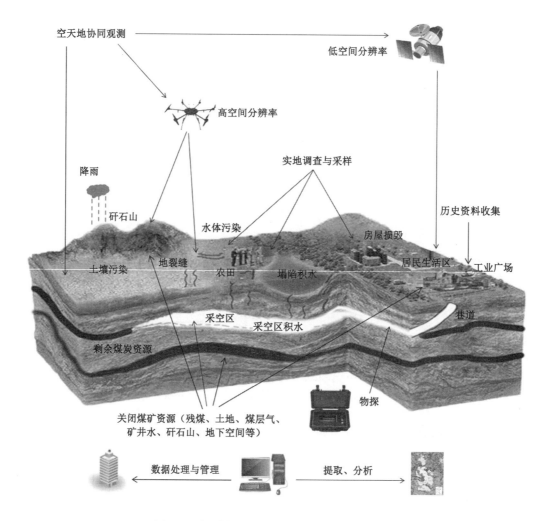

图 3-1　关闭煤矿多要素调查内容及技术示意图

3.1.2　技术流程

基于关闭煤矿多要素特征及其调查技术建立的技术流程如图 3-2 所示。

本节只对其中的资料收集与地面调查、采样化验进行讨论,其他技术及其应用在后续章节论述。

3.1.3　资料收集与分析

3.1.3.1　工作方法

资料收集工作在其他工作开展之前先期展开,并贯穿于项目周期内,为部署调查工作奠定基础。所收集成果资料应最新,且已通过评审。收集渠道为各地自然资源局(原国土局)、煤矿主管部门、煤矿企业、地勘单位、河北省地质资料馆、河北省测绘资料档案馆、河北省高分中心等行业部门。通过分析前人资料,基本掌握调查区关闭煤矿地质环境背景、

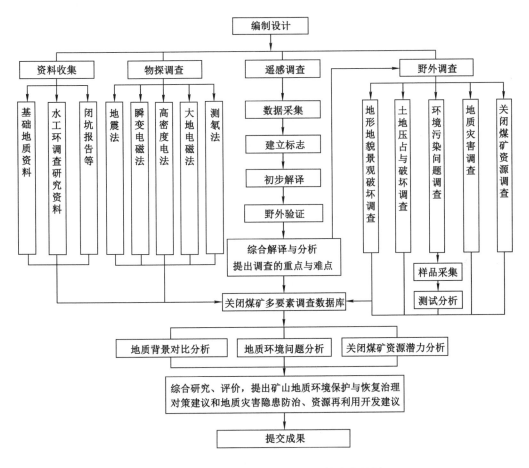

图 3-2 关闭煤矿多要素综合调查技术流程图

关闭煤矿基本情况等;整理、统计各主要关闭煤矿资源分布、规模等基本情况,并进行分类。根据资料分析并结合踏勘情况,初步研究确定调查的重点与难点,逐步明确可执行的工作方案,确定有效的工作方法及路线。

资料收集与分析执行原国土资源部环境司制定的《全国矿山地质环境调查技术要求实施细则》(2004)的规定和要求。

3.1.3.2 主要收集内容

(1)测量资料

收集调查区 1:50 000、1:10 000 地形图和测量控制点。

(2)关闭煤矿资料

① 煤矿基本情况资料。主要包括采矿许可证、地理位置、地形地貌、矿权拐点坐标、矿区面积、建矿时间、闭坑时间、闭坑原因、原生产能力、采矿方式、开采标高、经济类型、主采煤层、开拓方式、采煤方法、地质概况等。

② 煤矿成果报告资料。主要包括煤矿的闭坑地质报告、生产地质报告、煤炭资源储量核实报告(关闭前最近的报告)、矿井水文地质类型划分报告、隐蔽致灾因素普查报告、

矿山地质环境保护与土地复垦方案、瓦斯地质报告等最新报告,地形地质图、工业广场平面图、井上下对照图、采掘工程平面图、煤层底板等高线及储量估算图、瓦斯地质图、综合水文地质图、充水性图等最新成果图,以及瓦斯鉴定、水文观测、涌水量、钻孔、水源井等台账资料。基本掌握煤矿的煤种、煤矿采出量、资源/储量注销概况、剩余煤炭资源储量及其分布、煤的工业用途、煤质特征、涌水量及构成、地热、瓦斯(绝对瓦斯涌出量、相对瓦斯涌出量、等级等)、采空积水、主要含水层、地温、其他有益矿产、受采煤影响的含水层、工程地质特征及其他开采地质条件、矿山地质环境影响等基本情况;通过采掘工程图等资料,基本掌握采空区分布、井下空间(井底车场、主副井、岩巷等)分布、体积等基本情况;初步了解煤矿地质环境现状。

③ 以往开发利用状况及前人基础地质、矿产地质及水工环调查、研究综合资料。主要包括以往矿山地质环境调查与评价、矿山地质灾害调查、矿山环境恢复与治理、煤层气调查与评价、矿井水调查与综合利用等工作成果报告及相关附表附图等资料。

④ 关闭煤矿资源调查。通过整理、汇总资料,收集相关数据成果,对主要关闭煤矿的剩余煤炭、土地、地下空间、煤层气、矿井水、地热、煤矸石等资源进行分类汇总。依据储量等自身条件、地质条件、环境条件和经济地理条件等,分析资源利用潜力。主要包括如下内容。

a. 剩余煤炭资源及其他有益矿产资源。

以收集资料等手段为主,通过对关闭煤矿的闭坑地质报告、煤炭资源储量核实报告及相关台账等资料进行统计和整理分析,初步掌握剩余煤炭资源及其他有益矿产资源分布、规模等基本情况。根据资源的分布、规模等特点,分析资源潜力,提出其利用方式及途径。

另外其他相关数据调查还应包括:煤质、煤层层数、煤层总厚度(煤层总厚度范围、平均值)和含煤系数;可采煤层层数、总厚度(厚度范围和平均值)以及可采煤层含煤系数;煤层的顶底板岩性、煤层厚度稳定性、煤层分叉、尖灭和夹矸等;煤的真密度和视密度;煤的工业用途等。

其他有益矿产调查主要针对煤系地层常见的共伴生矿产:耐火黏土、铝土矿、油页岩、石膏,以及稀有元素锗、镓、硒、钍、铀等进行统计调查。

除上述内容外,调查内容还应包括开采方式、煤矿采出量、资源量注销基本情况、剩余资源/储量及其分布、剩余原因及其他开采地质条件等。

b. 煤层气资源调查。

煤层气赋存在煤炭资源中,煤层气资源的调查内容基于煤炭资源的调查,主要通过收集相关资料(闭坑报告、最新生产报告、瓦斯地质报告、瓦斯鉴定以及相关瓦斯地质图等附图、矿井瓦斯和二氧化碳涌出量测定基础等台账),并结合剩余煤炭资源调查内容进行调查。在基本掌握剩余煤炭资源储量的基础上,统计、整理瓦斯等级、历年绝对(相对)瓦斯涌出量以及以往瓦斯利用方式等信息,分析资源潜力。

c. 地下空间资源调查。

以收集资料为主,通过对矿产资源开发利用方案、采区巷道布置图、最新采掘工程图、井上下对照图、采煤方法、掘进工艺及装备、矿井开拓基本信息以及建井时开挖相关资料等进行数据统计与分析,基本掌握井筒、井底车场、一般岩巷等井下相对稳定空间的容积,了解围岩的岩性、结构完整性,是否存在褶皱和断层,掘进方法(炮采掘进、掘进机掘进)、支护方式(锚杆、支架、喷射混凝土)、支护材料及参数等,再依据煤炭累计采出量和煤的密度,利用储量计算图与采空区煤层结构特征,初步估算出沉陷稳定后采空区体积。在基本掌握地下空间基本情况的基础上,分析资源潜力。

除上述内容外,还应深入现场进行访问考察,基本掌握区位、煤矿及周边人文、地理、社会、经济以及区域转型规划、转型面临问题等情况。

d. 采空区积水调查。

先对关闭煤矿的关闭时间、年平均涌水量、年最大涌水量、闭坑前采空区积水、闭坑后预计水位等进行资料统计、整理,在估算地下空间容积的基础上,依据地下空间资源分布、规模,初步推测出矿井水分布、规模,分析矿井水潜力。

e. 其他资源调查。

根据以往钻孔测温资料,初步了解矿井水温度情况;结合现场调查成果,整理、分析煤矿资料,基本掌握工业广场、矸石山等土地压占情况,并结合遥感调查、地面调查等手段调查土地资源的分布、面积等。

(3) 其他资料

其他资料收集主要包括调查区气象、水文、自然地理、人居环境、交通、社会等方面的相关资料,以及遥感数据等。

3.1.4　地面调查

地面调查工作主要在资料收集与分析、遥感解译的基础上开展,主要工作包括路线制定,测量工作,矿山基本情况(地形地貌、自然地理)调查,地形地貌景观破坏、土地压占与破坏调查,土壤、地表水及地下水污染破坏调查,煤矸石山有害元素调查,地面塌陷、地裂缝调查,崩塌、滑坡、泥石流地质灾害调查,关闭煤矿资源调查、井下调查等工作。

3.1.4.1　工作手图

地面调查采用 1:5 000、1:10 000 地形图及遥感解译成果图作为野外调查工作手图。地形图、控制点由河北省测绘资料档案馆、煤矿企业收集而来,质量可靠。遥感数据源采用项目实施时最新高分 2 号遥感数据,地面分辨率小于 1 m,正射纠正误差小于 2 m,符合规范、设计要求。

3.1.4.2　测量工作

野外定点采用手持 GPS 进行定位标示,填写相应表格,并绘制在图纸上,图面定位误差小于 1 mm。成果数据坐标系为 2000 国家大地坐标系,3 度分带,中央子午线 114 度(邢台、邯郸、石家庄、张家口)、117 度(唐山、承德)。校正、检查工作采用在已知控制点校正,附近控制点检查、核实的方式进行。

具体工作过程为:收集控制点坐标资料(2000 坐标系)→查询控制点现场位置→仪器坐标系(2000 坐标系)、参数设置→将控制点坐标输入仪器进行校正→在控制范围内已知坐标点放置、静待 5 min 定位测量→读取坐标与已知坐标比对,检查误差→符合要求,正式开始工作→将仪器放置调查点所处位置,静待 5 min→读取坐标、现场记录填表→现场对调查对象进行拍照、录视频举证。调查过程中,定期对已定位点进行坐标复测检查,以确定观测成果的精度符合设计和规范要求,工作区重合点检查率应大于 2%。

遥感解译验证采用全站仪进行定位测量和检查,同时在大型矸石山山脚下平地处支架全站仪,利用免棱镜对矸石山进行高度(高程差)测量,三个不同方向测量三个值,求得平均值作为矸石山最终高度,并记录在表。平面坐标采用 2000 国家大地坐标系,中央子午线 114 度、117 度,高程采用 1985 国家高程基准。

3.1.4.3 地面调查

野外调查工作手图采用 1∶5 000、1∶10 000 比例尺的地形图、遥感解译图。地面调查采用路线穿越法与追踪法相结合的方法。对于重要的调查对象,采用路线追踪法调查,填写相应的各类调查表并辅以拍照(视频)、皮尺、GPS 测量及喷写编号等手段,圈定其范围和定位。

根据地形地物分布范围,按比例或用符号标绘在工作手图上。在工作手图上标记调查对象的位置,现场勾绘出形态及范围,并结合遥感解译,将最终测量成果提交在 1∶50 000、1∶500 000 成果图上。同时填写调查表和拍摄照片。拍摄现场照片时,均有参照物。

在矿业活动对地质环境可能造成影响的范围内,野外工作采取穿越与追索并用的方法,控制关闭煤矿主要地质环境。穿越、追索主要的矿山地质环境问题、影响范围以及关闭煤矿赋存的土地、煤矸石等资源基本情况。矿山基本情况调查以收集当地行业部门及矿山企业相关资料结合关闭煤矿实地核查的形式完成;对地貌、工程地质、水文地质、人居环境等方面的调查主要采用穿越法控制,重点地段辅以追索法;对矿山占用破坏土地、废水废液固体废弃物等矿山环境污染、矿山地质灾害、矿山重要建设工程、矿山治理工程等对象采用追索法调查,填写相应的各类调查表并辅助拍照及皮尺、GPS测量;对矿山地质灾害与矿山地质环境污染的影响范围、影响程度、变化趋势等调查,结合收集以往的工作成果,除实地观测外,还深入当地村民区进行访问调查,进一步核实调查表内容。

1∶50 000 多要素综合调查:以因地制宜、具体问题具体分析为原则,路线基本以小型关闭煤矿集中区、大中型关闭煤矿为单位进行调查。野外调查工作手图采用 1∶10 000 比例尺的地形图、遥感解译成果图,采用路线穿越法与追踪法相结合的方法。对于重要的调查对象,采用路线追踪法调查,填写相应的各类调查表并辅以拍照、皮尺及 GPS 测量等手段,圈定其范围。多要素综合调查点距 500～1 000 m,线距 500～1 000 m。主要调查因煤矿开采引起的地形地貌景观破坏、土地压占与破坏(包括工业广场、矿业道路、排水渠、矸石山、地质灾害等压占与破坏)、地表及地下水污染破坏、煤矸石山有害有益元素处理等集中关闭煤矿区地质环境问题,地面塌陷(地裂缝)、崩塌(滑坡、泥石流)、矸石山滑塌等集中关闭煤矿区地质灾害问题,重点对大中型关闭煤矿的地质环境、地质灾害以及关闭煤矿资源等进行调查。

1∶10 000 多要素综合调查:以因地制宜、具体问题具体分析为原则,路线基本以单个关闭煤矿为单位进行调查。野外调查工作手图使用收集来的煤矿地形图(1∶5 000)和遥感解译成果图,采用路线穿越法与追踪法相结合的方法。对于重要的调查对象,采用路线追踪法调查,填写相应的各类调查表并辅以拍照、皮尺及 GPS 测量等手段,圈定其范围。多要素综合调查点距 300~500 m、线距不大于 500 m。主要调查因煤矿开采引起的地形地貌景观破坏、土地压占与破坏(包括工业广场、矿业道路、排水渠、矸石山、地质灾害等压占与破坏)、地表及地下水污染破坏、煤矸石山有害有益元素处理等集中关闭煤矿区地质环境问题,地面塌陷(地裂缝)、崩塌(滑坡、泥石流)、矸石山滑塌等集中关闭煤矿区地质灾害问题,重点对大中型关闭煤矿地质环境、地质灾害和关闭煤矿资源等进行调查。除上述调查内容外,加强关闭煤矿区植被覆盖、土壤侵蚀、土地利用等信息的调查与分析,最终对生态环境状况进行初步评价。

关闭煤矿多要素剖面线调查:按双路线对集中关闭煤矿区进行多要素调查,主要了解因煤矿开采引起的地质环境、地质灾害等基本情况。路线基本以集中关闭煤矿区为单位进行线形调查。主要采用路线穿越法,特殊调查对象辅以追踪法。填写相应的各类调查表并辅以拍照、皮尺及测量等手段,圈定其范围。调查线距 500~1 000 m,主要调查因煤矿开采引起的地形地貌景观破坏、土地压占与破坏(包括工业广场、矿业道路、排水渠、矸石山、地质灾害等压占与破坏)、地表及地下水污染破坏、煤矸石山有害有益元素处理等集中关闭煤矿区地质环境问题,地面塌陷(地裂缝)、崩塌(滑坡、泥石流)、矸石山滑塌等集中关闭煤矿区地质灾害问题。

具体调查内容如下。

(1) 矿山基本情况、地形地貌、自然地理调查

矿山基本情况调查以收集当地行业部门、矿山企业相关资料,结合关闭煤矿实地调查、核查的形式完成。对地形地貌、自然地理等方面的调查主要采用穿越法控制,重点地段辅以追索法。调查内容主要包括关闭煤矿的采矿许可证、地理位置、地形地貌、矿权拐点坐标、矿区面积、建矿时间、闭坑时间、封井方式、原生产能力、采矿方式、开采标高、经济类型、主采煤层、周边自然地理等。

(2) 地形地貌景观破坏调查

调查关闭煤矿工业广场、固体废弃物(煤矸石堆等)、地质灾害等造成地形地貌改变的地点、方式及范围;调查地形地貌景观破坏对城市、自然保护区、地质遗迹及主要交通干线等的影响和两者之间的距离等情况。集中关闭煤矿区在以往调查成果的基础上进行补充调查。

地形地貌景观破坏调查,按调查表内容对应填写,对地形地貌景观破坏的因素进行圈定,确定其类型、大小、形态及破坏土地面积,按照地形地貌景观影响程度将其划分为严重、较严重、较轻和一般四级,进行分等级评价。

(3) 土地压占与破坏调查

调查关闭煤矿采矿过程中挖损土地、压占土地的类型、位置及面积;调查煤矸石等固体废弃物压占土地类型、位置及面积;调查可能导致农田土壤污染的矿坑排水、煤矸石等矿业污染源类型、位置及分布;结合采样化验调查导致土壤污染的主要污染物中特征污染物的种类、含量、可能污染方式等;了解关闭煤矿废弃土地、固体废弃物、矿山土壤污染源治理和综合利用的途径、措施、成效及存在问题。集中关闭煤矿区在以往调查成果的基础上增补调查点进行补充调查。

土地资源破坏表现为矿业活动压占、开采过程剥离挖损土地、矿山固体废弃物占压土地、矿区地面塌陷（地裂缝）破坏土地、地质灾害堆积区损毁土地等，根据土地资源破坏率将其划分为严重、较严重、较轻和一般四级，进行分等级评价。

（4）水污染破坏调查

以采样化验等手段为主，通过化验了解矿业活动导致的土壤、地表水、地下水污染的途径、方式、特征污染物等基本情况，并对污染程度进行初步评价，做好记录。

地表水调查内容主要包括水样类型、位置、物理性质、污染等。

一般水井调查内容主要包括水井位置、井深、结构、水位、污染等，水位利用万用表、带刻度的电缆和卷尺进行测量，其他信息的获取以访问调查为主。

长观孔调查内容主要包括位置、孔深、结构、用途、含水层及深度、以往观测水位信息、污染等，调查主要采用带有刻度的电缆、万用表和特制的取样器等设备来完成。水位测量、取样前，先将长观孔套管头安装的封闭盖取下（配合钢锯等工具先将螺丝取出），将管内水位仪取出，安置好水位仪后再按工作步骤进行长观孔调查。调查结束后，恢复长观孔原貌，用钢丝将封闭盖固定好。

分析研究工作主要利用收集资料等手段，整理、分析采矿疏干排水过程中地下水系破坏（主要含水层的疏干、地下水位下降）、防治措施、效果及存在问题等情况，了解矿业活动导致地下水污染的途径、方式、特征污染物等。

（5）煤矸石山有害、有益元素及安全隐患调查

通过实地调查等手段，配合遥感解译成果，掌握典型关闭煤矿矸石山分布、规模等基本情况。整理、分析以往相关煤矿调查成果资料，配合采样化验等手段，了解关闭煤矿区成规模的煤矿矸石山有害、有益元素基本情况，为今后工作区有害元素防治、改善生态环境、资源利用等提供基础资料。此外，还应了解煤矸石山存在的安全隐患情况。

遥感野外验证时，使用全站仪对大型矸石山高度进行测量（图 3-3），面积由遥感解译手段完成。

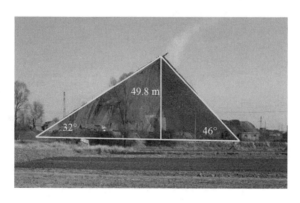

图 3-3　矸石山高度测量

（6）地面塌陷、地裂缝调查

在收集资料和遥感解译的基础上，开展实地调查。调查关闭煤矿矿业活动引起的地面塌陷、地裂缝基本情况（图 3-4），主要包括类型、分布、规模（长度、宽度、深度）、成因、形态、数

量、危害对象、危害程度、处置情况等;沉降区调查主要在以往矿山地质灾害调查的基础上,对塌陷、地裂缝、房屋损坏等进行修编;调查采空区形成的地点、形态、范围等。依据地面塌陷面积或地裂缝的长度或影响宽度等,评价地面塌陷、地裂缝的规模及危害程度。

(a) 地面塌陷,镜向南,深 3 m,面积 70 m²　(b) 地裂群缝,长 10～400 m,宽 0.3～3 m,深 0.5～5 m
　　　　　(邯郸矿区)　　　　　　　　　　　　　　　　　　　(蔚县矿区)

图 3-4　地质灾害调查

(7) 崩塌、滑坡、泥石流调查

主要调查关闭煤矿矿业活动引起的崩塌、滑坡、泥石流发生的地点、规模、致灾程度、形成原因等,以及潜在灾害类型、规模、形态特征、可能致灾范围、威胁对象、潜在危害程度及防治措施等。

(8) 关闭煤矿资源调查

调查区关闭煤矿资源野外调查主要是了解调查区关闭煤矿赋存的土地、矿排积水、矸石、工业遗迹等资源基本情况,并对关闭煤矿资源进行分类,提出资源利用的方式及途径。

关闭煤矿土地资源:以野外实地调查为主,配合遥感解译成果,结合相关图纸信息,对工业广场、矸石山以及地灾压占、破坏的土地资源进行数据统计、汇总整理和资源分类,结合水/土污染、地灾等地质环境问题基本情况,为土地资源高效开发利用提供基础资料。调查方法除了参照土地压占与破坏调查方法外,还应深入现场进行访问考察,掌握区位、煤矿及周边人文、地理、社会、经济以及区域规划、转型面临问题等情况。根据资源禀性,结合矿乡规划提出利用方式及途径。

关闭煤矿以往矿排积水资源:主要通过野外调查等手段,配合遥感解译成果,调查其分布、规模等基本情况,为再利用提供基础数据。

关闭煤矿煤矸石资源:参照矸石山调查方法,主要采用实地调查、化验等手段,配合遥感解译成果,主要掌握矸石山的分布、规模、有益有害元素等。根据其资源禀赋,提出其开发利用方式及途径。

(9) 井下调查

煤矿关闭后主副井大部分被永久封闭,对于有条件的矿井,应进行井下调查。调查应在煤矿技术人员指导下,调查路线由副井井口开始,沿运输大巷调查至工作面,最后返回井口。具体调查过程为:副井井口→马头门观察、记录、拍照→井底车场观察、测量、记录、拍照→运输大巷观察、测量、记录、拍照→水仓观察、取水样、记录、拍照→一般岩巷观察、测量、记录、拍照→煤巷观察、记录、拍照→采煤工作面观察、取矸石样、记录、拍照等。调查过程中,对巷道的宽、高使用皮尺进行测量和记录,对完整性、支护条件、淋水、巷道气温等情况进行现场观察和记录,在水仓、工作面采取水样和矸石样,并测量水温。同时,整个工作过程均使用防爆照相机进行举证拍照。

(10) 1∶10 000 地质灾害遥感、地面调查

利用无人机技术开展1∶10 000 地质灾害调查,在历史地形资料对比的基础上,制作数字高程模型(DEM)。结合地面调查验证,得出调查区内沉降区和沉降稳定区的分布、范围、沉降深度,并对比以往矿山地质环境调查成果圈定新增沉降范围。

3.1.5 水土样品采集与测试

采样化验工作主要为水、土样品的采集与化验测试工作。

采集的样品包括土样(土壤、煤矸石、粉煤灰等)和水质分析样。在基本掌握关闭煤矿污染源的基础上,以资料收集、采样化验等手段为主,了解矿业活动导致水、土污染的途径、方式、特征污染物等基本情况。样品采集应点面结合,具有代表性,样品数量以控制水土环境污染变化特征为要求。样品采集工作应遵循具体问题具体分析原则,现场对样品进行统一编号,对样品基本情况进行鉴定、记录,送样单和标签完整,填写样品编号、采样地点、样品名称、采样深度、采样日期、采样人、记录人等信息。取样方法、样品封存、运输执行相关规范要求。

3.1.5.1 土样

一般土样测试项目包括 pH 值、硫酸盐、硝酸盐、六价铬、砷、汞、铜、铅、硒、锌、镉等,重点煤矸石山有害有益元素测试项目还应包括钯、镓、锰、锗、铼、铊、硫、铁等。

土样采集对象主要是矿井废水排放区域、固体废弃物堆放区域以及煤矿附近发电厂粉煤灰堆放区域的土壤样、煤矸石样和粉煤灰样等,主要包括每处调查区的煤矸石山(堆)、矿井废水排放区域、粉煤灰堆放区域等附近的污染源样品和按水径流上、中、下游 100 m、200 m 处地表土或代表性区段农田土壤样品,各采样点均按 0.1 m、0.2 m、0.5 m 采 1 组 3 个样品采取。分析样品原始质量为 1 kg,采用袋装密封,取样后 15 d 内送达实验室。

采取煤矸石样,在煤矸石山山顶、山腰、山脚均匀分布采样点,各采样点采取样品 1 个。先用不锈钢铁锹清除矸石 10~20 cm 风氧化层,使用取样器按水平方向向深部取样,分析样品原始质量为不低于 2 kg。

3.1.5.2 水质分析样

一般地下水(地表水)测试项目包括 pH 值、氨氮、挥发酚、氟化物、氯化物、硫酸盐、硝酸盐、总硬度、溶解性固体、耗氧量(化学需氧量)、汞、砷、镉、铜、锌、铅、铁、铬等。

饮用水全分析测试项目为常规 39 项。

采集对象主要为矿井范围内水井、地表水及矿井排放水、附近泉水以及煤矿井下水等,其中饮用水全分析样采集对象主要为居民点水源地。视条件而定,沿矿区地下水补、

径、排方向采集水质分析样品,样品数量根据调查区范围和煤矿山密度而定。水位观测采用电缆、万用表等工具进行量测。

根据调查中水质分析化验的项目,采用材质化学性质稳定性强,抗震性能强,大小、形状和重量适宜,能严密封口,并容易打开的 2.5 L 聚乙烯塑料桶作为一般采样容器。采集水样前,先用水样洗涤采样容器 3 次,采集样品后认真填写采样标签,并粘贴在采样容器上,注明水样编号、采样者、日期、时间及地点等相关信息。水样采集完成后根据实际条件14 d 内分批次送达化验室,并做好送样登记工作。全分析样品采用 2.5 L+5 L 聚乙烯塑料桶+500 mL 无菌袋+1 L 棕色玻璃瓶等采样容器。采集水样前,按规定洗涤采样容器3 次,采集样品后认真填写采样标签,并粘贴在采样容器上,注明水样编号、采样者、日期、时间及地点等相关信息。水样采集完成后按期分批次送达化验室,并做好送样登记工作。

3.1.5.3　气体样

对个别地段存在地下气体逸出现象,应采集气体样。测试项目主要包括 O_2、CH_4、CO_2、N_2、C_2H_6、C_3H_{10}。

根据气体测试项目,采用材质化学性质稳定性强,大小、形状和重量适宜,能严密封口,并容易打开的 5 L 铝箔采气袋作为采样容器。采集气样前,采气袋为真空状态。共采集 4 袋样品(3 袋为备用)。采集样品后认真填写采样标签,并粘贴在采样容器上,注明编号、采样者、日期、时间及地点等相关信息。采集完成后根据实际条件 2 d 内送达化验室,并做好送样登记工作。

3.2　遥感调查技术

遥感技术不仅观测的范围大,具有空间尺度优势,且能调查人工无法到达的实地,可同时调查多种类型的地质环境,效率高。

遥感调查可分为卫星遥感和航空遥感两种方式。前者的分辨率通常是分米级,适用于地面沉陷、土地利用分类、生态环境的调查;后者的分辨率能达到厘米级,有助于调查矸石山、地裂缝等煤矿特有的地质灾害。

地面调查前,关闭煤矿的工业广场、固体废渣场、煤场、道路、水体、部分地质灾害等的分布、规模、特征以及矸石山的分布、高度、规模,破坏与占用的土地类型、分布、面积等关闭煤矿地质环境问题和多期地类动态对比、生态环境总体状况初步评价应由遥感调查完成,同时也应初步调查区域地质环境背景。然后,地面调查利用遥感解译成果,制定出调查路线,提出调查的重点与难点,指导地面调查的对象和调查点布置。

3.2.1　遥感调查技术流程

在确定工作任务后,首先收集调查区所需的影像数据及其他相关资料。正射影像图是野外调查及解译工作的底图,前期需进行像控点采集,然后才能制作遥感正射影像。需根据调查内容通过野外验证建立各典型地物解译标志。解译完成后通过野外验证对解译内容进行完善,外业工作结束后进入内业数据整理及编制成果图件、报告阶段。关闭矿山地质环境问题遥感调查技术流程见图 3-5,主要分为以下五个阶段工作:

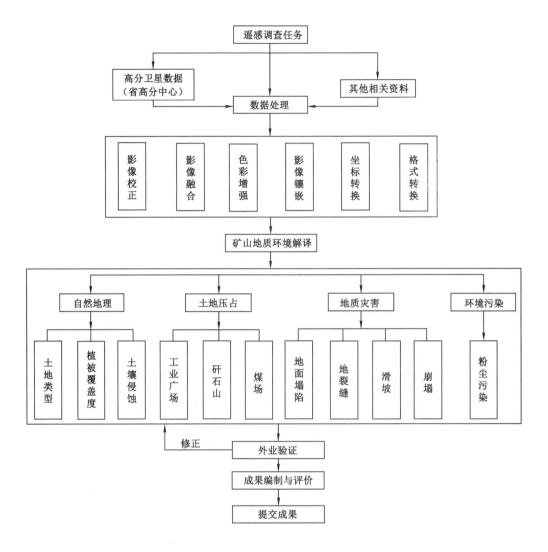

图 3-5　项目技术流程图

（1）项目资料收集阶段。主要收集项目所需相关报告、图件、影像资料，并进行归类。

（2）数据处理阶段。主要工作内容为控制点采集、正射影像图制作、已有矢量数据格式转换及坐标系转换工作。

（3）遥感解译阶段。根据各种解译内容建立解译标志，主要解译调查区相关地质环境问题，并进行外业核实验证及历史影像比对。

（4）示范区无人机遥感调查阶段。主要利用无人机高空间分辨率的特征，采用新方法对示范区开展矿山地质灾害解译评价工作。

（5）成果分析及评价阶段。根据遥感数据及解译成果开展相关分析评价工作，并形成相关图件、报告、矢量、栅格成果。

3.2.2 影像数据与调查区资料收集

遥感影像数据选取应遵循以下原则：

（1）遥感数据空间分辨率满足调查精度的需求；

（2）遥感数据时相、质量满足调查监测内容的需求；

（3）遥感数据获取方式、价格符合业务化监测的要求；

（4）光学数据单景云雪量一般不应超过 10%（特殊情况不应超过 20%），且云雪不能覆盖重点调查区域；

（5）光学数据成像侧视角一般小于 15°，最大不得超过 25°，山区不超过 20°；

（6）调查区内不出现明显噪声和缺行；

（7）灰度范围总体呈正态分布，无灰度值突变现象；

（8）相邻景影像间的重叠范围不得少于整景的 2%。

实践证明，选用国产高分系列卫星作为遥感数据源可满足调查要求，其中高分辨率卫星遥感数据来源于高分 2 号卫星，中分辨率遥感数据来源于高分 1、6 号卫星。历史影像数据可选用美国 Landsat-7 卫星、锁眼卫星。实际调查中使用的遥感影像数据来源如表 3-2 所示。

表 3-2 影像数据源一览表

类型	卫星名称	分辨率	波段	应用
高分辨率	GF2 号	0.8 m 全色 3.6 m 多光谱	4	正射影像图制作、矿山地质环境问题解译、生态系统类型解译、土壤侵蚀强度计算等
中分辨率	GF1 号	16 m 多光谱	4	植被覆盖指数提取、土壤侵蚀强度计算
	GF6 号	16 m 多光谱	4	植被覆盖指数提取、土壤侵蚀强度计算
历史影像	锁眼卫星	6 m	1	土地利用多期比对
	Landsat-7	15 m	8	
	GF1 号	2 m	4	

为便于遥感影像解译及解译结果比较，还需收集调查区的其他一些资料，如 DEM、降雨数据、污染物排放数据、矢量数据等（表 3-3）。

表 3-3 其他资料一览表

资料名称	说明	应用
调查区 30 m DEM 数据	数字高程数据	正射影像制作、土壤侵蚀强度计算、地形解译
调查区降雨、风速等数据	Excel 数据表格	土壤侵蚀强度计算
闭坑报告	Word	辅助资料
行政界线		整个项目
调查区地形图	地形图	外业调查、内业解译辅助
煤炭采掘工程及资源储量估算图	采掘图	相关要素提取
土壤数据	土壤沙粒、黏粒、粉砂含量	土地资源压占与恢复分析
污染物排放数据	化学需氧量、氨氮、二氧化硫、烟（粉）尘等	生态环境总体状况评价

3.2.3 解译前图像及资料预处理

数据预处理流程包括辐射定标、大气校正、正射校正、影像配准、镶嵌及裁剪等。

光学影像主要用于地类的解译、多期数据比对、土地压占及生态景观评价,主要目的为获取地物边界、类型、位置清晰正确的高分辨率正射影像图。具体处理过程包括正射校正、数据融合、融合效果检查、降位、增强和影像配准等。

光谱影像主要用于植被覆盖度及土壤侵蚀强度的反演,主要目的为排除大气、高程等误差因子,将探测元输出的信号值转换成像元内地物的实际物理量,用于反映地物的光谱物理特征。具体处理过程包括辐射定标、大气校正、正射校正、影像配准、影像镶嵌、影像裁剪等。

其他数据资料预处理主要分为坐标系转换和数据格式转换。收集的其他数据资料由于在作业时间、方式上不同,部分资料坐标系不统一,因此需统一转换为 2000 国家大地坐标系,高斯-克吕格投影,中央子午线 117 度,6 度分带,1985 国家高程基准。收集到的一些电子图件可能数据格式不一致,需通过第三方软件转换为统一的格式,如 ArcGIS 的 shp 文件格式。

3.2.4 遥感影像解译

内业解译是指按照解译者对地物的认知程度,从易到难地对影像进行识别、鉴别的过程。

3.2.4.1 解译内容

遥感解译调查区域内的矿山地质环境条件和问题,主要包括以下两类。

(1)调查区地质环境条件:调查区内土地利用现状,包括土地利用类型、面积、分布情况;矿山环境信息,如露天采场、矿山建筑物、中转场地(煤堆、矿石堆、选煤厂、选矿场等)、固体废弃物(排土场、废石堆、尾矿库、煤矸石堆等)等占地情况。

(2)调查区地质环境问题:地形地貌景观破坏、植被破坏、土地破坏或压占、土地复垦情况;调查区内的地面沉陷区、地面塌陷坑、地裂缝等地质灾害分布情况。

3.2.4.2 地类解译要求

(1)地类解译应在影像上进行,地类图斑解译最小面积 $400 \ m^2$,地类解译边界精度在 2 个像元之内。

(2)解译过程中实行自检、互检制度,保证解译结果的质量与精度。

3.2.4.3 矿山地质环境问题解译标志建立

矿山地质环境信息包括土地利用、植被覆盖、土壤侵蚀等生态环境信息,以及由矿业活动引发或加剧的地质灾害和地形地貌景观、土地破坏或压占等地质环境信息。上述环境信息多与人类活动密切相关,其分布地段不仅原始地形地貌改变较大,而且形状、排列都有一定规律,所以在遥感影像上都具有特殊的形态、结构、色调和纹理。

采矿地类指采矿、采石、采砂(沙)场及砖瓦窑等地面生产用地,排土(石)及尾矿堆放地。采矿用地影像的特征为具有采挖作业的钻井设施、交通设施、管道及场站配套设施,露天采矿包括采矿区用地及尾矿库用地。不同矿产资源类型的影像表现的纹理、颜色也不同,如邯郸、邢台、井陉、唐山、承德及张家口调查区的煤矿多为地下开采,蔚县调查区部分有露天开采。与煤相关的煤场、煤矿在影像颜色上显示为浅黑色、黑色,色调比较深,有运煤路相通,道路因洒落煤尘呈暗色调。矸石山常覆盖浅蓝色防尘物,形状似圆形或扁圆形及条形不等。

露天煤矿采场影像呈黑色或深黑色色调,形状为碟状或不规则条带,影像中可基本判定为负地形,不同高程的采掘阶梯较明显,采矿专用道路发育,影像上矿山道路呈亮色调。可依据影像判断出人为活动与地貌破坏迹象,提取采场外围界线。采场边界较为清晰,易判读,层次分明,容易定性和标绘,但不易判读出采场内正在开采的区域。

经过对调查区影像地物的色彩、形状、纹理进行肉眼识别、野外验证后,针对不同信息提取内容建立相应解译标志。关闭矿山遥感影像数据地质环境问题的解译标志描述见表 3-4 和附图 1。

表 3-4　矿山地质环境解译标志一览表

解译目标对象	色调	影纹	形状	植被	人文自然景观
露天煤矿采场或采坑	煤矿为较深黑色色调	斑点状或不规则状耀斑影纹	碟状或不规则条带	无植被	丘陵或低山区有道路相通,人为活动明显
采石场	浅色调	斑点状或不规则状耀斑影纹	碟状或不规则条带	无植被	丘陵或低山区有道路相通,人为活动明显
煤矸石堆	黑色或深黑色色调	圆形黑斑或不规则状黑斑	圆形或无规则形状	无植被	多位于丘陵或平原的煤矿区
滑坡隐患点	深色或深浅色镶嵌	舌形、弧形及簸箕形等	锥形、水滴形	无植被	多位于山区
煤矿工业广场	深黑色色调	块状	多边形或矩形	无植被	多位于平原,有运煤路相通,道路因洒落煤尘呈暗色调
煤场	深色或黑色色调	块状	矩形或多边形	无植被	多位于平原或丘陵,多位于交通比较便利的区域
地面塌陷	深色调间夹浅色调	指纹状或带状斑纹	圆形或椭圆形碟状洼地	植被分布不均匀	煤矿多位于丘陵或平原,金属矿分布于低山丘陵,均有道路相通
地裂缝	深浅不一的色调	线状或条带状	直线状陡坎或线状低凹地形	植被分布不均匀	山体出现垭口,平地常有陡坎,含水性及湿度存在差异

3.2.4.4　解译方法

依据建立的矿山地质环境问题解译标志,根据土地利用分类,采用以目视解译为主,光学、计算机处理识别为辅的解译方法,进行多要素的解译工作,充分发挥了遥感的技术优势,提高了解译质量。解译中采取室内解译与野外调查相结合,遥感解译与常规资料相结合,根据不同环境地质要素分别建立遥感解译标志的方法,并在建立解译标志的基础上遵循从已知到未知、先易后难、先整体后局部、先宏观后微观的原则。

遥感解译根据影像种类和工作需要选择的具体解译方法主要如下。

（1）直判法：根据解译标志，对于具有明显的形状、色调和自然特征的地物，如河流、房屋、树木等，使用直判法解译。

（2）对比法：从已知到未知，"举一反三"的过程。将已知地区的影像与另一将要解译的未知区影像进行对比解译。

（3）逻辑推理法：借助各种地物或自然现象之间的内在联系，用逻辑推理方法，间接判断某一地物或自然现象的存在及其属性。

3.2.4.5 图斑解译与勾绘

（1）矿山地质环境条件及问题解译

根据确定的解译内容和解译标志，一般情况下，通过影像特征，采用人工解译的方法，勾绘解译图斑。可利用 ArcGIS 软件根据不同地类影像特征进行初步解译与勾绘。

① 通过影像特征，采用人工解译的方法，勾绘解译图斑。边界要沿地物界线勾绘，公共边只需矢量化一次。

② 数据采集、编辑完成后，应使线条光滑、严格相接，不得有多余的悬挂线。

③ 检查要素在图层内的相互关系，并进行拓扑处理，建立拓扑结构，避免出现压盖、缝隙。

④ 图斑判读时内业预判地类（NYYP）、灾害类型（ZHLX）字段不允许出现空值，出现无法认定地类的疑问图斑应在备注字段里注明，汇总后野外实地核实。

（2）矿山活动占地使用与破坏地貌变化解译

为了解译清楚调查区内矿山活动占地使用与破坏地貌的变化情况，对调查区内的矿山活动图斑进行了历史影像比对（图 3-6），根据历史影像判断矿山活动占用与破坏地貌地类。变化不大的，以周围的土地类型为参考来判断破坏与占用土地类型、可恢复的土地类型。

（a）林地影像（2013）　　　　　　（b）煤场影像（2018）

图 3-6　矿山活动占地使用与破坏地貌变化解译示例

3.2.4.6　野外验证阶段

为了确保解译成果的可靠性,需进行野外调查和验证工作。要对内业解译得到的煤矿、煤场、矸石山、地貌破坏、地质灾害隐患崩塌、滑坡隐患点等涉及煤矿相关的要素进行野外验证。

3.2.4.7　解译图斑的修改与检查完善

该阶段是在以上工作的基础上,结合野外验证的结果对初步解译有疑问及解译不准确的涉及煤矿相关要素的区域进行修改与处理。

数据检查包括属性表检查及拓扑检查。属性表检查是在完成图斑绘制后,打开属性表检查是否有漏标、错标属性的情况。根据外业验证的照片与结果,把错标属性的情况改正。然后对所有调查区的解译图斑进行拓扑检查,处理在内业采集编辑的过程当中因捕捉不准确或操作等原因导致的重叠、缝隙等类似问题。对重叠的对象删除修改,对空洞区域进行图斑的补充绘制,对图斑之间的细小缝隙进行处理。

3.2.5　河北省关闭矿山地质环境卫星遥感调查成果

调查中收集了 2018 年度、2019 年度 GF-1、GF-2、GF-6 等遥感卫星数据。在分析与处理基础数据后于 2019 年 7 月制作完成了邯郸、邢台、元氏、井陉、张家口、承德、唐山 7 个遥感调查区域,总面积为 4 000 km²,优于 1 m 空间分辨率的高分正射影像图,完成了设计工作量。解译了调查区域内的废弃物堆场(废石堆场、尾矿渣、煤矸石堆等)、地貌景观及植被破坏区、矿山崩塌、滑坡、泥石流、地面塌陷(地裂缝)等矿山地质环境问题,并对有关地貌破坏、土地压占问题进行了遥感历史影像比对与统计分析;对调查区域的植被覆盖情况进行了遥感反演分析,并进一步对各个调查区的植被覆盖面积、覆盖率进行了计算与统计;解译、分析、统计了调查区域水土保持情况;解译了 7 个调查区域内的土地利用现状,包括土地利用类型、面积、分布情况,并对各个调查区进行了生态景观指数分析。经过外业核实以及内业的修改完善后,形成矿山地质环境条件解译成果及矿山地质环境问题解译成果。

生态环境信息在遥感解译中主要反映在各类土地利用的现状上,土地利用现状是自然客观条件和人类社会经济活动综合作用的结果,是反映煤矿环境的最重要信息。参照《土地利用现状分类》(GB/T 21010—2017),结合煤矿的土地利用特点,将煤矿土地利用类型划分为 11 大类 33 小类。根据各调查区土地利用遥感解译的结果,将各调查区生态系统类型划分为林地、草地、湿地、农田和城镇 5 种生态系统。

3.2.5.1　各调查区生态系统构成及景观格局分析与评价

附图 2 为河北省各调查区 2018 年土地利用生态系统分布图,附图 3 是以邯郸调查区为例的更大比例尺的 2018 年土地利用生态系统调查成果,其他调查区的大比例调查成果不再一一展示。根据各调查区土地利用遥感解译的结果,河北省各调查区的 2018 年生态系统解译成果如表 3-5 所示,景观水平格局指标如表 3-6 所示。

表 3-5 2018 年河北省各调查区生态系统构成

矿区	林地		草地		湿地		农田		城镇		总面积/km²
	面积/km²	比例/%	面积/km²	比例/%	面积/km²	比例/%	面积/km²	比例/%	面积/km²	比例/%	
邯郸	175.80	19.84	90.83	10.25	51.85	5.85	357.28	40.32	210.46	23.75	886.22
邢台	91.99	10.40	51.63	5.84	52.03	5.88	429.48	48.55	259.56	29.34	884.69
元氏	0.79	2.71	0.36	1.24	0.05	0.17	22.76	78.11	5.18	17.78	29.14
井陉	4.50	4.22	30.89	28.99	1.60	1.50	36.38	34.14	33.18	31.14	106.55
蔚县	28.34	6.28	264.14	58.57	12.04	2.67	100.64	22.32	45.83	10.16	450.99
下花园	140.84	49.76	80.25	28.35	1.15	0.41	24.90	8.80	35.91	12.69	283.05
承德	18.41	15.30	77.55	64.44	1.55	1.29	11.62	9.66	11.21	9.32	120.34
唐山	131.08	9.40	61.28	4.40	56.76	4.07	650.46	46.66	494.53	35.47	1 394.11

表 3-6 2018 年河北省各调查区景观水平格局指标

矿区	邯郸	邢台	元氏	井陉	蔚县	下花园	承德	唐山东部	唐山西部	唐山中部
总面积/km²	886.22	884.69	29.14	106.55	450.99	283.05	120.34	1 206.40	55.26	132.45
最大面积/km²	52.35	8.50	1.08	10.17	157.62	71.07	33.24	18.43	2.12	4.04
周长/km	24 621.98	23 651.19	641.07	1 981.68	5 874.09	5 790.30	2 429.72	25 802.58	1 244.92	3 547.25
斑块数/个	21 794	21 414	572	1 278	2 606	4 346	1 854	17 562	1 032	3 194
平均斑块面积/(km²/个)	0.04	0.04	0.05	0.08	0.17	0.07	0.06	0.07	0.05	0.04
最大斑块指数/%	5.91	0.96	3.71	9.55	34.95	25.09	27.61	1.53	3.83	3.05
类型所占面积百分比/%	100.00	100.00	100.00	100.00	100.00	100.00	100.00	100.00	100.00	100.00
斑块密度/(个/km²)	24.59	24.24	19.63	11.99	5.78	15.34	15.40	14.56	18.68	24.12
边界密度/(km/km²)	27.79	26.78	22.00	18.59	13.02	20.44	20.19	21.39	22.53	26.78
景观形状指数	233.33	224.49	33.50	54.15	78.03	97.04	62.47	209.56	47.24	86.95

(1) 邯郸调查区(2018 年)

邯郸调查区生态系统呈东西分化格局,城镇生态系统比例较高,集中分布于中部与西北区域。南部岳城水库附近区域以湿地生态系统占多数。湿地生态系统主要有河流、水库、坑塘等类型,部分条带状或斑块状湿地分布于调查区的中北部。农田生态系统主要为旱地和园地,各个区域均有存在,调查区的中东部较为集中。林地生态系统主要分布于西部山区。草地生态系统于山区与平原接壤处的丘陵地区分布较多。

① 斑块类型水平指数分析

根据解译成果得到邯郸调查区不同地类的各项景观指数。邯郸调查区景观以耕地(01)为主要的优势类型,其面积为 354.73 km²,占邯郸调查区总面积的 40.03%。灌木林地(032)和中覆盖度草地(0412)的面积分别为 90.70 km² 和 90.47 km²,分别占邯郸调查区总面积的 10.23% 与 10.21%。这三者的总面积占邯郸调查区总面积的 60.47%,构成邯郸调查区的主要景观类型。次要景观类型分别为有林地(031)、农村宅基地(0702)、采矿用地(0602),面积分别为 81.56 km²、71.28 km²、53.65 km²,分别占总面积的 9.20%、8.04%、6.05%。余下面积较小的景观类型分别为工业用地(0601)、水库水面(1103)、城镇住宅用地(0701)等,面积占比约 16%。

由形状指数可以看出:主要景观类型中,中覆盖度草地、耕地具有较高的周长面积比(121.48 和 107.65),说明其形状比灌木林地更规则;次要景观类型中,有林地的形状指数值为 94.73,比农村宅基地、采矿用地更为规整;余下景观类型中,农村道路(1006)形状指数值高达 259.52,其分布形状较其他类型更为规整。

从平均斑块面积、斑块密度来看,主要景观类型中,中覆盖度草地的斑块密度值为 38.44 个/km²,较耕地、灌木林地高,而其平均斑块面积为 0.03 km²/个,较耕地、灌木林地低,反映了中覆盖度草地的破碎程度较高;次要景观类型中,有林地的斑块密度值为 41.21 个/km²,较农村宅基地、采矿用地高,其平均斑块面积为 0.02 km²/个,较农村宅基地、采矿用地低,反映出有林地的破碎程度最高;余下景观类型中,科研用地(0804)的斑块密度值为 383.37 个/km²,较其他类型高,平均斑块面积约为 0,较其他类型低,反映了科研用地破碎程度最高。

因此,可将邯郸调查区的景观类型特征归纳为耕地、灌木林地和中覆盖度草地组成了该区的主要景观类型,其中耕地为该区的主要优势类型,构成了该区景观的基底。

② 景观水平指数分析

该区共有 21 794 个景观斑块单元,所有斑块边界总长度为 24 621.98 km,边界密度为 27.79 km/km²。平均斑块面积为 0.04 km²/个,最大斑块指数为 5.91%。从总体景观来看,平均斑块面积并不是很大。平均斑块周长面积比为 233.33,其值较高。同时,景观斑块密度为 24.59 个/km²,反映该区景观的破碎化程度较高。

(2) 邢台调查区(2018 年)

邢台调查区生态系统呈现南、中、北分化格局,城镇生态系统比例较高,集中分布于中部。南部、北部以农田生态系统占多数。湿地生态系统主要有河流、水库、坑塘等类型,呈条带状或斑块状分布于调查区的中北部。农田生态系统主要为旱地和园地,集中分布于调查区的北部,调查区的最南部也有相对集中的分布。草地生态系统在林地和农田生态系统间以斑块状存在。可见邢台调查区是以农田为优势,城镇为次之,林地、草地、湿地生态系统镶嵌其中的景观类型,与邯郸调查区相似。

① 斑块类型水平指数分析

根据解译成果得到邢台调查区不同地类的各项景观指数。邢台调查区景观以耕地

(01)为主要的优势类型,其面积为 425.91 km²,占邢台调查区总面积的 48.14%。农村宅基地(0702)和有林地(031)的面积分别为 85.83 km²、68.87 km²,分别占邢台调查区总面积的 9.70%与 7.78%。这三者的总面积占邢台调查区总面积近 66%,构成邢台调查区的主要景观类型。次要景观类型分别为中覆盖度草地(0412)、采矿用地(0602)、城镇住宅用地(0701),面积分别为 46.99 km²、46.55 km²、33.21 km²,分别占总面积的 5.31%、5.26%、3.75%。余下面积较小的景观类型分别为工业用地(0601)、内陆滩涂(1106)、公路用地(1003)等,面积占比约 19%。

由形状指数可以看出:主要景观类型中,耕地、有林地具有较高的周长面积比(104.22 和 88.17),说明其形状比农村宅基地更规则;次要景观类型中,中覆盖度草地、采矿用地的形状指数分别为 93.16 和 36.41,比城镇住宅用地更为规整;余下景观类型中,农村道路(1006)形状指数值高达 278.09,其分布形状较其他类型更为规整。

从平均斑块面积、斑块密度来看,主要景观类型中,有林地的斑块密度值为 43.67 个/km²,较农村宅基地、耕地高,其平均斑块面积为 0.02 km²/个,较农村宅基地、耕地低,反映出有林地的破碎程度最高;次要景观类型中,中覆盖度草地的斑块密度值为 41.88 个/km²,较采矿用地、城镇住宅用地高,其平均斑块面积为 0.02 km²/个,较采矿用地、城镇住宅用地低,反映出中覆盖度草地的破碎程度最高;余下景观类型中,餐饮用地(0503)的斑块密度值为 720.61 个/km²,较其他类型高,平均斑块面积约为 0,较其他类型低,反映出餐饮用地破碎程度最高。

因此,可将邢台调查区的景观类型特征归纳为耕地、农村宅基地、有林地组成了该区的主要景观类型,其中,耕地为该区的主要优势类型,构成了该区景观的基底。

② 景观水平指数分析

该区共有 21 414 个景观斑块单元,所有斑块边界总长度为 23 651.19 km,边界密度为 26.78 km/km²。平均斑块面积为 0.04 km²/个,最大斑块指数为 0.96%。从总体景观来看,平均斑块面积并不是很大。平均斑块周长面积比为 224.49,其值较高,说明景观斑块形状的复杂性较低。同时,景观斑块密度为 24.24 个/km²,反映该区景观的破碎化程度较高。

(3) 元氏调查区(2018 年)

元氏调查区是以农田生态系统为主,城镇生态系统为辅,林地、草地生态系统点缀其中的景观类型。

① 斑块类型水平指数分析

根据解译成果得到元氏调查区不同地类的各项景观指数。元氏调查区景观以耕地(01)为主要的优势类型,其面积为 22.46 km²,占元氏调查区总面积的 77.08%。农村宅基地(0702)和有林地(031)的面积分别为 3.85 km²、0.55 km²,分别占元氏调查区总面积的 13.21%与 1.89%。这三者的总面积占元氏调查区总面积的 92.18%,构成元氏调查区的主要景观类型。余下面积较小的景观类型分别为农村道路(1006)、中覆盖度草地(0412)、工业用地(0601)等,面积占比约 8%。

由形状指数可以看出,主要景观类型中,耕地具有较高的周长面积比 16.37,说明其形状比农村宅基地、有林地更规则;余下景观类型中,农村道路形状指数值高达 71.27,说明其分布形状较其他类型更为规整。

从平均斑块面积、斑块密度来看,主要景观类型中,有林地的斑块密度值为 92.90 个/km²,较农村宅基地、耕地高,其平均斑块面积为 0.01 km²/个,较农村宅基地、耕地低,反映出有林地的破碎程度最高;余下景观类型中,坑塘水面(1104)的斑块密度值为 1 232.72 个/km²,较其他类型高,平均斑块面积约为 0,较其他类型低,反映出坑塘水面破碎程度最高。

因此,可将元氏调查区的景观类型特征归纳为耕地、农村宅基地、有林地组成了该区的主要景观类型,其中耕地为该区的主要优势类型,构成了该区景观的基底。

② 景观水平指数分析

该区共有 572 个景观斑块单元,所有斑块边界总长度为 641.07 km,边界密度为 22.00 km/km²。平均斑块面积为 0.05 km²/个,最大斑块指数为 3.71%。从总体景观来看,平均斑块面积并不是很大。平均斑块周长面积比为 33.50,其值较低,说明景观斑块形状有较高的复杂性和不规则性。同时,景观斑块密度为 19.63 个/km²,反映该区景观的破碎化程度较高。

(4) 井陉调查区(2018 年)

井陉调查区中主要为农田、城镇、草地 3 种生态系统类型。城镇生态系统主要分布在调查区的中东部,草地生态系统主要分布在调查区的西部与北部,格局分化较为明显。林地主要间以草地与农田及城镇的中间分布。因此井陉调查区为农田、城镇、草地生态系统占比基本持平的景观分布类型。

① 斑块类型水平指数分析

根据解译成果得到井陉调查区不同地类的各项景观指数。井陉调查区景观以耕地(01)、中覆盖度草地(0412)为主要的优势类型,其面积分别为 35.98 km²、30.89 km²,分别占井陉调查区总面积的 33.77%、28.99%。农村宅基地(0702)的面积为 9.21 km²,占井陉调查区总面积的 8.64%。这三者的总面积占井陉调查区总面积的 71.4%,构成井陉调查区的主要景观类型。次要景观类型分别为采矿用地(0602)、工业用地(0601)、有林地(031),面积分别为 6.41 km²、5.02 km²、4.43 km²,分别占总面积的 6.02%、4.71%、4.16%。余下面积较小的景观类型分别为城镇住宅地(0701)、空闲地(1201)、公路用地(1003)等,面积占比约 14%。

由形状指数可以看出,主要景观类型中,耕地、中覆盖度草地具有较高的周长面积比 23.93 和 16.66,形状比农村宅基地规则;次要景观类型中,有林地、采矿用地的形状指数分别为 16.16 和 13.73,比工业用地规整;余下景观类型中,农村道路(1006)形状指数值高达 56.51,其分布形状较其他类型更为规整。

从平均斑块面积、斑块密度来看,主要景观类型中,农村宅基地的斑块密度值为 18.45 个/km²,较中覆盖度草地、耕地高,其平均斑块面积为 0.05 km²/个,较中覆盖度草地、耕地低,反映出农村宅基地破碎程度最高;次要景观类型的斑块密度值相差不大,平均斑块面积均为 0.05 km²/个,反映其破碎程度相当,均较为破碎;余下景观类型中,设施农用地(1202)的斑块密度值为 200.87 个/km²,较其他类型高,平均斑块面积约为 0,较其他类型低,反映出设施农用地破碎程度最高。

因此,可将井陉调查区的景观类型特征归纳为耕地、中覆盖度草地、农村宅基地组成了该区的主要景观类型,其中耕地、中覆盖度草地为该区的主要优势类型,构成了该区景观的基底。

② 景观水平指数分析

该区共有 1 278 个景观斑块单元,所有斑块边界总长度为 1 981.68 km,边界密度为 18.59 km/km²。平均斑块面积为 0.08 km²/个,最大斑块指数为 9.55%。从总体景观来看,平均斑块面积并不是很大。平均斑块周长面积比为 54.15,其值较低,说明景观斑块形状有较高的复杂性和不规则性。同时,景观斑块密度为 11.99 个/km²,反映该区景观的破碎化程度较高。

(5)张家口调查区(2018 年)

① 蔚县调查区景观格局分析

张家口蔚县调查区生态系统呈现南北两侧分化格局,草地分布于北部山区,农田、城镇分布于南部地区。湿地生态系统主要有河流、坑塘等类型,呈条带状或斑块状分布于蔚县调查区的中南部。

a. 斑块类型水平指数分析

根据解译成果得到蔚县调查区不同地类的各项景观指数。蔚县调查区景观以低覆盖度草地(0413)为主要的优势类型,其面积为 249.59 km²,占蔚县调查区总面积的55.34%。耕地(01)和采矿用地(0602)的面积分别为 98.92 km²、22.93 km²,分别占蔚县调查区总面积的 21.93%与5.08%。三者的总面积占蔚县调查区总面积的 82.35%,构成蔚县调查区的主要景观类型。次要景观类型分别为有林地(031)、中覆盖度草地(0412)、农村宅基地(0702),面积分别为 17.75 km²、14.57 km²、13.27 km²,分别占蔚县调查区总面积的 3.94%、3.23%、2.94%。余下面积较小的景观类型分别为内陆滩涂(1106)、灌木林地(032)、农村道路(1006)等,面积占比为 7.54%。

由形状指数可以看出,主要景观类型中,耕地具有较高的周长面积比 44.33,说明其形状比低覆盖度草地、采矿用地更规则;次要景观类型中,有林地、农村宅基地的形状指数分别为 23.54 和 19.96,较中覆盖度草地规整;余下景观类型中,农村道路形状指数值高达 134.38,其分布形状较其他类型更为规整。

从平均斑块面积、斑块密度来看,主要景观类型中,采矿用地的斑块密度值为 14.17 个/km²,较耕地、低覆盖度草地高,其平均斑块面积为 0.07 km²/个,较耕地、低覆盖度草地低,反映出采矿用地的破碎程度最高;次要景观类型中,农村宅基地的斑块密度值为 20.87 个/km²,较中覆盖度草地、有林地高,其平均斑块面积为 0.05 km²/个,较中覆盖度草地、有林地低,反映出农村宅基地的破碎程度最高;余下景观类型中,沟渠(1107)的斑块密度值为 118.73 个/km²,较其他类型高,平均斑块面积约为 0,较其他类型低,反映出沟渠破碎程度最高。

因此,可将蔚县调查区的景观类型特征归纳为低覆盖度草地、耕地、采矿用地组成了该区的主要景观类型,其中低覆盖度草地为该区的主要优势类型,构成了该区景观的基底。

b. 景观水平指数分析

该区共有 2 606 个景观斑块单元,所有斑块边界总长度为 5 874.09 km,边界密度为 13.02 km/km²。平均斑块面积为 0.17 km²/个,最大斑块指数为 34.95%。从总体景观来看,平均斑块面积并不是很大。平均斑块周长面积比为 78.03,其值较低,说明景观斑块形状有较高的复杂性和不规则性。同时,景观斑块密度为 5.78 个/km²,反映该区景观的破碎化程度较高。

② 下花园调查区景观格局分析

张家口下花园调查区以林地、草地生态系统为主,林地主要分布在中北部,草地主要分布在西北与南部边缘,城镇生态系统集中在西部,农田生态系统在中部以条带状分布,湿地主要表现为窄条状的河流。

a. 斑块类型水平指数分析

根据解译成果得到下花园调查区不同地类的各项景观指数。下花园调查区景观以灌木林地(032)为主要的优势类型,其面积为 115.33 km²,占下花园调查区总面积的 40.71%。中覆盖度草地(0412)和有林地(031)的面积分别为 78.26 km²、25.20 km²,分别占下花园调查区总面积的 27.62% 与 8.89%。这三者的总面积占下花园调查区总面积近 78%,构成下花园调查区的主要景观类型。次要景观类型分别为耕地(01)、采矿用地(0602)、农村宅基地(0702),面积分别为 24.25 km²、11.59 km²、8.70 km²,分别占下花园调查区总面积的 8.56%、4.09%、3.07%。余下面积较小的景观类型分别为城镇住宅用地(0701)、公用设施用地(0809)、农村道路(1006)等,面积占比约 6%。

由形状指数可以看出,主要景观类型中,有林地、中覆盖度草地具有较高的周长面积比,分别为 48.01 和 38.13,说明它们的形状比灌木林地更规则;次要景观类型中,耕地的形状指数为 42.56,比采矿用地、农村宅基地规整;余下景观类型中,农村道路形状指数值高达 124.58,其分布形状较其他类型更为规整。

从平均斑块面积、斑块密度来看,主要景观类型中,有林地的斑块密度值为 38.57 个/km²,较中覆盖度草地、灌木林地高,其平均斑块面积为 0.03 km²/个,较中覆盖度草地、灌木林地低,反映出有林地的破碎程度最高;次要景观类型中,耕地的斑块密度值为 43.13 个/km²,较采矿用地、农村宅基地高,其平均斑块面积为 0.02 km²/个,较采矿用地、农村宅基地低,反映出耕地的破碎程度最高;余下景观类型中,宗教用地(0904)的斑块密度值为 546.62 个/km²,较其他类型高,平均斑块面积约为 0,较其他类型低,反映出宗教用地破碎程度最高。

因此,可将下花园调查区的景观类型特征归纳为灌木林地、中覆盖度草地、有林地组成了该区的主要景观类型,其中灌木林地为该区的主要优势类型,构成了该区景观的基底。

b. 景观水平指数分析

该区共有 4 346 个景观斑块单元,所有斑块边界总长度为 5 790.30 km,边界密度为 20.44 km/km²。平均斑块面积为 0.07 km²/个,最大斑块指数为 25.09%。从总体景观来看,平均斑块面积并不是很大。平均斑块周长面积比为 97.04,其值较低,说明景观斑块形状有较高的复杂性和不规则性。同时,景观斑块密度为 15.34 个/km²,反映该区景观的破碎化程度较高。

（6）承德调查区（2018 年）

承德调查区以草地生态系统为主，占比达 64.45%，遍布调查区。林地以斑块状分布于草地之中。城镇分布较为集中，多数位于调查区的西部，东部也有少数斑块存在。湿地生态系统的表现形式主要为河流，呈条带状分布于调查区之中。

① 斑块类型水平指数分析

根据解译成果得到承德调查区不同地类的各项景观指数。承德调查区景观以中覆盖度草地（0412）、低覆盖度草地（0413）为主要的优势类型，其面积分别为 41.34 km²、36.17 km²，分别占承德调查区总面积的 34.34%、30.05%。耕地（01）的面积为 11.33 km²，占承德调查区总面积的 9.41%。这三者的总面积占承德调查区总面积近 74%，构成承德调查区的主要景观类型。次要景观类型分别为灌木林地（032）、有林地（031）、疏林地（033），面积分别为 8.58 km²、5.34 km²、4.49 km²，分别占承德调查区总面积的 7.13%、4.44%、3.73%。余下面积较小的景观类型分别为采矿用地（0602）、城镇住宅用地（0701）、农村宅基地（0702）等，面积占比约 10%。

由形状指数可以看出，主要景观类型中，低覆盖度草地、耕地具有较高的周长面积比，分别为 24.69 和 24.75，说明它们的形状比高覆盖度草地更规则；次要景观类型中，有林地、灌木林地的形状指数分别为 30.57 和 19.89，比疏林地更为规整；余下景观类型中，农村道路（1006）形状指数值高达 47.99，其分布形状较其他类型更为规整。

从平均斑块面积、斑块密度来看，主要景观类型中，耕地的斑块密度值为 17.83 个/km²，较中覆盖度草地、低覆盖度草地高，其平均斑块面积为 0.06 km²/个，较中覆盖度草地、低覆盖度草地低，反映出耕地的破碎程度最高；次要景观类型中，有林地的斑块密度值为 70.97 个/km²，较灌木林地、疏林地高，其平均斑块面积为 0.01 km²/个，较灌木林地、疏林地低，反映出有林地的破碎程度最高；余下景观类型中，零售商业用地（0501）的斑块密度值为 619.91 个/km²，较其他类型高，平均斑块面积约为 0，较其他类型低，反映出零售商业用地破碎程度最高。

因此，可将承德调查区的景观类型特征归纳为中覆盖度草地、低覆盖度草地、耕地组成了该区的主要景观类型，其中覆盖度草地、低覆盖度草地为该区的主要优势类型，构成了该区景观的基底。

② 景观水平指数分析

该区共有 1 854 个景观斑块单元，所有斑块边界总长度为 2 429.72 km，边界密度为 20.19 km/km²。平均斑块面积为 0.06 km²/个，最大斑块指数为 27.61%。从总体景观来看，平均斑块面积并不是很大。平均斑块周长面积比为 62.47，其值较低，说明景观斑块形状有较高的复杂性和不规则性。同时，景观斑块密度为 15.40 个/km²，反映该区景观的破碎化程度较高。

（7）唐山调查区（2018 年）

唐山调查区生态系统以农田、城镇生态系统为主，这两种类型的生态系统占了调查区的 80% 以上。城镇类型生态系统主要分布在调查区的西部。农田类型的生态系统主要分布在调查区的东部。草地类型的生态系统主要分布在北部。剩余的林地、湿地镶嵌在城镇与农田生态系统中。

① 斑块类型水平指数分析

唐山地区分东、西、中部调查区,根据解译成果分别得到唐山东、唐山西、唐山中三个调查区不同地类的各项景观指数。

唐山东部调查区景观以耕地(01)为主要的优势类型,其面积为 515.57 km²,占唐山东部调查区总面积的 42.74%。农村宅基地(0702)和有林地(031)的面积分别为 144.20 km²、110.30 km²,分别占唐山东部调查区总面积的 11.95% 与 9.14%。这三者的总面积占唐山东部调查区总面积近 64%,构成唐山东部调查区的主要景观类型。次要景观类型分别为城镇住宅用地(0701)、工业用地(0601)、中覆盖度草地(0412),面积分别为 98.25 km²、73.27 km²、51.79 km²,分别占唐山东部调查区总面积的 8.14%、6.07%、4.29%。余下面积较小的景观类型分别为采矿用地(0602)、公路用地(1003)、水库水面(1103)等,面积占比约 18%。由形状指数可以看出,主要景观类型中,有林地、耕地具有较高的周长面积比 100.97 和 80.88,说明它们的形状比农村宅基地更规则;次要景观类型中,中覆盖度草地的形状指数为 64.89,比工业用地、城镇住宅用地更为规整;余下景观类型中,农村道路(1006)形状指数值高达 254.69,其分布形状较其他类型更为规整。从平均斑块面积、斑块密度来看,主要景观类型中,有林地的斑块密度值为 30.49 个/km²,较农村宅基地、耕地高,其平均斑块面积为 0.03 km²/个,较农村宅基地、耕地低,反映出有林地的破碎程度最高;次要景观类型中,中覆盖度草地的斑块密度值为 22.78 个/km²,较工业用地、城镇住宅用地高,其平均斑块面积为 0.04 km²/个,较工业用地、城镇住宅用地低,反映出中覆盖度草地的破碎程度最高;余下景观类型中,设施农用地(1202)的斑块密度值为 129.36 个/km²,较其他类型更高,平均斑块面积约为 0,较其他类型低,反映出设施农用地破碎程度最高。因此,可将唐山东部调查区的景观类型特征归纳为耕地、农村宅基地和有林地组成了该区的主要景观类型,其中耕地为该区的主要优势类型,构成了该区景观的基底。

唐山西部调查区景观以耕地(01)为主要的优势类型,其面积为 32.53 km²,占唐山西部调查区总面积的 58.87%。农村宅基地(0702)和工业用地(0601)的面积分别为 9.68 km²、5.08 km²,分别占唐山西部调查区总面积的 17.52% 与 9.19%。这三者的总面积占唐山西部调查区总面积近 86%,构成唐山西部调查区的主要景观类型。余下面积较小的景观类型分别为有林地(031)、坑塘水面(1104)、农村道路(1006)等,面积占比约 14%。由形状指数可以看出,主要景观类型中,耕地、农村宅基地具有较高的周长面积比 21.11 和 14.16,说明它们的形状比工业用地更规则;余下景观类型中,农村道路形状指数值高达 75.07,说明其分布形状较其他类型更为规整。从平均斑块面积、斑块密度来看,主要景观类型中,农村宅基地、工业用地的斑块密度值分别为 16.00 个/km²、14.16 个/km²,较耕地高,其平均斑块面积分别为 0.06 km²/个、0.07 km²/个,较耕地低,反映出农村宅基地、工业用地的破碎程度较高;余下景观类型中,铁路用地(101)的斑块密度值为 297.18 个/km²,较其他类型高,平均斑块面积约为 0,较其他类型低,反映出铁路用地破碎程度最高。因此,可将唐山西部调查区的景观类型特征归纳为耕地、农村宅基地、工业用地组成了该区的主要景观类型,其中耕地为该区的主要优势类型,构成了该区景观的基底。

唐山中部调查区景观以耕地(01)为主要的优势类型,其面积为 88.81 km²,占唐山中部调查区总面积的 67.05%。农村宅基地(0702)和工业用地(0601)的面积分别为 19.45 km²、5.64 km²,分别占唐山中部调查区总面积的 14.68% 与 4.26%。这三者的总面积占唐山中部调查区总面积近 86%,构成唐山中部调查区的主要景观类型。余下面积较小的景观类型分别为有林地(031)、农村道路(1006)、设施农用地(1202)等,面积占比约 14%。由形状指数可以看出,主要景观类型中,耕地、农村宅基地具有较高的周长面积比,分别为 38.34 和 26.09,说明它们的形状比工业用地更规则;余下景观类型中,农村道路形状指数值高达162.14,说明其分布形状较其他类型更为规整。从平均斑块面积、斑块密度来看,主要景观类型中,工业用地的斑块密度值为 40.26 个/km²,较农村宅基地、耕地高,其平均斑块面积为0.02 km²/个,较农村宅基地、耕地低,反映出工业用地的破碎程度最高;余下景观类型中,公用设施用地(0809)的斑块密度值为 882.00 个/km²,较其他类型高,平均斑块面积约为 0,较其他类型低,反映出公用设施用地破碎程度最高。因此,可将唐山中部调查区的景观类型特征归纳为耕地、农村宅基地、工业用地组成了该区的主要景观类型,其中耕地为该区的主要优势类型,构成了该区景观的基底。

② 景观水平指数分析

唐山东部调查区共有 17 562 个景观斑块单元,所有斑块边界总长度为 25 802.58 km,边界密度为 21.39 km/km²。平均斑块面积为 0.07 km²/个,最大斑块指数为 1.53%。从总体景观来看,平均斑块面积并不是很大。平均斑块周长面积比为 209.56,其值较高,说明景观斑块形状有较低的复杂度。同时,景观斑块密度为 14.56 个/km²,反映该区景观的破碎化程度较高。

唐山西部调查区共有 1 032 个景观斑块单元,所有斑块边界总长度为 1 244.92 km,边界密度为 22.53 km/km²。平均斑块面积为 0.05 km²/个,最大斑块指数为 3.83%。从总体景观来看,平均斑块面积并不是很大。平均斑块周长面积比为 47.24,其值较低,说明景观斑块形状有较高的复杂性和不规则性。同时,景观斑块密度为 18.68 个/km²,反映该区景观的破碎化程度较高。

唐山中部调查区共有 3 194 个景观斑块单元,所有斑块边界总长度为 3 547.25 km,边界密度为 26.78 km/km²。平均斑块面积为 0.04 km²/个,最大斑块指数为 3.05%。从总体景观来看,平均斑块面积并不是很大。平均斑块周长面积比为 86.95,其值较低,说明景观斑块形状有较高的复杂性和不规则性。同时,景观斑块密度为 24.12 个/km²,反映该区景观的破碎化程度较高。

3.2.5.2 矿山地质环境问题解译成果

(1) 矿山地质环境问题遥感调查统计分析

矿山地质环境问题遥感调查是根据已建立的矿山地质灾害典型解译标志,结合野外验证以及调查区调查资料和矿山地质背景等辅助资料,对调查区内的废弃物堆场(废石堆场、尾矿渣、煤矸石堆等)、地貌景观及植被破坏区、土地破坏与压占、矿山崩塌、滑坡、泥石流、地面塌陷(地裂缝)等矿山地质环境情况进行信息提取,并对所提取的矿山地质环境问题进行统计分析。各调查区矿山地质环境问题提取的信息统计内容见表 3-7。

表 3-7　各调查区矿山地质环境问题信息提取统计表

调查区	煤矿/个	煤场/个	矸石山/个	其他采矿活动场地/个	地质灾害点/个
邯郸	152	559	49	478	23
邢台	141	208	16	456	49
元氏	1	1			
井陉	7	67	38		3
蔚县	126	128		66	24
下花园	22	20	1	158	9
唐山	37	332	3	202	
承德	11	13		44	13

（2）地质灾害情况调查统计分析

由于自然作用和人为作用而造成地质环境的灾难性破坏称为地质灾害。矿山开采活动对地表和地下都有较为强烈的扰动作用,经常会诱发滑坡、崩塌、地裂缝等地质灾害。

调查区内煤矿大多采用地下开采的方式进行煤矿资源的开采,煤矿地下开采引起的地面沉陷、塌陷坑、地裂缝也比较严重。而其他采矿类活动,如采石场、其他金属矿等矿山活动源,尤其是大型矿山的地上、地下开采活动,改变了矿区地应力的初始状态,易造成失稳破坏,甚至造成采场边坡部位形成裂隙,直至滑坡、崩塌。矿产资源开采强度过大,造成地表植被破坏,增加了滑坡崩塌的发生频率,加剧了其破坏性和损失程度。

在 7 个遥感调查区内共调查出地面塌陷 25 处,地裂缝 48 条,滑坡、崩塌隐患点 92 个,共计 165 处(表 3-8)。调查区内滑坡、崩塌地质灾害隐患点大部分与煤矿开采无关。附图 4 为蔚县调查区解译出的地质灾害隐患点在空间上的分布情况。

表 3-8　各调查区地质灾害数量统计表

调查区	地灾类型	个数	调查区	类型	个数
邯郸	滑坡隐患点	5	下花园	滑坡隐患点	6
	崩塌隐患点	18		崩塌隐患点	3
邢台	地裂缝	37	承德	滑坡隐患点	4
	塌陷坑	12		崩塌隐患点	9
井陉	崩塌隐患点	3	唐山	滑坡隐患点	15
蔚县	地裂缝	11		崩塌隐患点	29
	塌陷坑	13			

由于调查区内煤矿大多采用地下开采的方式,造成的塌陷坑、地裂缝一般规模较小。限于卫星遥感数据的分辨率,对小规模的地裂缝很难判别,在解译上存在很大的难度,效果不好。煤矿塌陷坑都分布在近水平煤层的煤矿,由于矿山开发历史悠久,又经过不同程

度的治理,所以解译难度也较大。

因此,调查中在章村示范区应用高分辨率的低空遥感无人机获取塌陷坑、地裂缝的遥感影像,然后对沉陷区、塌陷坑、地裂缝进行详细的解译调查,取得了较好的效果,详见本书 3.3 节。

3.2.5.3 调查区植被覆盖度分析与评价

植被是重要的自然资源,是陆地生态系统的主要组成部分。植被覆盖度作为植被的直观量化指标,反映了植被的基本情况,是研究水文、气象、生态方面等区域问题的基础性数据。植被覆盖度是指观测区内植被垂直投影面积占地表面积的百分比。植被覆盖度是衡量地表植被状况的一个最重要的指标,同时也是影响土壤侵蚀和水土流失的主要因子。根据收集到的 GF-1 号、GF-6 号卫星的遥感影像数据对每个遥感调查区的植被覆盖度进行了计算、统计分析。

（1）植被覆盖度计算方法

植被覆盖度采用遥感测算法当中最常用的像元二分模型进行计算。根据像元二分模型理论推导的植被覆盖度计算模型可得解译区的年平均植被覆盖度 F_c：

$$F_c = \frac{NDVI - NDVI_{soil}}{NDVI_{veg} - NDVI_{soil}} \tag{3-1}$$

式中,$NDVI_{veg}$ 是纯植被像元的 NDVI 值；$NDVI_{soil}$ 是完全无植被覆盖像元的 NDVI 值。然后根据像元二分模型理论计算植被覆盖度,将植被覆盖度进行分级统计分析,$0\sim0.1$ 为低,$0.1\sim0.3$ 为较低,$0.3\sim0.5$ 为中等,$0.5\sim0.7$ 为较高,$0.7\sim1.0$ 为高。一般认为,$NDVI_{max}$ 和 $NDVI_{min}$ 分别为区域内最大和最小 NDVI 值。由于不可避免地存在噪声,$NDVI_{max}$ 和 $NDVI_{min}$ 一般取一定置信度范围内的最大值与最小值,置信度的取值主要根据图像实际情况来定,这里取 95% 的置信区间。

地物的归一化植被指数 NDVI 定义为：

$$NDVI = \frac{\rho_N - \rho_r}{\rho_N + \rho_r} \tag{3-2}$$

式中,ρ_N,ρ_r 分别是目标在近红外波段（NIR）和红光波段（RED）的反射率。归一化植被指数计算公式中对于两波段带宽和精确中心位置没有严格要求,只需分别覆盖植被波谱中典型的近红外高反射区及典型的可见光吸收区即可。

（2）归一化植被指数 NDVI 的计算

调查区 NDVI 计算使用经过数据预处理的 GF-1 号、GF-6 号卫星遥感影像数据,4 波段、空间分辨率 16 m。共计 56 景。

在影像数据经过预处理后,根据归一化植被指数 NDVI 的定义进行了波段计算,求取了各解译区的归一化植被指数 NDVI,每个解译区制作了不少于 5 期的 NDVI 指数数据,覆盖 2018 年全年度。

（3）植被覆盖度分析与评价

根据求取的各解译区的 NDVI 值,取 95% 的置信区间,根据像元二分模型理论推导的植被覆盖度计算模型,利用 ArcGIS 进行了计算,得到了各解译区的植被覆盖度指数,见表 3-9。

表 3-9　各调查区植被覆盖度统计

等级	邯郸调查区		邢台调查区		元氏调查区		井陉调查区	
	面积/km²	比例/%	面积/km²	比例/%	面积/km²	比例/%	面积/km²	比例/%
低	69.20	8.10	95.30	11.32	0.89	3.45	12.33	12.45
较低	185.59	21.72	112.66	13.39	1.23	4.79	13.44	13.57
中等	255.77	29.93	204.05	24.25	1.83	7.09	19.10	19.28
较高	189.94	22.22	193.49	22.99	4.16	16.11	21.75	21.96
高	153.98	18.02	236.06	28.04	17.71	68.55	32.41	32.72

等级	蔚县调查区		下花园调查区		承德调查区		唐山调查区	
	面积/km²	比例/%	面积/km²	比例/%	面积/km²	比例/%	面积/km²	比例/%
低	29.80	6.74	26.26	9.51	10.03	8.74	162.53	11.88
较低	70.56	15.95	42.68	15.45	5.49	4.78	321.53	23.50
中等	168.79	38.17	94.48	34.21	9.63	8.39	323.74	23.67
较高	94.49	21.37	41.53	15.03	17.44	15.20	245.59	17.96
高	78.50	17.75	71.20	25.78	72.16	62.87	314.04	22.97

根据植被覆盖度统计结果,元氏调查区和承德调查区植被覆盖度较高,区域内以高-较高为主,元氏调查区由于土地利用类型主要以耕地为主,未利用土地占比较小,所以 84% 以上土地年均植被覆盖度能达到 50% 以上,邯郸、蔚县、下花园、唐山调查区的植被覆盖度中等占比较高,植被覆盖度较低的区域多为城镇、建成区、矿山等建设用地密集区域。

3.2.5.4　调查区土壤侵蚀强度分析与评价

土壤侵蚀是导致土地资源退化和损失的主要原因。严重的水土流失不仅破坏土地资源、淤塞江河,而且还会污染水质,破坏水资源。利用遥感和地理信息系统(GIS)的优势对水土流失进行定量研究,可以及时准确地将水土流失类型、强度、时空分布的最新数据提供给各级政府和水土保持主管部门,为解译范围内的水土保持规划提供客观真实的依据。因此,土壤侵蚀的研究对解译范围的总体生态环境以及后期土地利用都具有十分重要的意义。

(1)计算方法

修正的通用土壤流失方程 USLE(Universal Soil Loss Equation)是目前使用最广泛的估算实际土壤侵蚀的模型,计算方式为:

$$A_r = R \times K \times LS \times C \times P \tag{3-3}$$

式中,A_r 为土壤侵蚀量,t/(km²·a);R 为降水侵蚀力指标;K 为土壤可蚀性因子,由于调查区解译面积大,没有收集到相关土壤资料,根据《土壤侵蚀分类分级标准》(SL 190—2007)取平均值 0.043 4;LS 为坡长坡度因子;C 为地表植被覆盖和管理因子;P 为土壤保持措施因子。USLE 模型中,K 因子和 LS 因子主要依赖于自然条件,短期内土壤保持活动不会改变这些因子;R 因子在不同年份可能相差较大,受到降水量变化控制;C 因子主要受到植被覆盖状况影响;P 因子主要受到人类活动导致的土地利用类型变化影响。USLE 模型在土壤侵蚀量及其空间格局研究、土壤保持量及其生态服务功能评估、人类活动与水土保持效益的响应等方面得到广泛应用。

（2）参数计算

① 降雨侵蚀力指标 R 计算

a. 计算方法

降雨侵蚀力 R 反映了降雨引起土壤侵蚀的潜在能力，是进行土壤侵蚀预报的重要因子，这里根据月平均降雨量和年均降雨量利用 Wischmeier 公式计算得到。

$$R = \sum_{i=1}^{12} 1.735 \times 10^{\left[1.5\lg\left(\frac{P_i^2}{P}\right) - 0.818\,8\right]} = \sum_{i=1}^{12} 0.263\,3 \times 31.622\,8\left(\frac{P_i^2}{P}\right) \tag{3-4}$$

式中，R 为降水侵蚀力，MJ·mm/(hm²·h·a)；P_i 表示 i 月降水量，mm；P 表示年降水量，mm。

b. 降雨数据收集

共收集河北省 248 个主要降雨观测站点数据。

c. 降雨数据插值

降雨数据插值借助 Auspline 软件将周边区域气象站点降雨数据插值为 16 m 分辨率。具体方法和原理如下。

Auspline 基于普通薄盘和局部薄盘样条函数插值理论。局部薄盘光滑样条法是对薄盘光滑样条原型的扩展，除普通的样条自变量外允许引入线性协变量子模型，该方法引入降雨量与高程之间的关系。局部薄盘光滑样条的理论统计模型为：

$$z_i = f(x_i) + \boldsymbol{b}^T y_i + e_i \quad (i = 1, 2, \cdots, N) \tag{3-5}$$

式中，z_i 是位于空间 i 点的因变量；x_i 为 d 维样条独立变量；f 为需要估算的关于 x_i 的未知光滑函数；y_i 为 p 维独立协变量；$\boldsymbol{b}$ 为 y_i 的 p 维系数；e_i 为期望值为 0 且方差为 $w_i\sigma^2$ 的自变量随机误差，其中 w_i 为作为权重的已知局部相对变异系数，σ^2 为误差方差。

由式(3-5)可见，当式中缺少第二项，即协变量维数 p 为 0 时，模型可简化为普通薄盘光滑样条；当缺少第一项独立自变量时，模型变为多元线性回归模型(Auspline 中不允许这种情况出现)。

函数 f 和系数 b 可通过下式的最小化确定，即最小二乘估计确定：

$$\sum_{i=1}^{N} \left(\frac{z_i - f(x_i) - \boldsymbol{b}^T y_i}{w_i}\right)^2 + \rho J_m(f) \tag{3-6}$$

式中，$J_m(f)$ 为函数 $f(x_i)$ 的粗糙度测度函数，m 在 Auspline 中称为样条次数，也叫糙度次数；ρ 为正的光滑参数，在数据保真度与曲面的粗糙度之间起平衡作用，通常由广义交叉验证(generalized cross validation，GCV)的最小化来确定，也可由最大似然估计(generalized max likelihood，GML)或期望真实平方误差(expected true square error，MSE)最小来确定，这里采用 GCV 方法来插值。

d. 解译范围降雨侵蚀力指标 R 求取

根据河北省月降水量与年降水量，代入 Wischmeier 公式求得各解译项目区的降雨侵蚀力指标 R。

② 坡长坡度因子 LS 计算

a. 坡长长度计算

坡长因子 L 的求算需要坡长数据,这里利用各解译区 DEM 数据,同时引入水文分析模型,提取了各解译区的坡长。

首先利用 DEM 数据求算水流方向。水流方向是指水流离开每一个栅格单元时的指向。通常情况下,将栅格单元 x 的 8 个邻域栅格编码,水流方向以其中的某一值来确定,栅格方向编码用 2 的幂值指定。水流方向是通过计算中心栅格 x 与邻域栅格的最大距离权落差来确定的,距离权落差是指中心栅格与邻域栅格的高程差除以两栅格间的距离。

然后利用得到的地形水流方向,求取地形的水流累计量。某区域地形每点的水流累计量用该区域的水流累计量矩阵来表示。其基本思想是,假定以规则格网表示的 DEM 中每点有一个单位水量,按照自然水流从高处流往低处的自然规律,根据区域地形的水流方向矩阵计算每点所累计流过的水流量数值,便可得到该区域水流累计量矩阵。

最后,利用生成的地形水流累计量,求算每一栅格单元到最近的汇流点的垂直距离,该距离就是所求的坡长长度。

b. 坡长因子 L 求算方法

在 RUSLE 模型中,地形对土壤侵蚀的影响用坡长坡度因子(LS)计算,土壤侵蚀随坡长和坡度的增加而增加。坡长定义为从地表径流源点到坡度减小直至有沉积出现地方之间的距离,或到一个明显的渠道之间的水平距离。坡长因子 L 是在其他条件相同的情况下,特定坡长的坡地土壤流失量与标准小区坡长(在 RUSLE 中为 22.13 m)的坡地土壤流失量之比值,即:

$$L = (\lambda/22.13)^m \tag{3-7}$$

式中,L 为坡长因子;λ 为坡长,m;m 为坡长指数;22.13 是 RUSLE 采用的标准小区坡长,m。坡长指数 m 与细沟侵蚀(由水流引起)和细沟间侵蚀(主要由雨滴打击引起)的比率 β 有关,由下式计算:

$$m = \beta/(1+\beta) \tag{3-8}$$

其中细沟侵蚀和细沟间侵蚀的比率 β 由下式计算:

$$\beta = (\sin\theta/0.089\ 6)/[3.0(\sin\theta)^{0.8} + 0.56] \tag{3-9}$$

式中,θ 是坡度。

根据上述公式,利用求算的项目解译区坡长数据,进行了坡长因子 L 的估算。

c. 坡度因子 S 计算

土壤侵蚀随坡度的增加而增加,且增加速率加快。坡度因子 S 反映了坡度对土壤侵蚀的影响,其定义为在其他条件相同的情况下,特定坡度的坡地土壤流失量与坡度为 9% 或 5°(即标准径流小区的坡度)的坡地土壤流失量之比值。

在 USLE 中,S 因子与坡面坡度角函数 $\sin\theta$ 呈抛物线关系,算式为:

$$S = 65.41\sin^2\theta + 4.56\sin\theta + 0.065 \tag{3-10}$$

式中,S 为坡度因子,θ 为坡度角。

由于 USLE 的开发者主要是根据美国的耕地坡度(大多小于 20%,即 11.3°)推导出的公式,不太适合坡度较陡的地区使用,为此,可采用改进的 S 算式。在 RUSLE 中,使用了 McCool 提出的坡度因子(S)公式:

$$S = 10.8\sin\theta + 0.03 \qquad \theta < 5.14° \tag{3-11}$$

$$S = 16.8\sin\theta - 0.50 \qquad 5.14° \leqslant \theta < 10° \tag{3-12}$$

$$S = 21.91\sin\theta - 0.96 \qquad \theta \geqslant 10° \tag{3-13}$$

根据上述公式对调查区坡度因子 S 进行了求算。

③ 作物覆盖与管理因子 C 计算

植被冠层和地表覆盖可以保护地表土壤免受雨滴直接打击,减弱径流冲刷作用,从而减少土壤侵蚀。USLE 和 RUSLE 的 C 因子和 P 因子主要是反映植被或作物及其管理措施对土壤流失总量的影响。作为土壤侵蚀动力的抑制因子,它们被用于产生一项指标来表明土地利用是如何影响土壤流失以及覆盖管理或水土保持措施在多大程度上抑制了土壤侵蚀。

作物覆盖与管理因子 C 是指一定条件下有植被覆盖或实施田间管理的土地土壤流失总量与同等条件下实施清耕的连续休闲地土壤流失总量的比值,为无量纲数,介于 0~1。这个因子衡量所有相互影响的覆盖和管理变量,包括植被、作物种植顺序、生产力水平、生长季长短、栽培措施、作物残余物管理、降雨分布等的综合效应。

通过借鉴蔡崇法等(1995)利用径流小区人工降雨和部分天然降雨的观测结果,计算坡面产沙量与植被覆盖度的相关关系,建立了植被覆盖度 F_c 与 C 因子间的经验公式:

$$\begin{cases} F_c = 1 & c = 0 \\ F_c = 0.650\ 8 - 0.343\ 6\lg c & 0 < c < 78.3 \\ F_c = 0 & c \geqslant 78.3 \end{cases} \tag{3-14}$$

式中,F_c 为某生长季节作物或植物的覆盖度,%。

根据该模型求取各解译区的 F_c 值。

④ 土壤保持措施因子 P 计算

土壤保持措施因子 P,是指特定保持措施下的土壤流失量与相应未实施保持措施的顺坡耕作地块的土壤流失量之比值。土壤保持措施主要通过改变地形和汇流方式减少径流量,降低径流速率等作用减轻土壤侵蚀。这里采用的分类如表 3-10 所示。

表 3-10 不同土地利用类型土壤保持措施因子 P 值

土地利用类型	耕地	林地	草地	水体	建设用地	未利用土地
P	0.2	0.5	0.2	0	0	0.2

根据解译的土地利用类型,利用表 3-10,求取 P 值。

⑤ 土壤侵蚀量 A_r 计算

依据通用水土流失方程,将求算的各因子相乘,获得了各像元的土壤流失量。但是,由于这样计算出的土壤流失量单位是美制单位,为 t/(英亩·年),需要进行单位转换,乘以 224.2 转换为 t/(km²·a)的公制单位,得到各解译区土壤流失量图。

根据我国水利部所颁布的水土流失分级标准,水土流失被分为微度侵蚀、轻度侵蚀、中度侵蚀、强度侵蚀、极强度侵蚀和剧烈侵蚀 6 个等级,其分类标准如表 3-11 所示。

表 3-11　土壤侵蚀强度标准表

级别	微度	轻度	中度	强度	极强度	剧烈
土壤流失量 /[t/(km² · a)]	<200	200～2 500	2 500～5 000	5 000～8 000	8 000～15 000	>15 000

(3) 各调查区土壤侵蚀强度统计

河北省各调查区土壤侵蚀强度如表 3-12 所示。邯郸调查区内土壤侵蚀强度以微度为主,占比达到 76.48%,轻度分散于调查区范围内,个别强度、剧烈区域位于山脚附近,多为矿山开采造成的裸露土地,无植被覆盖且坡度较大。邢台调查区水土保持效果较好,微度以上区域主要位于西部山区边坡地带,坡度较大,植被覆盖度低。元氏调查区区域内土地利用以耕地为主,全区植被覆盖度高,且地势平坦,降雨时不易发生土壤侵蚀。井陉调查区土壤侵蚀主要以微度、轻度为主,微度分散于边坡区域,整体受坡度影响较大,个别剧烈区域为矿山开采且无保水固土措施导致。张家口蔚县调查区土壤侵蚀轻度占比较高,区域内受坡度因子影响较重,中度以上分布于北部山区陡峭边坡内,个别区域受矿山开采影响,土壤侵蚀剧烈。张家口下花园调查区土壤侵蚀强度以轻度占比最高,为 44.30%,两极分化明显:东部山区植被覆盖度优秀,土壤侵蚀以微度为主;西部山区受植被覆盖度影响,整体侵蚀强度为轻度;山区与平原交界处,受矿山开采影响,土壤侵蚀较为剧烈。承德调查区土壤侵蚀强度分布较为分散,该区影响土壤侵蚀强度的主要因子为坡度和植被覆盖因子,中度以上侵蚀强度分散在坡度较陡的区域,且植被覆盖度低。

表 3-12　各调查区解译范围土壤侵蚀强度统计表

调查区	侵蚀级别											
	微度		轻度		中度		强度		极强度		剧烈	
	面积 /km²	百分比 /%	面积 /km²	百分比 /%	面积 /km²	百分比 /%	面积 /km²	百分比 /%	面积 /km²	百分比 /%	面积 /km²	百分比 /%
邯郸	654.11	76.49	183.31	21.44	10.21	1.19	3.48	0.41	2.53	0.30	1.55	0.18
邢台	396.18	90.22	40.38	9.19	1.42	0.32	0.49	0.11	0.36	0.08	0.27	0.06
元氏	25.80	99.74	0.06	0.26								
井陉	81.70	82.41	16.74	16.89	0.50	0.51	0.10	0.11	0.05	0.05	0.02	0.02
蔚县	243.17	55.00	172.18	38.94	19.00	4.29	4.69	1.06	1.87	0.42	1.16	0.26
下花园	97.32	35.27	122.22	44.30	26.50	9.60	12.73	4.62	9.97	3.62	7.12	2.58
承德	68.26	59.42	33.70	29.34	5.86	5.10	2.68	2.33	2.19	1.90	2.15	1.87
唐山	1 209.74	90.87	109.30	8.21	4.90	0.36	1.98	0.15	1.67	0.13	3.56	0.26
唐山西	50.36	98.00	1.02	1.98	0.01	0.01						

从侵蚀面积上看,除下花园解译区以外,其他地区均微度侵蚀面积最大,轻度侵蚀面积次要,而强度侵蚀、极强度侵蚀和剧烈侵蚀面积占有比例很小。

从空间分布上看,微度侵蚀主要发生在地势平缓的南部地区(邯郸、邢台、元氏、唐山)和植被覆盖度高的山区地带(下花园东北部、蔚县西北部山区);轻度侵蚀和中度侵蚀主要发生在坡度比较陡峭、植被覆盖中等的邯郸西部山区以及下花园、蔚县、鹰手营子解译区;强度、极强度和剧烈侵蚀主要发生在基本无植被覆盖的边坡以及山区的沟谷内,这些地方多为坡度很大、无水土保持措施的陡峭山坡,受到雨水冲刷容易产生水土流失,所以土壤侵蚀程度严重。

通过对比各解译区的土壤侵蚀分布图与各因子图的关系,可以看出,对地势平坦的南部地区土壤侵蚀影响最大的两个因子是土壤保持措施因子 P 和植被覆盖状况。地表裸露无保护措施的地带土壤侵蚀较大。对北部山区地带土壤侵蚀影响最大的两个因子是坡长坡度因子 LS 和植被覆盖状况,一般情况下土壤侵蚀随着 LS 增加、植被的减少而增大;反之,当坡度减缓、植被增加时,土壤侵蚀量减少。其中,强度侵蚀、极强度侵蚀以及剧烈侵蚀多发生在坡度较大(通常在 30°以上)、人为活动干预严重的陡峭谷坡区域(如采矿造成的裸露边坡、地质灾害造成的滑坡区域),这些地方可以采取人工干预如护坡工程、复植复绿等措施来减少水土流失。

土壤侵蚀受气候、地形、土壤、植被、地质条件以及人为活动等影响,其中植被破坏作为加速土壤侵蚀的先导因子。由于矿区植被覆盖度以中低为主,加之人为活动如煤炭开采造成采空区、地貌沉陷、裂缝破坏原地貌,导致植被局部覆盖度降低,降水大量渗漏,地貌植被枯死,保水固土能力下降,导致水土流失增强。

矿区土壤以石灰性褐土为主,广泛分布于丘陵、垣、梁、峁部位,具有弱黏化、弱钙化和弱腐殖化特点,呈弱碱性反应,土层深厚,质地较粗,结构松散,易于耕作,但也存在水土流失严重、土壤肥力不足的缺点。由于矿区地貌类型为山区,降雨主要集中在雨季,短时大强度降雨易导致土壤大量流失,因此应注意水土保持。

3.2.5.5 矿山地质环境问题分析与评价

矿山地质环境问题分析与评价内容主要包括:① 对各调查区的土地压占破坏情况进行统计分析。② 对各调查区的土地资源破坏情况进行分析和评价。③ 土地资源可恢复分析。

(1)土地压占破坏统计

调查区煤矿大多采用地下开采的方式进行煤炭资源的开采,所以工业建筑占地面积不是很多,但是矿山开采的大量煤矸石、废石堆,除一部分用于采空区回填外,大部分矸石堆和废石堆构成了侵占土地资源的主体,占用与破坏了耕地、林地、草地等土地类型。其他采矿类的活动如采石场、铁矿也对土地造成了大量的破坏与占用。遥感调查主要详细解译与调查了调查区内煤矿对土地的破坏与占用面积及地貌类型,对涉及的其他采矿类的活动也做了相应的统计,并以其周围主要的土地类型为参考,结合历史影像判断定义其可以恢复成的土地类型,然后对可恢复的地类面积进行了统计汇总。各调查区煤矿活动占用和破坏土地面积数据如图 3-7、表 3-13 所示。

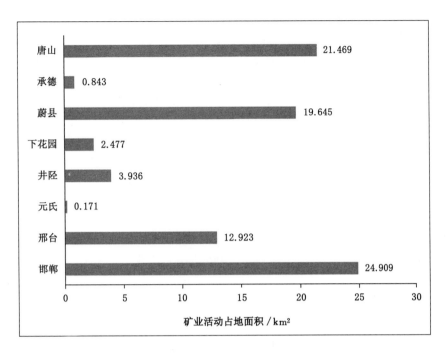

图 3-7　各调查区煤矿活动占用和破坏土地面积

表 3-13　各调查区矿业活动土地压占破坏统计

调查区名称	类型	占用面积/km²	破坏地貌面积/km²		
			平原	丘陵	山地
邯郸	煤矿、煤场、矸石山占地	24.909	20.885	3.944	0.080 1
	其他采矿活动占地	26.645	10.911	13.328	2.406
邢台	煤矿、煤场、矸石山占地	12.923	12.445	0.478	0
	其他采矿活动占地	33.904	19.860	14.040	0
元氏	煤矿、煤场、矸石山占地	0.171	0.171	0	0
井陉	煤矿、煤场、矸石山占地	3.937	3.743	0	0.194
	其他采矿活动占地	3.028	1.482	0	1.546
下花园	煤矿、煤场、矸石山占地	2.477	0.627	0	1.850
	其他采矿活动占地	9.275	0.914	0	8.361
蔚县	煤矿、煤场、矸石山占地	19.645	6.858	0	12.787
	其他采矿活动占地	3.272	1.029	0	2.243
承德	煤矿、煤场、矸石山占地	0.843	0	0	0.843
	其他采矿活动占地	3.027	0	0	3.027
唐山	煤矿、煤场、矸石山占地	21.469	21.325	0	0.144
	其他采矿活动占地	23.463	12.519	0	10.944

（2）土地资源破坏评价

按照《矿山地质环境调查评价规范》中的规定，根据破坏土地的类型、面积，将其划分为严重、较严重和较轻三级（表3-14）。

表 3-14 矿山土地压占与破坏影响程度分级表

严重	较严重	较轻
占用与破坏基本农田； 占用破坏耕地大于 2 hm²； 占用破坏林地或草地大于 4 hm²； 占用与破坏荒地或未开发利用地大于 20 hm²	占用破坏耕地小于或等于 2 hm²； 占用破坏林地或草地 2～4 hm²； 占用与破坏荒地或未开发利用地 10～20 hm²	占用破坏林地或草地小于或等于 2 hm²； 占用与破坏荒地或未开发利用土地小于或等于 10 hm²

土地资源破坏率按以下公式进行计算：

$$调查区总的土地资源破坏率(\%)=土地资源破坏面积/调查区总面积$$

$$(3-15)$$

$$调查区总的耕地资源破坏率(\%)=耕地破坏面积/调查区总面积 \quad (3-16)$$

$$调查区总的林草地资源破坏率(\%)=林草地破坏面积/调查区总面积 \quad (3-17)$$

综合收集到的历史影像比对，部分因建矿时间较早没有历史影像的区域以其现状及周围土地性质综合分析土地占用类型。

① 邯郸遥感调查区煤矿山活动共破坏耕地面积为 488.1 hm²，草地面积为367.8 hm²；其他矿山活动破坏耕地面积为 352.0 km²，草地面积为 1 011.9 hm²。根据矿山土地压占与破坏影响程度分级表，邯郸遥感调查区属于矿山活动土地压占与破坏严重地区。

邯郸遥感调查区所有矿山活动总的耕地破坏率为 1.54%，其中煤矿山活动总的耕地破坏率为 1.13%，其他矿山活动总的耕地破坏率为 0.41%。所有矿山活动总的林地草地破坏率为 4.37%，其中煤矿山活动总的林地草地破坏率为 1.67%，其他矿山活动总的林地草地破坏率为 2.70%。

② 邢台遥感调查区煤矿山活动共破坏耕地面积为 785.9 hm²，草地面积为203.1 hm²；其他矿山活动破坏耕地面积为 1 874.7 hm²，草地面积为 829.3 hm²。根据矿山土地压占与破坏影响程度分级表，邢台遥感调查区属于矿山活动土地压占与破坏严重地区。

邢台遥感调查区所有矿山活动总的耕地破坏率为 3.34%，其中煤矿山活动总的耕地破坏率为 0.99%，其他矿山活动总的耕地破坏率为 2.35%。所有矿山活动总的林地草地破坏率为 2.36%，其中煤矿山活动总的林地草地破坏率为 0.48%，其他矿山活动总的林地草地破坏率为 1.88%。

③ 元氏遥感调查区煤矿山活动共破坏耕地面积为 17.1 hm²，耕地破坏率为 0.66%。根据矿山土地压占与破坏影响程度分级表，元氏遥感调查区属于矿山活动土地压占与破坏严重地区。

④ 井陉遥感调查区煤矿山活动共破坏耕地面积为 204.7 hm²,草地面积为94.6 hm²,其他矿山活动破坏耕地面积为 17.0 hm²,草地面积为 191.7 hm²。根据矿山土地压占与破坏影响程度分级表,井陉遥感调查区属于矿山活动土地压占与破坏严重地区。

井陉遥感调查区所有矿山活动总的耕地破坏率为 2.24%,其中煤矿山活动总的耕地破坏率为 2.07%,其他矿山活动总的耕地破坏率为 0.17%。所有矿山活动总的林地草地破坏率为 3.56%,其中煤矿山活动总的林地草地破坏率为 1.53%,其他矿山活动总的林地草地破坏率为 2.03%。

⑤ 下花园遥感调查区煤矿山活动共破坏耕地面积为 9.3 hm²,草地面积为177.8 hm²;其他矿山活动破坏耕地面积为 11.0 hm²,草地面积为 492.9 hm²。根据矿山土地压占与破坏影响程度分级表,下花园遥感调查区属于矿山活动土地压占与破坏严重地区。

下花园遥感调查区所有矿山活动总的耕地破坏率为 0.07%,其中煤矿山活动总的耕地破坏率为 0.03%,其他矿山活动总的耕地破坏率为 0.04%。所有矿山活动总的林地草地破坏率为 4.13%,其中煤矿山活动总的林地草地破坏率为 0.83%,其他矿山活动总的林地草地破坏率为 3.30%。

⑥ 蔚县遥感调查区煤矿山活动共破坏耕地面积为 238.2 hm²,草地面积为 1 273.1 hm²;其他矿山活动破坏耕地面积为 78.3 hm²,草地面积为 504.6 hm²。根据矿山土地压占与破坏影响程度分级表,蔚县遥感调查区属于矿山活动土地压占与破坏严重地区。

蔚县遥感调查区所有矿山活动总的耕地破坏率为 0.72%,其中煤矿山活动总的耕地破坏率为 0.54%,其他矿山活动总的耕地破坏率为 0.18%。所有采矿活动总的林地草地破坏率为 4.42%,其中煤矿山活动总的林地草地破坏率为 3.21%,其他矿山活动总的林地草地破坏率为 1.21%。

⑦ 承德遥感调查区煤矿山活动共破坏耕地面积为 36.3 hm²,草地面积为 17.5 hm²;其他矿山活动破坏耕地面积为 14.3 hm²,草地面积为 15.9 hm²。根据矿山土地压占与破坏影响程度分级表,承德遥感调查区属于矿山活动土地压占与破坏严重地区。

承德遥感调查区所有矿山活动总的耕地破坏率为 0.44%,其中煤矿山活动总的耕地破坏率为 0.32%,其他矿山活动总的耕地破坏率为 0.12%。所有矿山活动总的林地草地破坏率为 0.29%,其中煤矿山活动总的林地草地破坏率为 0.15%,其他矿山活动总的林地草地破坏率为 0.14%。

⑧ 唐山遥感调查区煤矿山共破坏耕地面积为 1 126.4 hm²,草地面积为227.9 hm²;其他矿山活动破坏耕地面积为 767.9 hm²,草地面积为989.9 hm²。根据矿山土地压占与破坏影响程度分级表,唐山遥感调查区属于矿山活动土地压占与破坏严重地区。

唐山遥感调查区所有矿山活动总的耕地破坏率为 1.37%,其中煤矿山活动总的耕地破坏率为 0.80%,其他矿山活动总的耕地破坏率为 0.57%。所有矿山活动总的林地草地破坏率为 1.78%,其中煤矿山活动总的林地草地破坏率为 0.65%,其他矿山活动总的林地草地破坏率为 1.13%。

（3）土地资源可恢复分析

对调查区内矿山活动占用与破坏的土地，进行了可恢复土地类型分类。以占用与破坏的土地周围是什么类型的土地为标准，参考历史影像进行可恢复土地分析。各个调查区可恢复的土地类型与面积见表3-15。

表 3-15 各调查区可恢复地类面积统计表

调查区	类型	占用面积/km²	可恢复面积/km²					
			耕地	草地	建设用地	林地	空闲	滩涂
邯郸	煤矿、煤场、矸石山占地	24.909	9.690	7.975	0.933	6.310		
	其他采矿活动占地	26.645	3.520	10.119	0.005	13.000		
邢台	煤矿、煤场、矸石山占地	12.923	7.859	2.031	1.221	1.813		
	其他采矿活动占地	33.904	18.747	8.293	0.188	6.676		
元氏	煤矿、煤场、矸石山占地	0.171	0.171					
井陉	煤矿、煤场、矸石山占地	3.937	2.047	0.966	0.354	0.569		
	其他采矿活动占地	3.028	0.250	1.917	0.770	0.091		
蔚县	煤矿、煤场、矸石山占地	19.645	2.694	15.266	0.042	1.443	0.134	0.054
	其他采矿活动占地	3.272	0.471	2.511		0.286		
下花园	煤矿、煤场、矸石山占地	2.477	0.093	1.778	0.063	0.543		
	其他采矿活动占地	9.275	0.110	4.926	0.017	4.205		
承德	煤矿、煤场、矸石山占地	0.843	0.534	0.175	0.134			
	其他采矿活动占地	3.027	0.143	0.159		2.725		
唐山	煤矿、煤场、矸石山占地	21.469	11.264	2.279	1.198	6.729		
	其他采矿活动占地	23.463	7.679	9.893	0.159	5.732		

3.3 无人机航测地质环境问题调查——以章村矿为例

3.3.1 技术流程

无人机航空摄影测量采用基于GPS辅助空中三角测量的摄影测量方案，其技术流程主要包括外业和内业两大步骤，如图3-8所示。

3.3.1.1 数码航测外业

（1）航摄飞行

严格按照技术设计要求进行航摄飞行。为了保证GPS数据的质量，要求在航摄飞行中尽量保持飞机姿态的平稳，转弯半径要大，飞机倾斜角不得大于15°，以防止GPS信号失锁。

（2）像片控制点的布设

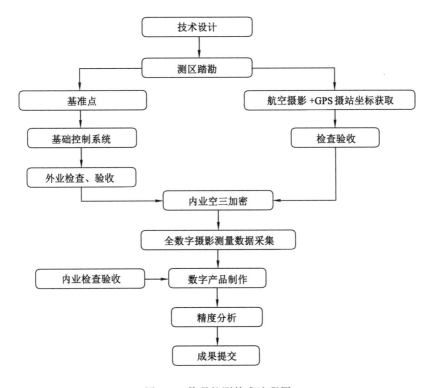

图 3-8　数码航测技术流程图

① 像片控制点布设的原则

野外控制点是航测内业加密控制点和测图的依据,实际航测时按平均分布布设,个别高差较大的区域采用局部加密处理。

像控点布设满足以下条件:

a. 航线首末端上下两控制点尽量位于通过像主点且垂直于方位线的直线上,困难时互相偏离不大于半条基线,并在空三作业区域中间布设检查点,检查点布设在高程精度和平面精度最弱处。

b. 像控点选刺在航向及旁向六片重叠范围内,使布设的控制点能尽量公用。

c. 像控点首先进行目标范围的大致圈定,外业实地踏勘后再优选目标位置标刺。在实地根据相关地物认真寻找影像同名地物点,经确认无误后,在像片上相应位置刺出点位。刺点误差和刺孔直径均不大于 0.1 mm。

d. 像控点尽量布设在旁向重叠的中线附近。

施工中均匀布设位于调查区范围内满足布设条件的像控点 376 个,用于像片几何纠正。

② 空三作业的区域网布设方案

根据实测要求和成图比例尺,外业采取区域网布设方案。区域网内没有像片重叠不合要求的航线和像对,并且不包括有大片云影、阴影等影响内业加密工作的像对。具体的区域网布设原则是:平高区域网航线数一般为 4 条,且每条航线的基线数应为

20 条左右。

区域网外业控制点的布点方案为：在区域网首端和末端垂直于航线方向上分别布设一排平高点，另外在区域网的中间部分再布设一排平高点作为检查点。章村调查区布置航线 54 条，平高控制点间基线 95 条，成图比例尺 1∶2 000。

③ 像片控制点的施测

a. 像片控制点施测的技术方案

像片控制点与外业控制点同步进行实测，像片平高控制点的高程采用 GPS 高程拟合方法测定。实地选点时既要选择影像清晰的明显地物点，如接近线状地物的交点，地物拐角点等实地辨认误差小于图上 0.1 mm 的地物点，也要顾及局部高程不能变化太大；不可在弧形地物及高程变化较大的斜坡处选刺像控点。

b. 像片控制点的精度要求

平面控制点和平高控制点相对邻近基本控制点的平面位置点位中误差不超过图上 0.1 mm。高程控制点和平高控制点相对邻近控制点的高程中误差不超过 0.1 m。各片块误差如表 3-16 所示。

表 3-16　像片控制点精度

块编号	中误差/m		
	X	Y	Z
1	0.034	0.023	0.034
2	0.017	0.188	0.050
3	0.063	0.035	0.087
4	0.016	0.018	0.047
5	0.020	0.017	0.041

3.3.1.2　数码航测内业

（1）影像数据处理

影像数据处理包括如下内容：

① 原始影像航摄漏洞检查。使用航摄漏洞检查软件对航摄飞行影像数据进行航摄空白区漏洞检查，并在测区及时决定是否进行航摄补拍。

② 单面阵影像畸变纠正处理。使用纠正软件对原始航摄影像进行处理，通过处理消除影像的畸变差和主点偏移量。

影像匀光匀色处理。对数字图像进行图像处理，消除成像条件（天气条件、光照条件、硬件条件等）对数字影像的各类影响。

③ 虚拟影像生成，主要包括纠正为水平影像、影像子像元相关、求解双影像相对姿态、虚拟影像生成等步骤。

（2）控制点

① 坐标系统。平面坐标系统采用国家 2000 大地坐标系,并采用高斯 3 度带投影方式;高程系统采用 1985 国家高程基准。

② 处理方案。数据处理工作分两个阶段进行:第一阶段的目的是进行野外观测数据检核,主要是检查观测数据质量和进行基线的初步解算;第二阶段的目的是处理出最终的结果,在所有外业观测完成后进行,主要内容是进行基线解算和网平差。

(3) GPS 辅助空中三角测量

空三解算软件采用 PIX4D 自动空中三角测量软件处理系统。通过该软件进行控制点加密解算,获取高精度的像对定向点;空三包括双拼虚拟影像区域网平差和单像机影像区域网平差,平差方法采用光束法区域网平差。

(4) 空三作业的相关精度要求

工作中相对定向标准点残余上下视差限差不超过 5 u,检查点残余上下视差限差不超过 8 u,匹配点分布均匀,且点数不少于 200 个,模型连接平面位置较差不大于 0.24 m (像方 0.03 mm),高程较差不大于 0.33 m(像方 0.166 mm)。

(5) 数字产品制作

数字产品制作采用 PIX4D 软件来进行数据处理,在建立工程后将无人机拍摄的影像照片导入工程当中,并导入野外像控点数据,刺点并加密控制点后,运用全自动处理模块生成 DOM 和 DEM。

3.3.2　地质灾害解译

3.3.2.1　地质灾害解译内容

示范区地质灾害解译基于高分辨率航摄影像,地面分辨率 5 cm。主要解译内容为地裂缝和塌陷坑。

3.3.2.2　地质灾害解译方法

运用高分辨率航摄影像采用目视法,基于解译标志在 ArcGIS 平台进行信息提取工作。

3.3.2.3　典型解译标志建立

地裂缝和塌陷坑解译特征如表 3-17 所示。

表 3-17　地裂缝和塌陷坑解译特征

解译目标	色调	影纹	形状	植被	人文自然景观
地裂缝	深浅不一的色调	线状或条带状	直线状陡坎或线状低凹地形	植被分布不均匀	常有陡坎,含水性及高程存在差异
塌陷坑	深色调间夹浅色调	指纹状或圆状斑纹	圆形或椭圆形碟状洼地	植被分布不均匀	分布于农用地中,杂草、灌木覆盖居多

根据影像特征结合野外认定,建立示范区塌陷坑和地裂缝的典型解译标志,影像特征

和野外验证照片如图 3-9 所示。

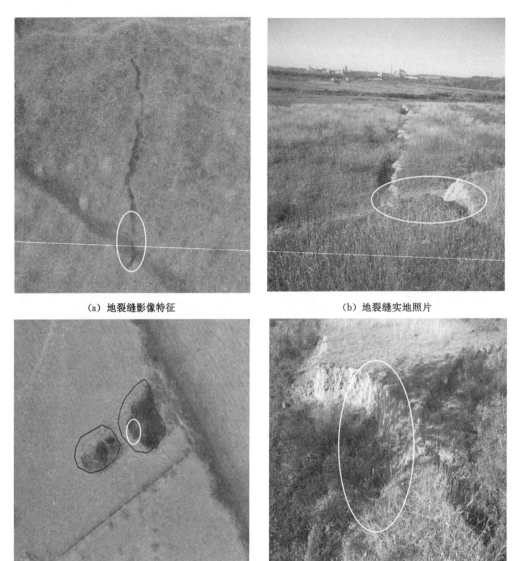

（a）地裂缝影像特征　　　　　　　　　（b）地裂缝实地照片

（c）塌陷坑影像特征　　　　　　　　　（d）塌陷坑实地照片

图 3-9　影像特征与野外验证照片

3.3.2.4　解译成果

根据解译标志并结合外业核实验证后，示范区共圈定地裂缝 37 条、塌陷坑 12 个。

3.3.3　地面沉陷解译

3.3.3.1　历史 DEM 制作

从以前的成果地形图上提取高程点制作的 DEM 数据是沉陷数据分析的基础底图。

章村矿 2007 年地形图测绘共完成了 E 级 GPS 控制点 21 个,控制面积 41 km²,1∶500 数字化地形测图面积为 1.135 km²,1∶2 000 数字化地形测绘面积为 25.62 km²。各图根 GPS 控制点点位误差最大值为纵向误差＋0.002 m、横向误差＋0.002 m、高程误差 ＋0.028 m,成果质量良好,可作为制作 DEM 的基础数据。从地形图上共提取高程点 38 543 个用于制作 DEM。首先根据高程点创建一个不规则三角网(TIN)数据集,然后再 通过 TIN 数据集转换为 DEM 高程数据。

3.3.3.2　历史 DEM 与航测 DEM 比较

(1) 叠加分析

运用 ArcGIS 栅格计算器,对配准后的 2007 年 DEM、2019 年 DEM 两期栅格高程数 据进行叠加求减分析,取 95% 的置信区间后获取 2007 年至 2019 年期间高程粗略变化 图,用于后期数据分析。叠加分析后的数据如附图 5 所示。

通过叠加后的高程粗略数据分析得知,从 2007 年至 2019 年期间地面高程值最大降 低为 2.8 m,下沉范围主要位于矿区南部及北部区域。其中靠近井田北部边界塌陷较浅, 塌陷深度基本处于 0.5 m 以内。矿区中部范围基本未发生塌陷。叠加比对发现数据存在 很多高程异常变化区域,如地面高程异常增高、局部地块高程异常下降、河流沟渠高程异 常等。经过分析,发现高程变化不仅受地下采煤的影响,还受到各种人为因素、自然因素 及原始资料准确度的影响,因此需对数据进行异常区域分析处理。

通过收集 2007 年的历史影像图与 2019 年航空影像图做比较,分析其高程异常产生 的原因,综合判断引起地面高程异常的主要因素,采取取值干预或剔除的方式修正分布结 果。方法如下:

① 对沉陷集中连片区域内人为地物导致的地表高程异常,如新增建设用地采用取值 干预的方法去除,取值选取人为地物旁临的 2019 年地表高程值填充。

② 对零散分布在未沉陷区内的异常值采用剔除的方式在沉陷分析时不予考虑。

③ 对沉陷集中连片区域内的高程异常区域采用取值干预的方法去除,选取均值填充 法去除高程异常。

(2) 地面沉陷分析

① 井下采煤工作面提取

从收集到的采掘工程平面图及观测孔设计平面图上提取,将收集到的 CAD 格式数 据转换为 Shapefile 格式,并在 ArcGIS 软件里进行数据修正和完善。

由于引起沉陷的原因很多,主要跟煤层赋存条件(顶底板岩性、埋藏深度、地质构造) 及回采时间相关,要识别是否是采煤导致的地面沉降还要考虑井下的工作面布置,结合提 取的井下工作面布置图叠加分析,运用 ArcGIS 圈定地面沉陷范围。

② 沉陷趋于稳定区域

2007 年至 2019 年期间,沉陷趋于稳定区域主要位于井田范围中部 4 井范围内,井 下一段、二段、三段下山的两翼采区,以及 3 井范围南部区域。回采时间为 1971 年至 2000 年之间,2007 年之后沉陷已趋于稳定,通过叠加分析后发现该区域比对年差期间基本无沉陷发生,零星碎图斑按异常区域剔除处理,参见附图5。

③ 沉陷区域

根据叠加分析数据结合两期影像数据比对,处理完高程异常值后,按集中连片划定原则划分沉陷片块,分析出2007年至2019年期间还在发生沉陷的区域,如附图6所示。

调查结果共划定发生沉陷区域8块,按由北到南、由西到东的方式进行顺序编号,方便统计分析各沉陷结果,如表3-18所示。

表3-18　各沉陷片块详细统计数据

块编号	矿井编号	回采时间	片块面积/hm²	最大沉降/m	平均沉降/m
1	3号井	1990年至2009年	297.29	1.85	1.08
2	3号井	/	67.60	1.94	0.89
3	4号井	/	82.55	1.88	0.91
4	4号井	/	126.40	1.98	0.76
5	4号井	2012年至2017年	129.55	1.85	1.09
6	4号井	2007年至2014年	99.23	1.87	1.16
7	4号井	1998年至2011年	223.29	1.90	1.05
8	4号井	2014年至2018年	264.55	1.84	0.72

根据收集的2013年沉陷区边界,结合新划定的2007年至2019年沉陷片块,重新圈定2019年沉陷区边界。2013年至2019年沉陷区域变化如附图7所示。

新增沉陷区域主要位于章村矿井田范围南部,及中部两翼。开采时间多为2013年之后,部分区域无工作面布置数据,原沉陷区面积为1 080.47 hm²,2013年至2019年期间新增沉陷区域面积为1 020.18 hm²。

3.4　地球物理勘探技术

通过《河北省建设京津冀生态环境支撑区规划(2016—2020年)》中提出并实施的"6643"化解过剩产能工程,河北省在2017年就压缩煤炭产能4 000万t。同时,因生态恢复、大气污染治理、清洁能源推广使用、压降煤炭消耗等政策的实施,很多煤矿被关闭,遗留了大量的采空区。

煤炭开采所形成的采空区,容易诱发地面塌陷、地裂缝、地震、崩塌、滑坡、泥石流等多种地质灾害,存在着严重的安全隐患。大型矿周边均分布有大量的小煤矿,其采掘形成的采空区以及可能存在的越界开采,很多都无明确的资料。采空区可能存在大量积水,既是可利用资源,也可能造成地下水污染。绝大部分关闭煤矿仍然存在煤炭、煤层气资源,其赋存状况和数量是资源再利用的基础。因此,探明采空区的分布、剩余地下资源、赋水状况等,为后续的恢复、治理提供可靠数据,是关闭煤矿地质环境问题调查的重要组成部分。

3.4.1　关闭煤矿及采空区的类型及物探探测技术的选择

3.4.1.1　采空区成因及基本特征

煤炭被开采后形成采空区,随着采空区面积不断加大,煤层的顶板(覆岩)失去支撑,顶板岩层随之发生弯曲、断裂、垮落,产生倾斜变形和水平移动。垮落过程中引发采空区周围的岩体随之弯曲下沉,覆岩的这种弯曲到达地表后,形成地表沉陷(图 3-10),对地面附着物形成不同程度的破坏。采空区造成的塌陷程度与采煤工艺、煤层厚度、覆岩岩性及煤层埋深等因素有关。

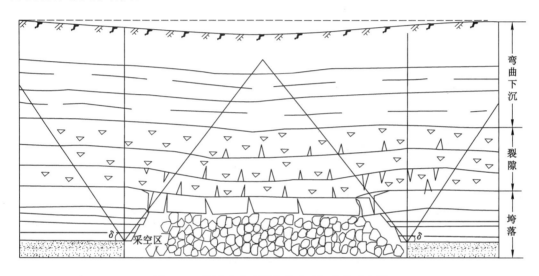

图 3-10　煤层采动后覆岩移动破坏分带示意图

（1）垮落带

垮落带是指由采空区上覆岩体在自重的作用下破碎、垮落、堆积而成的区段,其范围主要由顶板岩层碎胀性、采矿方法与矿层厚度所决定。对于水平矿层一般为采厚的 2~4 倍。垮落带的形成往往是多次的,第一次垮落充满采空区的松散岩块在其自重和上覆岩层的垂直位移所产生的压力作用下逐渐被压实,又形成一定的自由空间,随着上覆岩层进一步变形引起第二次垮落,如此多次反复后才终止垮落。当开采深度不大时,垮落带可直达地表,这种情况下,地表移动变形是不连续的。

（2）裂隙带

裂隙带又叫裂缝带或破裂弯曲带,是指位于垮落带之上,但连续性未受破坏的那一部分岩层。裂隙带岩体由于受到较大的横向拉力,弯曲变形较大,故常常出现明显的裂隙以至断裂,使岩体结构类型发生改变,降低了岩体的强度。它主要由岩层的相对滑移而生成,其厚度大体与垮落带相当,与垮落带并无明显分界线。裂隙带的裂隙主要有两种:一种是垂直或斜交于岩层的新生张裂隙,主要是岩层向下弯曲受拉而产生,它可部分或全部穿过岩石分层,但其两侧岩体基本无相对位移而保持层状连续性;另一种是沿层面的离层裂隙,主要是因岩层间力学性质差异较大时,岩层向下弯曲移动不同步所致。离层裂隙要占据一定空间,致使上部覆岩和地表下沉量减少。

(3)弯曲带

弯曲带又叫整体移动带,是指裂隙带顶界到地表的那部分岩层。随着距离采空区的间距增加,上覆岩层的破坏程度减弱,且裂缝逐渐消失,岩体将发生大范围移动和变形,但仍保持岩体原始结构而不破坏,其移动与变形连续、平稳而有规律。其变形主要是在自重应力作用下产生的弯曲变形,故称为弯曲带。这个带位于裂隙带上部,当开采深度较大时,其高度将大大超过下伏裂隙带和垮落带高度之和,在这种情况下,裂隙带达不到地表,故地表变形较轻微,此时只有用精密测量仪器才能观测到地表变形。当开采深度较小时,裂隙带甚至垮落带可直达地表,此时没有弯曲带,而且地表移动变形是不连续的。

3.4.1.2 不同类型采掘方式采空区特征

采煤方法总体分为壁式和柱式采煤法两类。大型矿井与小煤窑依据其自身的经济和技术条件采用不同的采掘方式,其形成的采空区特征也不同。

目前大型矿井采用壁式采煤法,煤壁长且工作面两侧有进风回风运料巷道,采煤工作面一般采用综合机械化采煤工艺,工作面宽度在80~250 m,回采率高。煤层采出后形成的采空塌陷区多为连片、大面积沉降区,多数造成地面沉降积水。

小煤矿大部分采用房柱式采煤法,即煤壁呈方柱型,沿巷道每隔一定距离开采煤房,在煤房之间保留煤柱以支撑顶板的采煤方法。开采过程中为了确保安全生产留有大量煤柱,对较厚的煤层只采挖一部分,有的沿顶板采挖上半部分,有的沿底板采挖下半部分,大多不放顶任其自然坍塌,回采率相当低。煤柱回收或经历一定时期的风化后垮落,就会导致地面塌陷,地面局部形成塌陷坑或沉降。

3.4.1.3 采空区物探探测技术的选择

根据国内外相关资料,探测小窑采空区的方法众多,但因地质条件的差异性和探测方法自身的局限性,采空区探测仍是一个难题。目前老窑采空区探查主要采用钻探和地球物理探测技术,辅以其他手段。钻探方法比较直观,但往往需要布置密集的钻孔,投入很大的工作量,因小矿井开采的无规律性,单一采用钻探很难准确探查采空区的范围,且效率低、经济投入大。地球物理方法以其快速、相对成本低、面积测量的优势得到了广泛的应用。因此,如果采用物探手段进行探测,在此基础上再适当布置少量的钻孔验证,会收到事半功倍的效果。

由于采空区与其周围介质的不同物性差异,目前国内外对煤矿采空区探测的地球物理方法主要有三维地震勘探技术、高密度电法技术、瞬变电磁感应技术、探地雷达探测技术、测氢法等。但是单一的地球物理探测方法所得结果的多解性其本身的技术局限性,造成其对采空区的探测精度和可靠性不高。上述几种探测方法的特点如下:

(1)瞬变电磁法探测采空区的分布范围精度偏低,但用于探测采空区是否含水具有较好的效果。

(2)地震方法可以探测较深的目标体,探测分辨率高,但是成本较大,而且对于采空区是否含水等问题无法解决。

（3）探地雷达对埋深非常浅的目标体具有非常高的分辨率,但是探测深度有限,理论上仅能探测 50 m 以浅的目标体。

（4）高密度电法对 100 m 以浅的目标体分辨率较高,探测深度仅限于 200 m 以内。

（5）测氡法具有方便灵活、简单直观、异常明显等特点,所以在采空区及塌陷区探测中被广泛使用,目前探测深度限于 300 m 以浅。

尽管采用地球物理探测技术调查采空区已成为一种趋势,但要考虑各种方法的局限性,充分发挥各种物探技术的优点,尽量减少多解性以提高解释的可靠性与准确性。

3.4.2　瞬变电磁技术

瞬变电磁是一种电法勘探技术,利用不接地回线或接地电极向地下发送脉冲式一次电磁场,用线圈或接地电极观测由该脉冲电磁场感应的地下涡流产生的二次电磁场的空间和时间分布,从而来获取与地下岩层电阻率分布情况相关的电磁数据,为解决有关地质问题奠定基础。瞬变电磁探测采空区工作主要包含数据采集、资料处理及解释工作等内容。

3.4.2.1　瞬变电磁法勘探数据采集

（1）研究区地层电性、地表施工条件

理论上讲,干燥的岩石、石油和空气的电阻率为无穷大,但岩石由于孔隙、裂隙含水的缘故,其电阻率随着岩石的湿度或饱和度的增加而急剧下降。岩层由于断层、采煤等造成岩石破碎且富含水的情况下,其电阻率远小于不含水围岩的电阻率,依据这一物理特征并结合已知揭露情况评价断层、圈定采空区和含水层赋水性等。

研究区内煤系地层石炭、二叠系砂泥岩地层平均电阻率约为 45 Ω·m,煤系基底奥陶系灰岩地层平均电阻率大于 150 Ω·m,二者电阻率差异明显;由于巷道、采空区局部充水,与围岩相比有明显的电阻率特征,调查区的深层电性条件较好。但本调查区位于城郊,工矿业相对发达、地面电网密集,尤其是北部还有变电站等电力设施,不利于瞬变电磁法勘探工作的开展。

（2）瞬变电磁法的原理

瞬变电磁法的激励场源主要有两种,一种是载流线圈或回线,另一种是接地电极。目前,使用较多的是回线场源。发射的电流脉冲波主要有矩形波、三角波和半正弦波等,不同波形有不同的频谱,激发的二次场频谱也不相同。

多数仪器使用回线场源阶跃脉冲（相当于矩形脉冲后沿）激发的瞬变电磁场进行测量。在导电率为 σ、导磁率为 μ_0 的均匀各向同性大地表面敷设面积为 S 的矩形发射回线,在回线中供以阶跃脉冲电流:

$$I(t) = \begin{cases} I & t < 0 \\ 0 & t \geqslant 0 \end{cases} \tag{3-18}$$

在电流断开前,发射电流在回线周围的大地和空间中建立起一个稳定的磁场,如图 3-11 所示。

在 $t=0$ 时刻,将电流突然断开,由该电流产生的磁场也立即消失。一次场的这一剧烈变化通过空气和地下导电介质传至回线周围的大地中,并在大地中激发出感应电流以

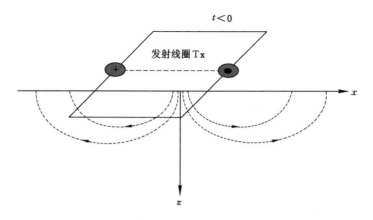

图 3-11 矩形回线中输入阶跃电流产生的磁力线示意图

维持发射电流断开之前存在的磁场,使空间的磁场不会立即消失。由于介质的欧姆损耗,这一感应电流将迅速衰减,由它产生的磁场也随之迅速衰减,这种迅速衰减的磁场又在其周围的地下介质中感应出新的强度更弱的涡流。这一过程继续下去,直至大地的欧姆损耗将磁场能量消耗完毕为止。这便是大地中的瞬变电磁过程,伴随这一过程存在的电磁场便是大地的瞬变电磁场。

任一时刻地下涡流电场在地表产生的磁场可以等效为一个水平环状线电流的磁场。在发射电流刚关断时,该环状线电流挨近发射回线,与发射回线具有相同的形状。随着时间的推移,该电流环向下、向外扩散,并逐渐变形为圆电流环。图 3-12 给出了发射电流切断后三个不同时刻地下等效电流环的示意分布。从图中可以看出,等效电流环很像从发射回线中"吹"出来的一系列"烟圈",因此,人们将地下涡旋电流向下、向外扩散的过程形象地称为"烟圈效应"。"烟圈"的半径 r、深度 d 的表达式分别为:

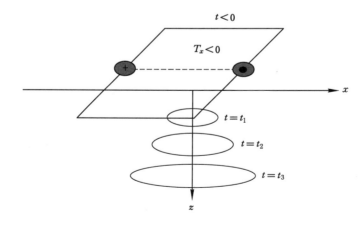

图 3-12 半空间的等效涡流环示意图

$$r = \sqrt{8c_2 t / (\sigma\mu_0) + a^2} \tag{3-19}$$

$$d = 4\sqrt{t / \pi\sigma\mu_0} \tag{3-20}$$

式中，a 为发射线圈半径；$c_2 = \dfrac{8}{\pi} - 2 = 0.546\ 479$；$\mu_0$ 为空气中的导磁率；σ 为地层的导电率。当发射线圈半径相对于"烟圈"半径很小时，可得：$\tan\theta = \dfrac{d}{r} \approx 1.07$，$\theta = 47°$，故"烟圈"将 $47°$ 倾斜锥面扩散，其向下传播速度为：

$$v = \frac{\partial d}{\partial t} = \frac{2}{\sqrt{\pi\sigma\mu_0 t}} \tag{3-21}$$

由式（3-21）可以看出，地下感应涡流向下、向外扩散的速度与大地导电率有关，导电性越好，扩散速度越慢，这意味着在导电性较好的大地上，能在更长的延时后观测到大地瞬变电磁场。

从"烟圈效应"的观点看，早期瞬变电磁场是由近地表的感应电流产生的，反映浅部的电性分布；晚期瞬变电磁场主要是由深部的感应电流产生的，反映深部的电性分布。因此，观测和研究大地瞬变电磁场随时间的变化规律，可以探测大地电性的垂向变化，这便是瞬变电磁测深的原理。

从傅立叶变换理论可知，一个脉冲电磁波可视为许多不同频率的谐变电磁波的组合，而一个脉冲电磁场感应产生的二次时变电磁场便是由许多不同频率的谐变电磁场感应产生的二次谐变电磁场的组合。由此可见，瞬变电磁与观测谐变电磁场的频率域电磁法同属于研究二次涡流场的方法，二者有许多共同点，两种方法的物性基础都是电阻率的差异，物理原理都是电磁感应定律，可以使用多种同样的装置类型。但与频率域电磁法相比，瞬变电磁可以在没有一次场背景的情况下观测纯二次场异常，因此，可以使用同点装置，从而使体积效应、旁侧影响大大减小，而分辨率大大增强。瞬变电磁没有频率域电磁法中的主要噪声源-装置耦合噪声，一次场不稳、地形起伏、收发点位误差等影响都大为减小。

由于该方法是纯二次场测量，故与直流瞬变电磁勘探相比，具有对低阻地质体反应灵敏、纵横向分辨率高、勘探深度大、不受地表高阻覆盖层影响、工作效率高等优势。

瞬变电磁法的工作方法多种多样，调查中依据目的任务选用地面瞬变电磁法的大定源内回线装置。

（3）瞬变电磁工作方法及工作量

瞬变电磁测线布置垂直于地层或构造走向，调查区测线方向与地震线束方向一致，按 $20\ \mathrm{m} \times 20\ \mathrm{m}$、$20\ \mathrm{m} \times 40\ \mathrm{m}$ 等不同网度网格布设。

采集参数以加拿大 PHOENIX 公司生产的 V8 多功能电法仪为例，一般如下：

① 发送线框边长选用 $480\ \mathrm{m} \times 480\ \mathrm{m}$ 和 $600\ \mathrm{m} \times 600\ \mathrm{m}$ 两种。

② 发射频率单频 $5\ \mathrm{Hz}$。

③ 发射电流大于 $10\ \mathrm{A}$。

④ 固定增益选用 2^2。

3.4.2.2 瞬变电磁法勘探数据处理与解释

（1）瞬变电磁数据的处理

瞬变电磁法野外采集的原始数据是各测点各个时窗（测道）的瞬变感应电压，在检验合格的基础上需要将原始数据换算成视电阻率、视深度等参数才能对数据进行解释。视电阻率（ρ）的计算公式为：

$$\rho_t = \frac{\mu_0}{4\pi t}\left(\frac{2\mu_0 \ mq}{5tV(t)}\right)^{2/3} \tag{3-22}$$

式中，t 为时窗时间；m 为发射磁矩；q 为接收线圈的有效面积；$V(t)$ 是感应电压；μ_0 为空气中的导磁率。

视纵向电导（S_τ）计算公式为：

$$S_\tau = \frac{16\pi^{1/3}}{(3Aq)^{1/3}\mu_0^{4/3}} \ \frac{(V(t)/I)^{5/3}}{\left(\mathrm{d}\left(\frac{V(t)}{I}\right)\Big/\mathrm{d}t\right)^{4/3}} \tag{3-23}$$

视深度（h_τ）的计算公式为：

$$h_\tau = \left(\frac{3Aq}{16\pi(V(t)/I)S_\tau}\right)^{1/4} - \frac{t}{\mu_0 S_\tau} \tag{3-24}$$

式中，$V(t)/I$ 是归一化感应电压；A 为发射回线面积；$\mathrm{d}(V(t)/I)/\mathrm{d}t$ 是归一化感应电压对时间的导数。

上述视电阻率、视深度是处理应得到的基本参数，根据资料的实际情况进行滤波、一维反演等处理，直至获得合适的解释数据。其具体数据处理步骤主要分为以下三步（图 3-13）。

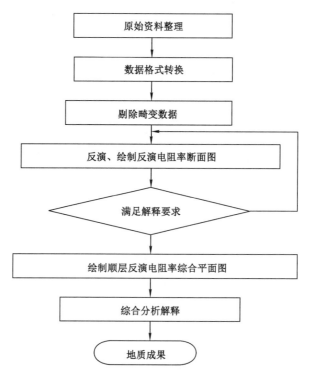

图 3-13　瞬变资料处理流程

① 滤波：由于测区内存在较大的干扰噪声，故在数据处理前首先要对采集到的数据进行滤波，消除噪声，对数据进行去伪存真。

② 时深转换：瞬变电磁仪器野外观测到的是二次场电位随时间变化的数据，为便于对数据的认识，需要将这些数据变换成反演电阻率随深度的变化。

③ 绘制各种图件：首先从全区采集的数据中选出每条测线的数据，绘制各测线反演电阻率剖面图，即沿每条测线电性随深度的变化情况；然后是平面图的绘制，由各目的层的深度对应测点处的反演电阻率参数值绘制而成。具体做法是：各断面图的数据构成了一个三维数据体，在该数据体中可以根据三维地震提供的各目的层深度，通过插值提取出各层位对应深度的反演电阻率数据，进而可以绘制出各层位的反演电阻率分布图，结合现有的地质和三维地震资料，对反演电阻率分布进行地质解释，就生成了所需要的各层位富水性分布图。

（2）瞬变电磁数据的解释

瞬变电磁资料的解释和处理工作往往是同时进行的，它们之间存在一种从实践到认识的提高过程。它的数据解释是建立在数据处理后的反演电阻率断面图、反演电阻率平面等值线图和反演电阻率顺层切片图的基础上的。为提高解释的客观及准确性，在初步解释之后调整处理中的相关参数进行反复处理，直到满足解释要求。

解释过程中，先在已知钻孔附近进行孔旁测深和视电阻率反演，将地质成果与电阻率反演成果有机结合，可以得到测井曲线与测点（反演电阻率～深度）曲线对比图。通过孔旁视电阻率反演计算将数据转化为地质体内部物理状态变化的数据，来推测地质体内部介质的变化情况。

瞬变电磁资料的解释，主要是通过分析研究采空区的电阻率特征，实现对调查区内分布的采空区的圈定。从测井资料可知泥岩的电阻率较低，砂岩较高，它们都低于煤层电阻率，煤层和充气采空区或巷道与其周围介质相比是高阻物性反映，在此物性条件下，探查煤矿采空区可用查找高阻异常区来间接实现；而煤矿采空区在充水条件下，显示明显的低阻异常反映，对其探测应以寻找低阻异常为目的。在此值得一提的是，瞬变电磁法的主要优势是寻找低阻异常区，而对于高阻异常敏感性较差，在较好的地层电性条件下也可以获得较好的效果。

瞬变电磁勘探所获取的反演电阻率剖面图，揭示了地下不同地层的电阻率特征，通过圈定低阻或高阻异常区，并结合已知资料可对这些阻值异常区进行定性的解释。对于采空区来说，其电性反映与采空区的大小、含水量有很大的关系，因此采空区的电阻率会出现多种不同情况。第一种情况是当采空空间较大且满足分辨条件（体积效应）并完全充满水时，在电性反映上是低阻，应该以查找低阻异常来圈定采空区。第二种情况是当采空空间较大且满足分辨条件（体积效应）并完全充气的情况下，在电性反映上是高阻，应该以查找高阻异常来圈定采空区。第三种情况是当采空区较小不满足分辨条件时，其电性上的反映是跟周围地层电性反映相符的，是无法识别的。所以瞬变电磁资料解释采空区需要充分了解地质、采掘等已知资料，才能提高解释成果的可靠性。

3.4.3 地震技术

地震勘探技术在油气、煤田勘探开发中起着重要的作用。地震勘探包括地震资料采集、处理和解释三大部分。从地震勘探原理可知,地震波在传播过程中遇到存在波阻抗差异的地层界面时就会发生反射,依据工区目的层的埋深、地质任务等因素设计合理的观测系统,进行野外数据采集工作。地震数据的处理就是对野外采集的数据资料进行处理(主要包含地震反褶积、叠加和偏移成像技术),以提高反射波数据的信噪比、分辨率和保真度,便于获取能够真实反映地下储层结构及构造的地震时间剖面。地震资料解释就是结合已知资料确定地震反射波数据的地质意义。

由上可知,煤层被全部或部分采出后会形成地下空洞,空洞中充满空气或者积水,而煤层的顶板岩层受应力变化向下弯曲变形,因此,其与围岩之间波阻抗差异明显,采空区在时间剖面上表现为同相轴终止、缺失、杂乱无序、延时弯曲以及采空充水后频率变低等现象,特征明显。依据采空区域在地震时间剖面中的上述特征,对采空区作出地质解释。

3.4.3.1 地震数据采集

三维地震勘探可用于探测煤矿采区内可采煤层的赋存形态、断层发育情况、采空区的分布情况。该方法是利用炮点网格激发,检波点网格接收,从而获得地下一定范围内均匀分布的达到一定叠加次数的数据体,实现控制地下构造形态的勘探方法。

依据探测目的和任务,通过分析勘探区内地震地质条件(表、浅层地震地质条件和深层地震地质条件),选定适合的三维地震观测系统。

三维地震勘探要求地下 CDP 点均匀分布,且具有较高的信噪比和分辨率,因此,纵、横向应满足一定的叠加次数。

(1) CDP 网格的确定

CDP 网格的选择主要由地质任务、地震地质条件和经济效益等因素决定。为防止出现空间假频,必须满足下列公式:

$$\Delta X \leqslant v_R/(2f_{max} \cdot \sin\theta_x), \Delta Y \leqslant v_R/(2f_{max} \cdot \sin\theta_y), dX \leqslant \Delta X/2, dY \leqslant \Delta Y/2$$

$$(3-25)$$

式中,dX、dY 为纵、横向样点间隔;ΔX、ΔY 为纵、横向接收点间距;v_R 为均方根速度;f_{max} 为有效波最高频率;θ_x、θ_y 为纵、横方向上地震波入射到地面的角度,可用地层倾角 φ_x、φ_y 代替。

(2) 叠加次数

三维的叠加次数由下式确定:

$$N = N_x \cdot N_y \qquad (3-26)$$

式中,N_x 为纵向叠加次数;N_y 为横向叠加次数。

考虑到压制干扰,提高信噪比,且纵、横向叠加次数大致相当的原则,确定 N_x、N_y。

(3) 炮检距

三维地震勘探中,沿接收线方向的炮检距称纵向炮检距 X,沿垂直接收线方向的炮

检距称横向炮检距 Y，最大非纵炮检距为：

$$X_{\max} = \sqrt{X^2 + Y^2} \tag{3-27}$$

最大非纵炮检距 $X_{\max}$ 的选择原则为：① 考虑求取速度的精度，$X_{\max}$ 越大越好。② 考虑压制多次波的效果，$X_{\max}$ 越大越好。③ 考虑动校正拉伸畸变对高频信号的影响及反射系数的变化，$X_{\max}$ 越小越好。④ $X_{\max}$ 一般不大于目的层埋深。

3.4.3.2　地震数据处理

数据处理结合地质任务，针对性地制定处理流程并选择合适的处理参数，做好每一个处理环节的质量监控，确保处理成果的质量，主要注意以下几个问题：

（1）做好折射静校正，选取合理的基准面和充填速度。

（2）注重叠前单炮记录净化，在反褶积处理之前尽量将面波、声波等各种干扰波滤除干净。

（3）为有效提高地震资料的分辨率，应选择适合的反褶积方法来归一化地震子波，改善不同记录道之间波形特征不一致、能量差异过大的现象，保持振幅的同时提高资料分辨率。

（4）处理过程中充分利用各种资料做好速度分析工作，确保最终剖面上波组特征明显、地质现象清楚、断层断点归位合理、断面清晰。

资料处理主要流程包括三维数据空间属性定义、静校正、振幅处理、干扰波消除、地表一致性处理、精确速度分析与多次迭代求取剩余静校正量、叠后去噪、偏移成像、叠前时间偏移。

3.4.3.3　地震数据解释

资料解释是将地震数据转换成地质成果的过程，是地震勘探最重要的环节之一。三维地震资料解释是在经过计算机处理后而得到的三维数据体上进行的，它包含了该区丰富的地质信息，要求解释人员除具有丰富的物探知识、地质知识和解释经验，还需把物探资料和已知地质资料有机结合，使得三维地震勘探资料解释成果符合该区的地质规律。

资料解释前应对区内的钻孔柱状、煤层底板形态及断层展布规律进行认真分析，对勘探区的地质规律有一个全面的了解，为资料解释起到应有的指导作用。

解释过程主要包括以下几个过程。

（1）反射波的地质层位标定

利用已知钻孔测井曲线制作人工合成记录，对反射波与地质层位的关系进行标定。

（2）人机联作解释

以人工对比解释为基础，利用工作站的自动追踪拾取功能，由粗网格 40 m×40 m 到细网格 20 m×20 m，局部加密至 5 m×5 m 解释。利用三维数据体可任意切取剖面（纵向剖面、横向剖面、水平切片、联井剖面及任意方向剖面）的特点，各种资料综合利用，由粗到细，使解释逐步深化，详细确定煤层赋存形态、断层延展、采空区的分布等。

（3）地震属性技术应用

三维地震数据体反映了地下一个规则网格的反射情况,包含丰富的地质信息。当煤层中存在构造或采空区时会使得密度、速度、弹性参量等产生差异,这些差异致使地震波的传播时间、振幅、相位、频率发生异常现象。地震属性分析正是针对三维数据体中所隐藏的这些地质异常导致的地震信息异常,从不同角度分析各种地震信息在空间、时间、频率域的变化,以此来获取不同的属性图件,为地质解释直接服务,提高地震资料构造、采空区解释等方面的能力。

(4)利用三维可视化技术检查解释成果的可靠性

① 利用三维数据可视化显示检查解释层位的闭合情况

利用 GeoViz 软件的可视化显示功能,可以任意方向切割、以任意颜色显示所需要的时间剖面。可直观地查看解释层位面的起伏形态、断层的展布方向,了解解释层位的闭合情况,对解释有问题的块段方便查找与修改。

② 利用水平切片检查断层的组合、展布及采空区的范围

水平切片上同相轴的强弱反映了反射波的强度,其宽度与地层的倾角有关,也与视频率的高低有关。当有断层存在时,水平切片上同相轴被错开,其错开的大小与断距及倾角大小有关。水平切片对断层有较高的分辨率,因此,可充分利用它来识别断层,并对断层解释的合理性及其延展情况进行检查。当有采空区存在时同相轴杂乱无序,可以用来检查采空区分布范围。

解释工作结束后,制作相关平面及剖面图件。

3.4.4 测氡法

3.4.4.1 测氡法数据采集

(1)氡的基本特征

自然界存在三大天然放射性系列,即铀-镭系(^{238}U)、钍系(^{232}Th)和锕-铀系(^{235}U)。这些元素的半衰期均很长($7.04 \times 10^8 \sim 1.4 \times 10^{10}$ 年),所以它们均赋存在目前的岩石中。

放射性核素放出射线,同时变成另一种核素的现象叫作衰变。通常,把原来的核素称为母体,新产生的核素称为子体。子体核素还会衰变,一直持续到衰变的产物不再具有放射性为止。

从其衰变过程中可以看出:氡既是铀系的子体,又是唯一呈气态的惰性气体,也是人们感兴趣的子体,因为它可以由地下深部迁移至地表,并可显示出地层深部各种变化的信息。

氡(^{222}Rn)具有以下特性:

① 氡的原子序数为86,位于周期表中第 6 周期零族元素的最后一个元素,是气体中最重的元素之一。氡是镭放射性衰变的中间产物,其本身辐射出 α 射线,它所衰变的子体为重金属^{84}Po、^{82}Pb、^{83}Bi 等核素,它们多是放射性的,且多是 α 衰变体。

② 氡是一种无色、无味、无臭的放射性惰性气体。其密度为 9.73 g/L,是目前已知的最重的气体。当温度为 −65 ℃ 时,由气体变为液体;在 −71 ℃ 时,又由液体变为固体。

在 0 ℃和 760 mm 汞柱下,气态氡的密度等于 9.727×10^{-3} g/cm³,液态氡的密度为 5.7 g/cm³,比空气重得多。

③ 氡是一种惰性气体,一般不参加化学反应,能溶于水、油等液体中,在液体中的溶解度随液体温度的升高而下降。

④ 氡能被固体物质所吸附。所有固体物质都不同程度地吸附氡,其中尤以活性炭、煤、橡胶、蜡最为突出,其吸附能力随温度的增加而减弱。

⑤ 氡具有衰变性。氡是由镭衰变而来,又继续衰变并产生系列子体。

⑥ 氡气的运移理论。密度大于空气的氡气可由地下深部迁移到地表附近,这为了解地下深部的地质信息提供了新的途径。自 20 世纪 80 年代以来,人们在研究中发现氡的向上运移能力比用扩散理论预计的要强,而且明显大于向下运移能力。显然这与传统的氡气运移理论相违背,说明扩散理论不可能是氡运移的主要机制。贾文懿等(1999)通过实验研究,提出氡及其子体和母体在衰变过程中释放出来的 α 粒子减速后形成大量带有两个正电的 He 核,可将氡 ^{86}Rn 及其子体极化,并在电场力和范德瓦尔斯力的作用下,与氡及其子体相互作用形成"团簇"。当"团簇"结合的 He 核达到一定数量时,氡就将随之向上运移,形成明显的向上运移气流。"团簇运移理论"给出了在理想条件下,即不存在对流、渗流、温差、压力等作用的条件下,氡及其子体借助其自身固有的因素向上运移的真正原因(图 3-14)。

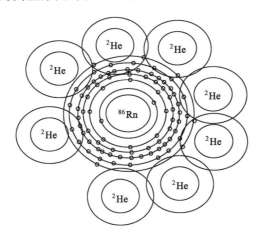

图 3-14　^{4}He 核和 Rn 形成"团簇"示意图(贾文懿 等,1999)

(2)测氡法应用地球物理基础

不同的岩石含有不同的放射性元素,放射性元素在衰变时,有个重要的产物就是氡气。在裂隙、构造发育的地区,岩石破碎、断裂密布及岩石坍塌等地段,为氡的释放和运移提供了良好的条件,易于形成放射性异常。测量氡及其子体,能为研究采空区、构造、断裂带等工作提供重要的信息。

煤层开采破坏了岩体原有的天然应力状态,引起应力重新分布,在采空区周边易形成局部应力集中区,煤层顶板及其采空区四周岩体被破坏、垮落,使上部岩层出现裂隙。这必然会改变地下气体的运移与集聚环境,对氡气的运移与富集具有一定的控制作用,主要表现为两个方面:

① 地下采空造成的地面变形区内由于裂隙的存在,为氡气储存与向上运移提供了条件,可在地表形成氡异常区。

② 当采空区上部含水层受到塌陷与裂缝的影响时,由于地下水的漏失(包括抽排等),地面变形区内裂隙将会更加发育,从而可在地表形成明显的氡异常区。

总之,采空区的存在会在地表形成氡异常,通过地面氡气测量就可以确定煤矿地下采空区的位置与范围。这是活性炭测氡法完成地质任务的地球物理基础。

(3) 工作原理

活性炭测氡法测量过程不受电磁场及地形的影响,对环境适应性很强;采用长时间累积法吸附氡,以便提高观测的灵敏度,消除环境因素影响,工作方便,易于重复观测。活性炭吸附测氡原理为:活性炭为非极性吸附剂,氡为非极性单原子分子。当这两种物质的分子相互接近时,由于电力转动和核振动,发生电子和核之间的相对位移而产生瞬时偶极。这种情况的不断重复使分子之间始终存在色散力,活性炭对氡的吸附正是色散力起主要作用。当氡运移到活性炭表面时,很快被吸附,造成其周围的氡浓度降低。在浓度差作用下,高浓度处的氡不断向活性炭运移,直至它吸附的氡量达最大值,并与周围的氡浓度达到平衡。以下是几种地质现象引起的氡异常特征。

① 陷落柱引起氡异常

因柱体内岩石的破碎程度较大,且裂隙发育,碎粒间的连通性较柱外正常地层好,这有利于氡气的释放与向上运移,因此可形成柱体内外的氡气浓度差异。

岩溶陷落柱大都为上小下大的形状,如同一个大“集气杯”,加上柱体内与柱体外存在着压差及氡气自身所具有的向上运移能力,无疑可在柱体内外顶部的地表附近形成较高的氡气浓度差异。当柱体充水时无疑增大了柱体及其附近岩石的风氧化程度,这将增大岩石氡的射气系数。上述无论是对干燥的柱体还是充水的柱体,其体内外均可产生氡气浓度差异,这便为在地表面采用氡气测量提供了物理前提。根据氡异常的峰值状态便可确定陷落柱的位置和范围(唐岱茂 等,1999)。

不同类型的岩溶陷落柱,在地表产生的氡异常是不同的。开放型陷落柱由于已塌陷至基岩顶部,柱体内地层杂乱无章及通道不均匀使氡异常呈多峰状。封闭型陷落柱由于柱体未塌陷至基岩顶部,形成幅值较高的单峰异常,极大值基本对应主体的中部。在平面上,二者均表现为近圆形的面积异常。

② 断层引起氡异常

煤矿中遇到的断层裂隙带中常常充填有黏土、淤泥、有机物等高吸附物质,而铀又具有很强的亲岩性、亲水性和亲氡性,因此极易富集于裂隙充填物中。在应力的作用下,地下水也可携带放射性物质向裂隙带运移,再加上裂隙带岩石破碎,增大了岩石的射气系数,使断裂带成为放射性核素的富集区。大多数情况下,断裂倾角比较陡,有较好的延伸性,是地下水和气体向上运移的良好通道,致使断层带上方形成比周围岩石高得多的氡异常。如果断层切割深度比较大,还可与岩浆、地热相联系,形成综合的放射性异常。由于断层是走向稳定的线性构造,在剖面上,氡异常表现为窄的单异常峰,当存在派生或伴生构造时,表现为一个主异常峰与若干次异常峰,在剖面上,氡异常表现为延伸方向与断层一致的条带。

③ 采空区引起的氡异常

煤矿采空区形成后,相对于周围完整岩体来说,采空区垮落带及裂隙带是相对松散带,其中岩石块体之间空隙大,连通性好,是储存气体与地下水的理想场所。采空区及其周边派生变形区成为地下抽吸气体的容器,不断把围岩中的气体抽到采空区中来,造成氡元素在采空区的聚集。同时,由于采空区及其周边裂隙带的存在,还可以其他方式促使放射性元素向采空区运移、富集。在地温与地压作用下,氡气必然与其他气体(CO、CO_2、CH_4、H_2S 等)一起自地下深处向地表迁移,在地表形成氡异常区。因此,可以通过测量地表氡元素的浓度(实际是测量氡及其子体衰变所释放的 γ 射线的强度)来准确圈定煤矿采空区的位置和范围。

3.4.4.2　测氡法资料处理和解释

(1) 资料处理

活性炭测氡的工作过程中,因为活性炭吸附氡的量受温度、湿度、活性炭装量、测氡仪器、埋置深度和埋置时间等因素的影响,所以要对采集到的数据进行处理。数据处理包括预处理阶段和成图阶段,活性炭测氡数据的预处理包括 6 个方面:标准化处理、归一化处理、仪器校正、实测 γ 强度的修正(时间校正)、浅部因素校正、均滑处理。

(2) 资料解释

资料解释工作遵守从已知到未知的解释原则,首先从通过已知采空区的测线来获取调查区内采空区范围内氡值异常值域,以此结合测区的地质资料来指导解释未知区域的采空区的分布情况。

3.4.5　探测实例

兴财煤矿为河北省关闭矿山之一,其为设计产量 9 万 t/a 的小矿井。从已有的兴财矿采掘资料可知,该矿的开采方式为房柱采煤法,采挖过程中为了确保安全生产会留有大量的煤柱,形成采空区与煤柱相间的形态,而且历经多年采掘,形成的采空区杂乱无序。煤层采出后,造成地面的局部沉降,村庄内房屋出现裂缝。

探测区内采空区埋深在 $200\sim300$ m,结合上述各种方法的适用性和限制条件,选定三维地震、瞬变电磁法、测氡法进行综合探测优选对比工作。

3.4.5.1　采空区三维地震时间剖面特征

采空区在时间剖面上煤层反射波表现为突然缺失、变弱、弯曲,判断煤层被采空(图 3-15)。

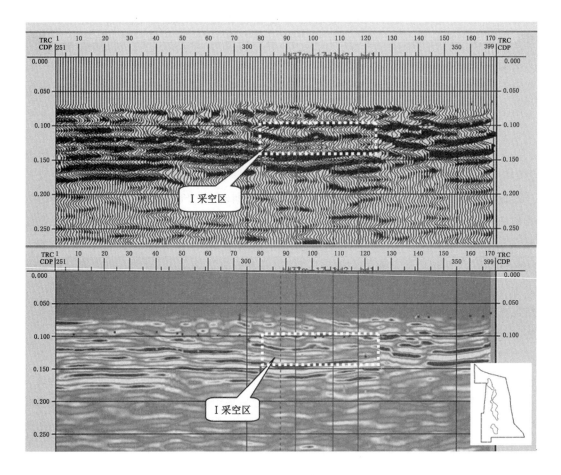

图 3-15　Ⅰ采空区在时间剖面上的显示

3.4.5.2　瞬变电磁反演电阻率断面图

从反演电阻率断面图(图 3-16)上看,中上部反演电阻率较低,呈不均匀分布,横向连续性较均匀,反演电阻率值较小,是煤系地层的电性反映;下部反演电阻率较高,电性分布相对均匀,是奥陶系灰岩的电性反映。图中电阻率从上到下逐渐增大,反映出新生界地层、煤系地层、奥陶系基底电阻率由浅到深逐渐增大的基本电性规律。

测线 0～700 m 范围内,煤层附近电阻率大部分不超过 40 Ω·m,说明该测线所处区域为强富水区。测线 360～440 m 范围为一个电阻率为 30 Ω·m 圈闭区,说明富水性较周边更强。采掘资料揭示这一区间存在巷道及采空区,充分说明该采空区已完全充水,导致电阻率较周边低。据此可以推定该 30 Ω·m 圈闭区为一充满水的采空区。

3.4.5.3　氡值剖面图 D4 线

测氡剖面的解释中,结合已知资料获取研究区内采空区范围内氡值异常值域(表 3-19),并以此为依据进行异常范围的圈定。

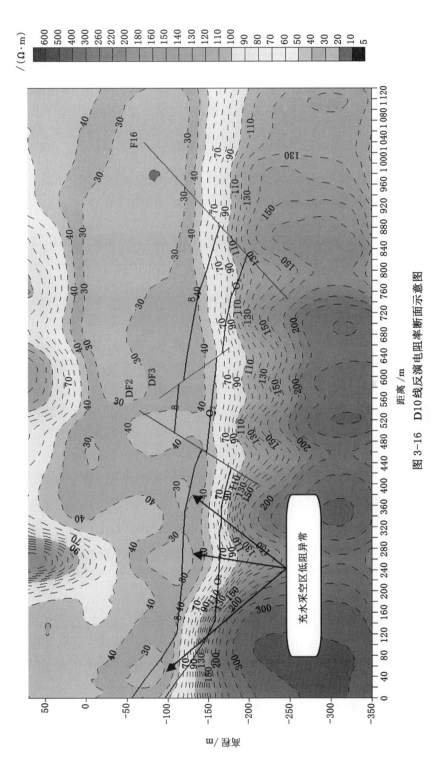

图 3-16 D10 线反演电阻率断面示意图

表 3-19   研究区氡值数据统计表

区块	正常地层氡值阈值/cpm	异常地层（采空）氡值阈值/cpm	备注
南区	0～100	100～200	数据来源 9 线
北区	0～200	200～350	数据来源 27 线

D4 线位于南区，由东西向布置，地表为砂砾层，较平整。从测氡剖面图（图 3-17）上可以看出，11～30 点号之间测点氡值大于异常阈值下限 100 cpm，在 100～200 cpm 之间跳动，且波动较大，推断为采空区；5～10 点号及 31～41 点号之间氡值计数基本在 50～100 cpm 上下波动，且幅度较小，推断为煤层未开采区，其中 34～36 点号间数值较大，推断为断层反映。综合解释为 11～30 点号测点间推断为采空区，5～10 点号及 31～41 点号处为煤层未开采区，34～36 点号为断层。

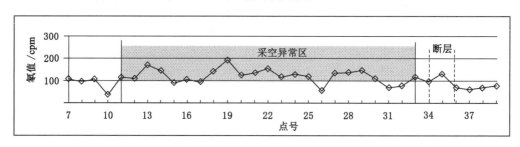

图 3-17   D4 线测氡剖面图

3.5 关闭煤矿地质环境问题调查数据库建设

3.5.1 关闭煤矿资源环境调查数据管理信息系统

3.5.1.1 系统功能

系统功能包括关闭矿山基本信息管理、地质环境信息管理、剩余资源信息管理、信息查询、数据转存等功能模块。

（1）关闭矿山基本信息管理

包括矿山名称、调查时间、地理位置（省/市/区县/乡镇村庄）、拐点坐标（x、y）、所属矿区、基本概况资料[地形地貌、采矿许可证、经济类型（国有、集体、私营、其他）]、建矿时间、闭坑时间、矿山面积、生产能力、地质概况（地层、构造、岩浆岩、水文、地震等）、采煤方法、开拓方式、通风排水等信息的添加、修改、删除等功能。

（2）地质环境信息管理

具体包括以下信息的添加、修改、删除等功能：① 地质灾害：地面塌陷（面积、分布、危害、发展趋势、其他描述）、地裂缝（数量、分布、危害、发展趋势、其他描述）、崩塌（泥石流、滑坡）（类型、特征、危害、发展趋势、其他描述）、备注、附件等；② 地形地貌景观

（类型、面积、程度、附件、备注等）；③ 土地压占（工业广场、矸石、煤场、道路、地质灾害等压占土地类型、面积、附件、备注等）；④ 水污染与破坏：分布、污染源、特征污染物、污染等级、特征、破坏含水层、危害、备注等；⑤ 土壤污染：分布、污染源、特征污染物、污染等级、特征、危害、备注等；⑥ 矸石山（堆）：自燃情况、规模、特征污染物、污染等级、危害、治理现状、备注等。

（3）剩余资源信息管理

具体包括以下信息的添加、修改、删除等功能：① 剩余煤炭资源：主采煤层、开采标高、各煤层（稳定性、煤质、顶底板岩性、剩余储量、特征、分布/剩余原因）、以往利用途径、备注；② 土地资源：工业广场、矸石山（堆）、矿山道路等压占面积、以往利用途径、备注；③ 矿井水与地热：主要含水层、涌水量（平均、最大）、涌水构成、闭坑前积水（分布、面积、体积、标高、温度）、平均地温梯度、以往利用途径、备注；④ 煤层气：矿井瓦斯等级、各主采煤层绝对瓦斯涌出量、相对瓦斯涌出量、二氧化碳绝对涌出量、二氧化碳相对涌出量、以往利用途径、备注；⑤ 煤矸石：剩余规模、高度、自燃情况、治理情况、以往利用途径、备注；⑥ 地下空间：井底车场、主井、副井、岩巷等体积、以往利用途径、备注；⑦ 其他有益矿产：微量有益元素（一般值、最高值、工业价值）、伴生资源描述、以往利用途径、备注。

（4）各类信息查询功能

显示河北省行政区划图，点击当前矿区查询当前区域所有关闭煤矿，再点击矿山名称查询该矿山数据（矿山基本情况等信息以及上传的附件等）；搜索矿山名称查询该矿山所有数据；搜索小项目编号查询该编号下的所有录入数据。

（5）原始数据上传功能

每个小项最后面设置个"附件"，可满足图片、文档等文件的上传储备功能。文件格式包括 word、PDF、jpg、CAD、MapGIS 等格式。

（6）数据备份功能

提供数据备份功能，将数据库中的数据导出至移动硬盘（U 盘）等介质储存，方便进行数据倒存、转移。

3.5.1.2 系统架构

系统采用浏览器/服务器（B/S）架构，框架为 SSM，即 Spring ＋ SpringMVC ＋ Mybatis 框架。数据库采用 Mysql，主要存储用户信息、矿山信息等，每个库表中都会有自己的主键，为整型并依次递增。每个库表基本都会有一些外键，对表进行拆分，对数据访问进行分发，减小库表的访问压力。前端页面 UI 采用 layui，使用 ajax 与后台进行通信，数据解析格式为 json，编码为 UTF-8。

3.5.1.3 系统开发

后台采用 Java 开发。后台能提供多个接口，例如用户、矿山等，每个接口都需设置具体的、独一无二的路径以及需要前端提交的参数字段。接口只存在于 Controller 层，在 Controller 中会调用对应的 Service，在 Service 中完成一些参数或者数据的逻辑处理，然后调用 DAO 层，通过 Mapper 映射完成动态 sql 语句的拼接，通过数据库连接池对数据库进行增删改查。每个子模块一般包含 controller、service、dao、dao.mapper 等包,controller 是对外接口,每个接口开发给 web 前端页面,经过简单处理后将数据传给 service 进行复杂的逻辑处理,然后调用 dao 里面的接口映射到 dao.mapper 里面的方法对数据库进行增删改查,dao 内的.java 文件里面的每一个接口方法都会有一个一样的名字定义在 dao.mapper 的 xml 文件内查询方法。在 controller 里面会通过"@RequestMapping"注解访问的接口地址,一般有 add.do(数据增加接口)、delete.do(数据删除接口)、edit.do(数据编辑接口)、queryList.do(数据列表获取接口,一次性返回所有数据)、queryPageList.do(数据列表分页获取接口,每次请求需要传递 start 和 limit 用于分页提取数据返回)。

3.5.1.4　系统应用

系统安装在 Windows 平台,通过内部网络访问,在浏览器中输入服务器地址,进入系统,主界面如图 3-18 所示。点击"全省煤矿信息"模块,可以批量添加矿山信息,并将所有矿山信息都在左侧显示出来供选择,每个矿山信息后面可以进行编辑和删除操作。"关闭煤矿调查信息"模块内可以对单独的矿区内的矿山信息进行编辑填写,此处主要以外部的 Excel 表格导入为主并显示出来。"调查综合成果"模块可以上传所有相关的文件。下属单位的水质分析数据、土壤分析数据、矸石分析数据都可以将原始附件材料上传至数据库。

图 3-18　系统主界面

3.5.2　关闭煤矿资源环境调查数据库设计

在需求调研的基础上,对数据库进行了概念模型设计,所包含的实体和关系对象分别见表 3-20 和表 3-21。物理结构设计从略。

表 3-20 数据库实体清单

名称	代码
剩余伴生资源	residue_ass_res_tb
剩余其他有益矿产	residue_others_tb
剩余地下空间	residue_underspace_tb
剩余工业占地	residue_indus_land_tb
剩余煤层	res_coal_layer_tb
剩余煤炭资源	residue_coal_tb
剩余煤矸石	residue_gangue
剩余瓦斯资源	residue_gas_tb
土地压占	landoccupy_tb
土壤污染	soilpollution_tb
地裂缝	groundfissure_tb
地面塌陷	landsubsidence_tb
拐点坐标 XY	bpoint_xy_tb
水污染与破坏	waterpollution_tb
滑坡	landslide_tb
煤炭开采	coalmining_tb
矸石山堆	ganguehill_tb
矿井水资源	residue_minewater_tb
矿区	minearea_tb
矿山	mine_tb
矿山地质	minegeology_tb
项目	project_info

表 3-21 数据库实体关系清单

名称	代码	实体 2	实体 1
剩余其他矿产中的伴生资源	res_mineral_asso_r	剩余伴生资源	剩余其他有益矿产
剩余煤炭资源中的煤层信息	res_coal_layer_r	剩余煤层	剩余煤炭资源
开采导致塌陷	mine_subsidence_r	地面塌陷	矿山
矿区下属矿山	minearea_contain_mine	矿山	矿区
矿山地质情况	mine_geology_r	矿山地质	矿山
矿山堆积矸石	mine_ghill_r	矸石山堆	矿山
矿山拐点测量	mine_bpoint_r	拐点坐标 XY	矿山
矿山的剩余工业占地	mine_res_indus_r	剩余工业占地	矿山
矿山的剩余有益矿产	mine_res_mineral_r	剩余其他有益矿产	矿山
矿山的剩余煤炭	mine_res_coal_r	剩余煤炭资源	矿山

表 3-21(续)

名称	代码	实体 2	实体 1
矿山的剩余瓦斯资源	mine_res_gas_r	剩余瓦斯资源	矿山
矿山的矿井水资源	mine_res_water_r	矿井水资源	矿山
矿山边坡滑坡	mine_landslide_r	滑坡	矿山
矿山采矿活动	mine_activity_r	煤炭开采	矿山
采矿引发地裂缝	mine_landfissure_r	地裂缝	矿山
采矿引起土壤地压占	mine_land_occup_r	土地压占	矿山
采矿引起土壤污染	mine_soil_pollution_r	土壤污染	矿山
采矿引起水污染	mine_water_pollution_r	水污染与破坏	矿山
采矿形成井下空间	mine_underspace_r	剩余地下空间	矿山

参考文献

蔡崇法,张光远,丁树文,等,1995.人工降雨条件下紫色土养分流失特点的试验研究[J].南昌工程学院学报(增刊):63-68.

贾文懿,方方,周蓉生,等,1999.氡及其子体向上运移的内因与团簇现象[J].成都理工学院学报,26(2):171-175.

唐岱茂,刘鸿福,段鸿杰,等,1999.氡气测量用于地表探测岩溶陷落柱的位置与范围[J].核技术,22(4):223-227.

第 4 章　关闭煤矿地质环境多要素调查

4.1　地质环境问题概述

河北省煤炭资源开采历史悠久,煤矿在以往的开发与利用基础上都是注重当地经济发展与效益,如为了煤炭运输方便而修路,建造与矿产开发相配套的有关辅助设施等,对地质环境影响较大,同时也造成了生态环境的破坏与污染,地质环境问题较多。特别是计划经济时期和 20 世纪 80 年代的大规模开采,出现了大矿大开、小矿放开、有水快流的局面,一方面造成资源浪费,另一方面破坏了环境,产生了诸如煤矸石等废弃物的乱堆乱放及采空塌陷占用、损坏大量土地,采空区地下水位下降破坏地下含水层,以及采空沉陷等一系列问题。尽管近几年国家投入了大量资金进行矿山地质环境保护和治理,但仍存在较严重的矿山地质环境问题。矿山开采强度逐渐增大,导致采空区面积也逐渐增大、固体废弃物增多,以及大范围的地下水疏干等矿山地质环境问题的加剧,由此产生了一系列矿山地质灾害、土地资源压占与破坏、地形地貌景观破坏、含水层破坏及水、土壤污染等矿山地质环境问题。

河北省主要矿区关闭煤矿基本为井工开采,仅在承德调查区兴隆矿区的汪庄煤矿矿区内存在以前的小型露天煤矿(已开展了土地整治等生态恢复项目)。调查范围内未发现因煤矿开采引起的崩塌、滑坡、泥石流等地质灾害现象,仅在个别大型矸石山边坡处存在矸石崩落安全隐患。依据表现形式,可将调查区关闭煤矿地质环境问题类型归为六大类:地质灾害、土地资源压占、地形地貌景观破坏、含水层破坏、水污染、土壤污染等(表 4-1)。

表 4-1　调查区关闭煤矿地质环境问题类型一览表

类型	表现形式	影响
地质灾害	地面沉陷、地裂缝	造成建筑物损坏、土地流失等经济损失,并使矿山建设和开采复杂化,增加了工作量,降低了开采效率
土地资源压占	占压和破坏土地(耕地、林地、草地等)、破坏地表植被、破坏地形地貌景观等	耕地、草地等范围减少,野生动物栖息条件恶化,农作物减产,林业产量下降
地形地貌景观破坏	因煤矿活动而改变原有的地形条件与地貌特征	造成土地毁坏、山体破损、植被破坏等现象

表 4-1(续)

类型	表现形式	影响
含水层破坏	破坏了矿区地下水系统	矿区地下水位严重下降,部分区域含水层呈疏干状态,水资源量减少。煤矿闭坑后,水位恢复上升,存在含水层窜层现象,导致污染范围扩大问题
水污染	地表水、地下水水质变差	关闭煤矿水位回弹造成地下水窜层污染,甚至矿井水溢出地表造成地表水污染。矸石山中含有的硫化物在雨水及地表水的淋溶作用下会形成酸性溶液,并随降雨形成地表径流进入地表水,经渗透作用渗入地下水中,造成水体污染
土壤污染	矸石、矿排水、煤场污染周围土壤环境	矸石山中含有有害重金属元素,经过吹扬、雨淋之后会渗入土壤,增加土壤重金属含量,从而破坏土壤中的有机物养分,影响范围内农作物等减产

河北省主要矿区关闭煤矿地质环境问题主要有:成规模的采煤沉陷区 150 处、面积约 328.77 km^2;塌陷(群)坑 145 处、面积约 2.15 km^2;地裂(群)缝 134 处;房屋损坏 129 处;矸石山(堆)49 处;各类地质环境问题共占用和破坏土地 31.78 km^2;地形地貌景观破坏 360.55 km^2;关闭煤矿含水层破坏基本为较严重~严重;土壤污染点 146 处。详见表 4-2。

表 4-2 河北省主要矿区关闭煤矿地质环境问题统计表

序号	问题类型	数量/处	面积/km^2	体积/万 m^3
1	采煤沉陷区	150	328.77	—
2	塌陷(群)坑	145	2.15	—
3	地裂(群)缝	134	—	—
4	房屋损坏	129	—	—
5	矸石山(堆)	49	2.25	1 446
6	工业广场压占	141	19.03	—
7	煤场、矿山道路、选煤厂等压占	—	10.50	—
8	地形地貌景观破坏	—	360.55	—
9	含水层破坏	195	基本为严重、较严重	—
10	土壤污染(样品点综合评价)	146	—	—

4.2 地质灾害调查

4.2.1 地面塌陷

4.2.1.1 特征

井工开采的煤矿,在开采过程中因将煤炭和伴生废石采出,形成大小规模不等的地下空间。在重力作用和地应力不均衡等因素的影响下,首先在采空区域产生地裂缝,逐渐发展为采空区的地面塌陷。塌陷形成过程中由于塌陷中心部位和塌陷区边缘地表位移差异,在地表形成张拉裂缝。

按照采煤沉陷区地表变形和破坏的明显程度,把采煤沉陷区分为两类。① 采煤塌陷区:地表变形缓慢,且地表变形坡度小(小于 10°),无明显落差,部分在边缘区见到地裂缝,主要发生在大中型煤矿开采区,且多数有松散层覆盖。地面沉陷幅度多在 10 m 之内,河北省煤矿区地面塌陷基本属于此类塌陷。② 采煤塌陷(群)坑:一是塌陷的突发性,往往在一天或一瞬之间,并伴有轰鸣声。二是个别浅部采煤矿山存在地面明显错断或塌落,落差数米。

4.2.1.2 分布

(1) 采煤塌陷区

河北省主要矿区关闭煤矿采煤塌陷区总面积约 328.77 km²,主要分布于大中型矿山。自南向北、自西向东关闭煤矿采煤塌陷区主要分布于峰峰矿区、邯郸矿区、邢台矿区、井陉矿区、蔚县矿区、宣下矿区、开滦矿区以及兴隆矿区,涉及行政区划包括邯郸市的磁县、峰峰矿区、武安市、永年区等地,邢台市的沙河市、信都区、内丘县、临城县、隆尧县等地,石家庄市的井陉矿区,张家口市的蔚县、阳原县、宣化区、下花园区、怀来县等地,唐山市的开平区、古冶区、玉田县等地,以及承德市的鹰手营子矿区。采煤塌陷区调查成果主要是在以往煤矿山地灾调查的基础上,结合塌陷、地裂缝、房屋损坏等实地调查进行的修编成果,存在一定的范围误差(主要为宣下矿区的宣东一井、开滦矿区马家沟矿及一些以往老窑矿区等关闭煤矿)。采煤塌陷区统计数据详见表 4-3。

表 4-3 河北省主要矿区关闭煤矿采煤塌陷区统计表

序号	所在市	主要矿区	主要大中型矿山数量	沉陷区块数	沉陷区面积/km²
1	邯郸市	邯郸、峰峰矿区	13	45	109.14
2	邢台市	邢台矿区、临城-隆尧煤田	2	14	25.99
3	石家庄市	元氏煤田、井陉矿区	2	14	22.57
4	张家口市	蔚县、宣下矿区	8	58	103.95
5	唐山市	开滦矿区	5	7	57.95
6	承德市	兴隆矿区	0	12	9.17
合计			30	150	328.77

(2) 采煤塌陷(群)坑

河北省主要矿区关闭煤矿采煤塌陷(群)坑分布于各矿采煤沉降区内,形状以圆形、椭圆形为主,面积 1~5 000 m² 不等。野外调查共计发现采煤塌陷(群)坑 145 处,总面积约 2.15 km²。其中邯郸峰峰矿区 14 处、邯郸矿区 13 处;邢台矿区 20 处;石家庄井陉矿区 5 处;唐山开滦矿区 19 处;张家口蔚县矿区 25 处、宣下矿区 19 处;承德兴隆矿区 30 处。详见表 4-4。

表 4-4　河北省主要矿区关闭煤矿采煤塌陷(群)坑统计表

序号	所在市	主要矿区	数量		面积/万 m²
1	邯郸市	邯郸、峰峰矿区	27		31.22
2	邢台市	邢台矿区、临城-隆尧煤田	1：50 000 调查	8	23.15
			1：10 000 调查	12	
3	石家庄市	元氏煤田、井陉矿区	5		0.53
4	张家口市	蔚县、宣下矿区	44		1.39
5	唐山市	开滦矿区	19		155.75
6	承德市	兴隆矿区	30		2.58
合计			145		214.62

4.2.2　地裂(群)缝

4.2.2.1　特征

　　一般采煤地面塌陷的矿区都伴随地裂(群)缝的出现,只是这些地裂缝一般出现在农田或者山坡林地、荒地等无人员居住的区域,不会对周边居民房屋建筑等造成大的影响和危害,很容易被人为或岩土体自然风化、塌落掩埋而消失。煤矿在生产时期或者是闭坑初期,地裂(群)缝发育发展较强。闭坑较长的煤矿,采煤沉降已逐渐趋于稳定,地裂(群)缝发展也趋于稳定。此外,除人为填平修补,部分地裂(群)缝已自然充填,但暴雨季节,部分地裂缝可复现。

　　关闭煤矿区地裂(群)缝多呈带状展布,个体最宽达数米,长数米～上千米不等。地裂缝主要破坏耕地、林地、民房等建筑、交通、通信、电力及水利设施等。其中河北省南部邯邢、石家庄以及北部的宣化、下花园、承德等地主要关闭煤矿地裂缝规模一般较小,北部蔚县、唐山等地主要关闭煤矿地裂缝规模一般较大,长度可达上千米。

4.2.2.2　分布

　　河北省主要矿区关闭煤矿共计调查地裂(群)缝 134 条(组),群缝分布面积约 0.51 km²。自南向北、自西向东关闭煤矿地裂(群)缝主要分布于峰峰矿区、邯郸矿区、邢台矿区、井陉矿区、蔚县矿区、宣下矿区、开滦矿区以及兴隆矿区。地裂(群)缝统计数据详见表 4-5。

表 4-5　河北省主要矿区关闭煤矿地裂(群)缝统计表

序号	所在市	主要矿区	地裂缝数量		地裂群缝数量	群缝分布面积/万 m²
1	邯郸市	邯郸、峰峰矿区	26		5	0.25
2	邢台市	邢台矿区、临城-隆尧煤田	1：50 000 调查	6	1	1.15
			1：10 000 调查	17	5	
3	石家庄市	元氏煤田、井陉矿区	6		1	0.15
4	张家口市	蔚县、宣下矿区	44		14	49.29
5	唐山市	开滦矿区	7		—	—
6	承德市	兴隆矿区	2		—	—
合计			108		26	50.84

4.2.3　危害

地面塌陷、地裂缝主要破坏耕地、林地、民房等建筑、交通、通信、电力及水利设施等。破坏土地类型以耕地居多,其余被破坏的土地主要为林地、草地、建筑用地等,农田被破坏后造成农作物减产甚至绝收,原来的水浇地变成了旱地,原来平坦的农田变成了梯田。尤其在唐山开滦矿区集中开采区内一些塌陷区中心内的农田被采煤塌陷破坏后形成常年积水区,无法像其他地区的塌陷区一样进行平整治理后恢复耕种。峰峰、邯郸矿区煤炭集中开采区和张家口蔚县矿区煤炭集中开采区内形成向塌陷区中心倾斜的阶地,原来修建的引水渠被地裂缝错断,无法使用,塌陷区的水浇地也变成了旱地。

地面塌陷、地裂缝可造成建筑物损毁,农田减产甚至绝收,交通、通信、电力等线路损坏等。尤其是一些位于塌陷边缘的居民地,可能因保护煤柱留设不当产生地面塌陷导致居民地房屋受损甚至坍塌。经调查共计发现房屋损坏 129 处(表 4-6),其中邯郸 27 处、邢台 6 处、石家庄 2 处、张家口 66 处、唐山 19 处、承德 9 处。

表 4-6　河北省主要矿区关闭煤矿影响建筑统计表

序号	所在市	主要矿区	数量
1	邯郸市	邯郸、峰峰矿区	27
2	邢台市	邢台矿区、临城-隆尧煤田	6
3	石家庄市	元氏煤田、井陉矿区	2
4	张家口市	蔚县、宣下矿区	66
5	唐山市	开滦矿区	19
6	承德市	兴隆矿区	9
合计			129

4.3　土地资源破坏调查

煤炭开采形成的采空区引发大范围的地面塌陷,大气降水汇集到塌陷区形成积水区,破坏原有农田、林地等,改变了原地形地貌和植被。此外,煤炭开采过程产生的煤矸石等固体废弃物严重破坏了矿区原生地形地貌景观,尤其是一些位于"三区两线"(重要自然保护区、景观区、居民集中生活区和重要交通干线、河流湖泊两侧可视范围内)周边的矿山,对区域景观环境造成的影响越来越受到关注。

土地资源占用与破坏主要表现为地面塌陷破坏、工业广场、矸石山(堆)以及与煤矿活动有关的煤场、矿山道路和选煤厂等压占土地。

4.3.1　土地资源占用与破坏

4.3.1.1　地面塌陷破坏土地

煤矿的长期地下开采形成的大规模采空区引发了地面沉陷地质灾害,地面沉陷及周边发生地面变形的地区土地均遭到严重破坏,失去了原有功能。根据现场调查,河北省主要矿区关闭煤矿塌陷区面积为 328.77 km²。其中塌陷严重的积水区面积 3.47 km²,这部分土地已完全无法耕种,该类型破坏土地问题以唐山开滦矿区最为突出。除积水区外,其他地面沉陷区土地也受到不同程度的影响,这些土地除小部分工矿用地外,大部分为农田。

4.3.1.2 工业广场压占土地

除了采煤塌陷区对土地的破坏以外,另外一个重要的方面是矿山工业场地占用土地,即工业广场占地。矿山提升、运输、矿石筛选、堆存,矿山人员办公、生活场所等都集中在工业广场。一些小型矿山由于规模较小,没有专门的工业广场,生产、办公区都设在采区内,而一些大中型矿山的工业场地则占用了大量的土地。由于大中型煤矿规模大,矿石筛选、存储,工人生产、生活,矿山办公等配套设施齐全,占用了大量的土地。

河北省主要矿区关闭煤矿工业广场压占土地 141 处,面积约 19.03 km²,其中以大中型关闭煤矿占比最大。分布面积则以邯郸居多,约 7.16 km²,其次为张家口,约 5.82 km²。详见表 4-7。

表 4-7　河北省主要矿区关闭煤矿工业广场压占土地统计表

序号	所在市	主要矿区	压占个数	压占面积/km²
1	邯郸市	邯郸、峰峰矿区	26	7.16
2	邢台市	邢台矿区、临城-隆尧煤田	57	2.44
3	石家庄市	元氏煤田、井陉矿区	4	0.47
4	张家口市	蔚县、宣下矿区	43	5.82
5	唐山市	开滦矿区	5	2.81
6	承德市	兴隆矿区	6	0.33
合计			141	19.03

4.3.1.3 矸石山(堆)压占土地

河北省主要矿区关闭煤矿大部分煤矸石已被重新利用,用于生产矸石砖、充填或筑路等,目前矸石堆积压占土地面积约 2.25 km²,成规模的矸石山体积约 1 446 万 m³。占地面积及积存量较大的矸石山主要分布于邯郸等地主要矿区,一般为大中型矿井,详见表 4-8。其他矿山矸石积存量较少,大部分煤矿将矸石等就近排放在采场周边或井口处,压占土地性质大部分为耕地和工矿用地。这些矸石堆不仅破坏植被、占压土地,而且有的废弃物因长时间风化和雨水淋滤,使有害有毒物质渗出污染土壤,导致周边土地也被破坏从而失去利用价值。

表 4-8　河北省主要矿区关闭煤矿矸石山(堆)压占土地统计表

序号	所在市	主要矿区	压占个数	压占面积/km²
1	邯郸市	邯郸、峰峰矿区	22	1.06
2	邢台市	邢台矿区、临城-隆尧煤田	7	0.14
3	石家庄市	元氏煤田、井陉矿区	2	0.05
4	张家口市	蔚县、宣下矿区	13	0.47

表 4-8(续)

序号	所在市	主要矿区	压占个数	压占面积/km²
5	唐山市	开滦矿区	3	0.46
6	承德市	兴隆矿区	2	0.07
	合计		49	2.25

4.3.1.4 其他与煤矿活动相关场地压占土地

煤矿活动有关的场地主要包括煤场、矿山道路和选煤厂等,调查区内该类场地面积总计约 10.50 km²。其中河北省主要矿区关闭煤矿相关的煤场压占土地约 7.64 km²,矿山道路约 1.46 km²,选煤厂约 1.40 km²。

4.3.2 地形地貌景观破坏

地形地貌景观破坏主要包括地面沉陷破坏土地和各类地质环境问题共占用土地。河北省主要矿区关闭煤矿地形地貌景观破坏土地资源面积约 360.55 km²,其中以地面沉陷破坏为主。

4.4 土壤污染调查

依据《矿山地质环境调查评价规范》(DD 2014—05)、《土壤环境质量 农用地土壤污染风险管控标准(试行)》(GB 15618—2018)等规范,调查计算了各个样品的单项污染指数 P_i 和综合污染指数 P_z。土壤污染程度按较轻($P_z \leqslant 1.0$)、较严重($1.0 < P_z \leqslant 3.0$)、严重($P_z > 3.0$)三个等级划分。土壤重金属单项污染程度按较轻($P_i < 2.0$)、较严重($2.0 \leqslant P_i < 5.0$)、严重($P_i \geqslant 5.0$)三个等级划分。

4.4.1 特征污染物及分布

共采集、化验土分析样 2 199 个,其中污染程度较轻的样品 2 053 个、较严重的136 个、严重的 10 个。河北省主要矿区关闭煤矿土壤污染程度统计见图 4-1、表 4-9。可以看出,邯郸矿区、邢台矿区以镉污染为特征,且镉污染超标率大于 10%;井陉、开滦、宣下、蔚县、兴隆矿区特征污染物种类多,主要为镉、铬、铜、铅、锌,但污染超标率均小于 10%。

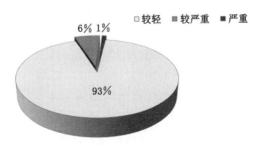

图 4-1 土壤污染程度统计占比图

表 4-9 河北省主要矿区关闭煤矿土壤污染统计表

地区	矿区（煤田）	样品/个	污染程度			特征污染物种类（超标率）	污染源及污染途径	敏感目标/污染煤矿
			较轻/个	较严重/个	严重/个			
邯郸	邯郸矿区	407	346	61	0	镉(14%) 汞(0.7%)	矸石淋滤、扬尘、矿排水疏排或灌溉	姬庄村、西店子村、东店子村、东高河村、西高河村
	峰峰矿区	574	573	1	0	镉(0.2%)	矸石淋滤	无
邢台	邢台矿区	336	270	61	5	镉(19%) 铜(1%)	矸石淋滤、扬尘、矿排水疏排或灌溉	窑坡村、南金紫村、王金紫村
	临城-隆尧煤田	383	383	0	0	无	无	无
石家庄	井陉矿区、元氏矿区	28	26	2	0	镉(7%) 铅(4%)	矸石淋滤、扬尘	许水滋村、中凤山村
唐山	开滦矿区	110	104	4	2	铬(1%) 铜(4%) 铅(2%) 锌(2%)	矸石淋滤、扬尘	赵各庄村
张家口	宣下矿区	89	86	3	0	铬(3%)	矸石淋滤、扬尘	渠上村
	蔚县矿区	219	217	2	0	镉(0.5%) 锌(0.5%)	矸石覆土淋滤、扬尘	无
承德	兴隆矿区	53	48	2	3	铜(6%) 锌(6%)	矸石淋滤、扬尘	喇嘛沟门村
河北省		2 199	2 053	136	10	镉(5.7%) 铬(0.2%) 铜(0.5%) 铅(0.1%) 锌(0.3%)	矸石淋滤、扬尘、矿排水疏排或灌溉	亨健、康城、陶一、陶二、峰峰三矿、显德汪、章村三井、瑞丰、荆各庄、林南仓、赵各庄、凯兴二井、凯兴一井、汪庄、宣东二井、于洪寺二井、怀来、崔家寨、北阳庄

经分析背景样品化验成果,发现测试项目均不超标,其中综合污染指数为 0.18～0.52,综合污染程度均为较轻,详见表 4-10。

经背景样品比对、分析,调查区污染样点的污染源主要为矸石和矿排水,以矸石污染居多。污染途径主要为矸石淋滤、扬尘,及矿井水疏排或灌溉。煤矿大多建于偏远地区,对于城区影响较小,敏感目标主要为煤矿周边村庄。污染程度达到较严重、严重级别的样点主要集中在邯郸矿区和邢台矿区,尤以亨健和章村三井分布最多。

表 4-10 背景样品测试成果统计表

测试项目	样品				
	TYLNC011	TYTJZ004	TYJY005	TYBYZ009	TYXHYSJ001
pH	6.81	7.76	8.42	8.45	7.24
镉/(mg/kg)	0.108	0.077	0.13	0.12	0.09
铜/(mg/kg)	23.6	20.5	20.0	14.4	20.8
铅/(mg/kg)	27.5	22.6	16.8	10.8	19.7
锌/(mg/kg)	71.9	55.6	57.2	42.2	60.2
砷/(mg/kg)	7.725 65	6.482 25	5.130 05	2.776 4	4.998 8
汞/(mg/kg)	0.155 95	0.000 1	0.000 1	0.089 7	0.227 45
硒/(mg/kg)	0.207	0.382	0.060	0.103	0.657
铬/(mg/kg)	61.7	84.5	27.1	74.9	137.0
硫酸盐/(g/kg)	0.07	0.04	0.03	0.16	0.29
硝酸盐/(mg/kg)	82.93	15.81	9.83	43.82	47.59
综合指数	0.31	0.27	0.18	0.23	0.52
综合等级	I	I	I	I	I
是否超标	否	否	否	否	否

4.4.2 各矿区基本情况

4.4.2.1 邯郸矿区

土壤 pH 值介于 3.24 与 8.99 之间,大部分样点偏碱性,仅在康城、陶一煤矿矸石山和矸石堆样点呈酸性,主要影响关闭煤矿为亨健、康城和陶一矿。其中亨健矿影响最为严重,镉污染超标率为 90%,污染深度大于 0.5 m,按差值分析,垂向污染深度约 1.6 m。详见表 4-11、表 4-12。

表 4-11 邯郸矿区镉污染统计表

煤矿	样品组数（总组数/污染组数）	样品数量/个	污染程度			镉超标率/%	镉污染样品数/个		
			较轻/个	较严重/个	严重/个		0.1 m	0.2 m	0.5 m
亨健	15/13	39	4	35	0	90	13	12	10
康城	37/2	89	87	2	0	2	2(矸石样)		
陶一	16/1	42	41	1	0	2	1(矸石样)		

表 4-12 邯郸矿区土壤污染基本情况表

最高污染程度	特征污染物	主要污染源	污染空间分布	敏感目标
较严重	镉、汞	煤矸石山（渣堆）、煤场、工业废水等	垂直方向,污染主要集中在土壤 0.5 m 以浅,表层土壤最为严重。水平方向,污染主要集中在煤矸石山（渣堆）周边以及矸石淋滤水、矿排水流经和灌溉途径	姬庄村、西店子村、东店子村、东高河村、西高河村,达到污染级别的土壤样品多为耕地（旱地）,农作物种植以玉米、大豆为主

4.4.2.2 峰峰矿区

土壤pH值介于7.86与8.16之间,偏碱性。关闭煤矿采集点土壤污染程度较轻,仅有一个样点(峰峰三矿矸石堆矸石样)污染程度较严重,附近土壤污染程度为较轻,未受到矸石堆影响。

4.4.2.3 邢台矿区

土壤pH值介于2.70与8.76之间,大部分样点偏碱性,仅在上关、旭东、恒信等煤矿矸石(渣堆)样点呈酸性。另外,在显德汪煤矸石山山脚,完全自燃的矸石样点,pH值为11.63,碱性明显,可能与自燃后硫含量降低有直接关系。

邢台矿区特征污染物为镉、铜。镉污染影响的煤矿为章村三井和汇鑫矿。其中章村三井镉污染超标率为58%,污染深度部分大于0.5 m。详见表4-13、表4-14。

表4-13　邢台矿区镉污染统计表

煤矿	样品组数 (总组数/污染组数)	样品数量/个	污染程度			镉超标率 /%	镉污染样品数/个		
			较轻/个	较严重/个	严重/个		0.1 m	0.2 m	0.5 m
章村三井	29/19	73	31	40	2	58	19	12	11
汇鑫矿	1/1	1	—	—	1		1(矸石样)		

表4-14　邢台矿区土壤污染基本情况表

最高污染程度	特征污染物	主要污染源	污染空间分布	敏感目标
严重	镉、汞	煤矸石山(渣堆)、煤场、工业废水等	垂直方向,污染主要集中在土壤0.5 m以浅,部分深度0.5 m以深,表层土壤最为严重。水平方向,污染主要集中在煤矸石山(渣堆)周边以及矸石淋滤水、矿排水流经和灌溉途径	窑坡村、南金紫村、王金紫村,达到污染级别的土壤样品多为耕地(旱地),农作物种植以玉米、大豆为主

4.4.2.4 临城-隆尧煤田

土壤pH值在7.88与8.16之间,偏碱性,未见超标点。

4.4.2.5 井陉矿区

土壤pH值介于3.34与8.20之间,大部分样点偏碱性,仅在瑞丰煤矿和南井沟煤矿的矸石样点呈酸性。污染源为瑞丰煤矿、南井沟煤矿的矸石堆,污染程度为较严重,特征污染物为镉、铅。按单项污染指数,镉、铅污染程度为较轻。矸石堆样点污染程度较严重,附近土样样点污染程度较轻。

4.4.2.6 宣下矿区

土壤pH值介于4.85与9.41之间,大部分样点偏碱性,仅在兴隆山煤矿矸石样点呈酸性。污染源为宣东二井、怀来、于洪寺煤矿的矸石山(堆),污染程度为较严重,特征污染物为铬,附近土壤样未受影响。

4.4.2.7　蔚县矿区

土壤 pH 值介于 4.9 与 9.1 之间,大部分样点偏碱性,仅在崔家寨的一个土样点呈酸性。蔚县矿区仅在崔家寨、北阳庄的 2 个土样点污染程度为较严重。

4.4.2.8　开滦矿区

土壤 pH 值介于 6.15 与 9.17 之间,大部分样点偏碱性。污染源为荆各庄、林南仓、赵各庄煤矿的矸石山(堆),其中荆各庄、林南仓矸石堆污染程度严重,特征污染物分别为铬和铅、锌。赵各庄煤矿仅在矸石山山腰和矸石堆附近 1 个土样点污染程度为较严重,特征污染物为铜。详见表 4-15。

表 4-15　开滦矿区土壤污染统计表

煤矿	样品组数(总组数/污染组数)	样品个数/个	污染程度			特征污染物(超标率)	污染样品数/个		
			较轻/个	较严重/个	严重/个		0.1 m	0.2 m	0.5 m
赵各庄	15/2	27	23	4	0	铜(11%)	1	1	1
荆各庄	9/1	25	24	0	1	铬(4%)	1(矸石样)		
林南仓	13/1	33	32	0	1	铅(3%)、锌(3%)	1(矸石样)		

4.4.2.9　兴隆矿区

土壤 pH 值介于 2.96 与 8.02 之间,凯兴一井、凯兴二井和鱼鳞矿部分土样和矸石样呈酸性。凯兴一井、凯兴二井的矸石堆污染程度为较严重,特征污染物为铜,但周边土样污染程度较轻。汪庄煤矿矸石堆附近 1 个土样点污染程度为严重,特征污染物为铜、锌。

4.5　水资源与地下水调查

4.5.1　以往开采活动造成地下水均衡破坏

矿山地下开采过程中大量排出地下水,对区域水均衡系统产生影响和破坏,例如唐山地下水位降落漏斗的范围与开滦煤矿区范围大体一致,其形成原因除了与生产和生活大量开采地下水和降雨量减少有关外,煤矿疏干地下水也是一个重要因素。

矿区大量排出地下水,使地下水位下降,影响和破坏了当地的含水层。根据河北省的地质环境条件,受到直接破坏的含水层以奥陶系灰岩含水层为主,而受地下水补径排条件及构造裂隙发育程度的影响,奥陶系上部含水层均会受到不同程度的影响,尤其是在奥陶系与第四系直接接触的地区,更是直接影响到当地人民的用水条件,造成浅层地下水枯竭。以蔚县煤田为例,该区矿山开采区域内由于地面塌陷、地裂缝形成导水裂隙带,使原本水量就很小的第四系浅层地下水沿导水裂隙渗漏至煤层开采区,以矿坑水形式排出,造成第四系含水层枯竭,从而导致村庄早期挖掘的浅水井全部干枯,老百姓用水困难,只能开采煤层下伏的寒武系灰岩承压含水层。而近些年随着蔚县煤田煤炭开采力度的不断加大,多处出现煤层下伏寒武系灰岩含水层由于导水断层与煤层连通,灰岩承压水沿断层流入煤层开采区域,形成大量矿坑涌水,煤矿又不得不将这部分矿坑涌水外排,同时个别矿山为了顺利开采,直接在煤炭开采区上游打深井抽排灰岩含水层承压水进行疏水降压,在该区形成大范围的灰岩含水层地下水降落漏斗。河北省主要矿区煤矿以往疏干水造成浅层地下水枯竭见表4-16。

表4-16 河北省主要矿区以往煤矿疏干水造成浅层地下水枯竭一览表

序号	位置	所属矿区	影响村数
1	峰峰矿区南大社	冀中能源峰峰集团牛儿庄矿、大社矿等5家国营煤矿及以往70多家个体煤矿	10
2	武安康二城-姬庄-陶庄	康二城、陶二矿等煤矿	12
3	武安市张粟庄-野河	曲周煤矿等	3
4	蔚县阳眷-南留庄	有6家国营煤矿及以往81家集、个体煤矿	10
5	怀来县八宝山	1家国营煤矿及以往7家集、个体煤矿	6

4.5.2 水位下降造成的负效应

(1)水位下降导致水井吊泵、报废

岩溶水的迅猛下降,使得补给区含水层变薄,井的出水量减少,靠近补给区外边缘的区域呈现疏干或半疏干状态,供水井吊泵或报废,供水出现困难。例如,邢台市部分地区于1986年、1995年和2000年曾经数次出现过水荒;2000年邢台桥西区18个村和多个单位因自备井水位大幅下降,产生吊泵,有的水井因下泵段较浅,造成水井报废或扩孔;沙河市安河村水井出水量减小,不足以利用,封井了之。水位下降导致的水井吊泵、报废,不仅导致用水户的取水成本增大和供水困难,同时也给社会稳定带来了不良的影响。

(2)水位下降加重用水负担

区域性水位下降造成取水成本增加。据有关部门测算,水位下降1 m,每1 000 m³的取水电耗增加2.73~3.0 kW·h。

(3)水位下降,生态环境遭到破坏

水位下降,泉群断流,影响下游工农业供水及生态环境。例如峰峰矿区的黑龙洞泉群、蔚县的暖泉,其中黑龙洞泉群现已复涌。

(4)岩溶水系统调节功能衰退

地下水位的大幅下降,使地下水潜水区含水层变薄,水位变化段岩溶裂隙率变小,岩溶系统的调节能力减弱。

（5）河水倒灌、第四系孔隙水反补给岩溶水

河流段如果是奥陶系灰岩直接露头，地下水位下降、泉群断流后，矿井长期排水加大了河流渗漏量，可能会发生河水倒灌现象。

4.5.3　煤矿闭坑后部分区域水位回升

煤矿闭坑后，由于矿井水停止了外排，矿井地下空间的积水越来越多，水位也逐渐恢复。采空区充满水后，采空顶板、煤柱长期浸泡在水体中，据推测在某种条件下采空区可能会发生二次沉降，甚至塌陷。

4.5.3.1　峰峰矿区

2013 年峰峰矿区煤矿闭坑数量开始增多以来，从单孔奥灰水位分析，自 2012 年 5 月至 2017 年 3 月，奥灰水位总体呈上升趋势（图 4-2）。但是，对比峰峰矿区 2007 年 5 月与 2016 年 3 月的奥灰水位情况，整体而言 2016 年 3 月水位仍比 2007 年 5 月水位低（图 4-3），可见峰峰矿区集中关闭区奥灰水位总趋势有所回升，但仍未恢复到矿业活动之前水平。

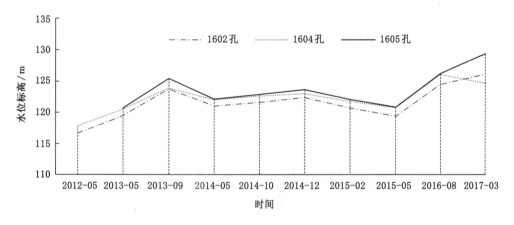

图 4-2　峰峰矿区奥灰水位历年变化曲线图

峰峰矿区煤矿活动频繁期，黑龙洞泉群出现过断流现象，不仅影响下游工农业供水及生态环境，而且导致滏阳河羊角铺-二里山段、黑龙洞泉区段河水位高于地下水位，致使滏阳河水倒灌污染岩溶地下水。近些年来黑龙洞泉群恢复了涌水，据分析峰峰矿区大量煤矿的关闭是其中一个重要原因。

4.5.3.2　蔚县矿区

崔家寨矿投产初期奥灰水位标高为＋961.72～＋972.13 m，随着矿井的开采对该含水层的疏放以及邻近矿井单侯矿的疏排，水位逐渐下降。其中，2012 年 9 月观测，Z2、Z4 水文观测孔水已开始干涸，至今未恢复；2016 年 3 月观测，矿井东南部边界附近的 3 号奥灰观测孔水位标高为＋739.40 m，与精查阶段水位相比下降 218.04 m。据 2019 年矿井闭坑报告，南部邻矿单侯煤矿奥灰水文观测孔水位标高为＋666 m，水位已降至崔家寨矿最

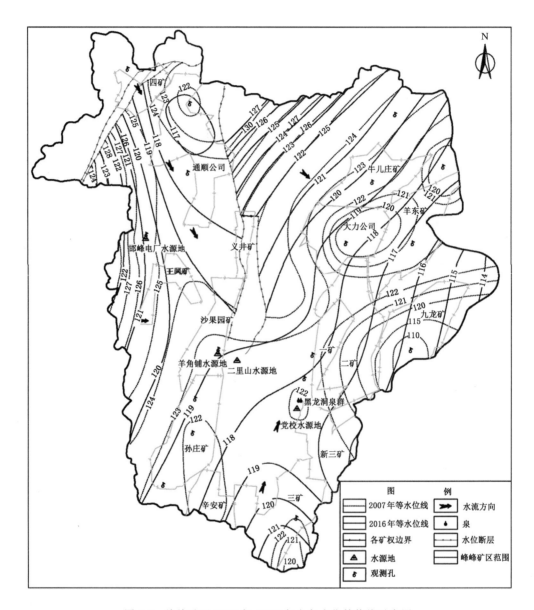

图 4-3　峰峰矿区 2007 年、2016 年奥灰水位等值线示意图

低可采煤层 1 煤层(+690 m)以下。从 1987 年、2016 年、2018 年水位等值线变化可以看出,2016 年以来崔家寨南部奥灰地下水形成了以单侯矿为中心的降落漏斗,对奥灰含水层产生了严重破坏。详见图 4-4。

4.5.3.3　唐山林南仓煤矿

唐山调查区林南仓矿于 2017 年年底闭坑,通过多年观测的部分长观孔水位的对比可以看出,煤矿闭坑后开采影响范围的地下水位均有所恢复,其中苍生 44 孔水位恢复较快,恢复速度大于 12.84 m/a,一方面说明含水层影响范围与开采范围的远近有直接关系,另一方面说明含水层破坏层位与开采层位有直接关系。详见表 4-17、图 4-5。

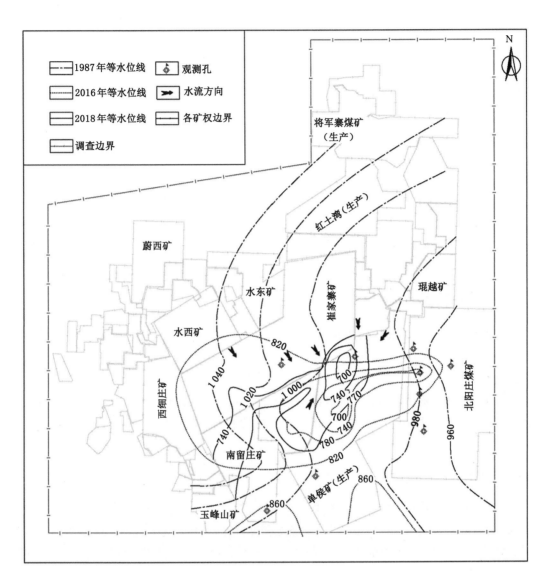

图 4-4 蔚县矿区多年奥灰水位等值线示意图

表 4-17 林南仓矿部分长观孔地下水位历年统计表 单位：m

孔号	日期								含水层
	2013-04	2014-04	2015-04	2016-04	2017-04	2018-04	2019-04	2020-05	
苍生 14	−33.84	−33.95	−33.43	−33.34	−33.57	—		−25.26	12-14 煤
苍生 44	−63.36	−70.29	−66.52	−62.53	−58.77	—		−20.25	12-14 煤
苍生 66	—	−6.78	—	—	−10.41	—		−9.33	奥灰

注：其中，苍生 14、苍生 44 孔位于开采区内或边界处，苍生 66 孔位于开采区边远处。

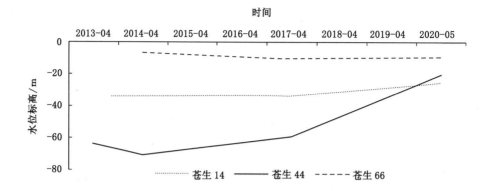

图 4-5 唐山林南仓矿部分长观孔地下水位变化曲线图

4.6 水污染问题调查

调查取样分为地表水样和地下水样,经分析得出地下(表)水质量等级和特征污染物。综合考虑,按 pH、硫酸盐、氟化物、Hg、Pb、Cd、Cr^{6+}、As、Cu、Zn、Fe 测试项目进行水污染等级划分。

依据《矿山地质环境调查评价规范》(DD 2014—05)等规范,计算了各个样品的单项污染指数 P_i 和综合污染指数 P_z。水污染程度按较轻($P_z \leqslant 1.0$)、较严重($1.0 < P_z \leqslant 3.0$)、严重($P_z > 3.0$)三个等级划分。

4.6.1 地表水

共计采集、化验测试地表水水样 112 个,超标个数 17,总超标率 15%,特征污染物主要为 pH、Cr^{6+}、NH_4^+、F、挥发酚和 Hg。经综合评价,综合指数为 0.73~2.88,其中污染程度较轻的为 105 个,较严重的为 7 个,严重的为 0 个。地表水污染点以邯邢调查区污染较重。详见表 4-18。

表 4-18 调查区地表水污染程度统计表

调查区	总样品/个	地表水									
		综合污染程度			单项超标数（超标率）	特征污染物超标率/%					
		较轻	较严重	严重		pH	Cr^{6+}	NH_4^+	F	挥发酚	Hg
邯郸	62	60	2	0	4(6%)	2	2	2	4	—	—
邢台	33	29	4	0	9(27%)	3	6	3	12	3	6
张家口	7	6	1	0	2(29%)	—	—	—	29	—	—
唐山	10	10	0	0	2(20%)	—	—	20	—	—	—
总计	112	105	7	0	17(15%)	2	3	2	5	1	2

（1）邯郸调查区

共采集水样 62 个，超标个数 4 个，总超标率 6%，特征污染物为 pH、NH_4^+、F 和 Cr^{6+}。其中，F 超标率约为 4%，最高值为 1.39 mg/L。经综合评价，综合指数为 0.73～2.88。其中，60 个样品显示污染程度为较轻，占总样品 97%；2 个样品显示污染程度为较严重，占总样品 3%。

（2）邢台调查区

共采集水样 33 个，超标个数 9 个，总超标率 27%，特征污染物包括 pH、NH_4^+、挥发酚、Hg、F 和 Cr^{6+}。其中 F 超标率为 12%，最高值为 1.75 mg/L，其次为 Cr^{6+}、Hg。经综合评价，综合指数为 0.73～2.16。其中 29 个样品显示污染程度为较轻，占总样品 88%；4 个样品显示污染程度为较严重，占总样品 12%。

（3）张家口调查区

共采集水样 7 个，超标个数 2 个，总超标率 29%，特征污染物为 F，最高值为 3.85 mg/L。经综合评价，综合指数为 0.73～0.75。其中 6 个样品显示污染程度为较轻，占总样品 86%；1 个样品显示污染程度为较严重，占总样品 14%。

（4）唐山调查区

共采集水样 10 个，超标个数 2 个，总超标率 20%，特征污染物为 NH_4^+，最高值为 28.42 mg/L。对污染项目进行综合评价，综合指数为 0.74～0.76。10 个样品显示污染程度为较轻。

4.6.2　地下水

共计采集、化验测试地下水水样 246 个，超标个数为 148 个，总超标率 60%，特征污染物主要为 SO_4^{2-}、总硬度、耗氧量、溶解性总固体、F、NO_3^-、NH_4^+、pH、Cl^- 等。超标率最高的为 SO_4^{2-}，最高值为 3 278.65 mg/L，超标率达 44%；其次为总硬度、耗氧量、溶解性总固体、F、NO_3^- 等，超标率分别为 34%、30%、27%、10% 和 7%。经综合评价，150 个样品显示污染程度为较轻，占总样品 61%；77 个样品显示污染程度为较严重，占总样品 31%；19 个样品显示污染程度为严重，占总样品 8%。各占比情况详见图 4-6、表 4-19。

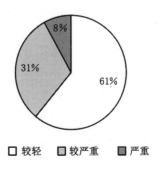

图 4-6　地下水污染程度统计占比图

表 4-19 调查区地下水污染程度统计表

调查区	总样品/个	污染程度			单项超标数（超标率）	特征污染物超标率/%											
		较轻	较严重	严重		pH	总硬度	NH_4^+	Cl^-	SO_4^{2-}	NO_3^-	F	溶解性总固体	耗氧量	Fe	Cd	Zn
邯郸	117	66	38	13	62(53%)	1	38	4	2	47	5	8	32	26	—	—	—
邢台	71	46	24	1	44(62%)	1	31	3	—	46	6	1	23	24	—	—	—
石家庄	5	3	1	1	2(40%)		40			40	20		40				
张家口	28	16	10	2	23(82%)	7	36	4	4	39	11	25	32	61			
唐山	15	13			11(73%)	7		20		13	7	33	—	53	7		
承德	10	6	3		6(60%)	10	40	10	—	50	20	20	30	10		10	10
总计	246	150	77	19	148(60%)	2	34	5	1	44	7	10	27	30	0.4	0.4	0.4

经分析，调查区内采取的水样质量总体良好，大部分为较轻污染级别。需要指出的是，这里所指的污染仅针对参评的化验项目而言。煤矿闭坑后，主副井基本已永久封闭，采取的长观孔水样化验结果显示各水质污染指数在 1.02～3.05，特征污染物主要为 F，单项最高污染等级为 V 级，综合污染程度为较严重～严重。受实际采样条件限制，采取的矿井水样数量有限，不能覆盖调查区。采集的地下水水样大部分为新生界和奥灰层位的水样，煤系地层的水样相对较少，各矿区矿井水实际污染情况需开展更进一步的调查工作。

（1）邯郸调查区

共采集地下水水样 117 个，超标个数 62 个，总超标率 53%，特征污染物为 pH、总硬度、NH_4^+、SO_4^{2-}、NO_3^-、溶解性总固体、耗氧量、Cl^-、F 等。超标率最高的为 SO_4^{2-}，最高值为 3 278.65 mg/L，超标率达到 47%；其次为总硬度，最高值为 2 968.07，超标率也达到 38%。经综合评价，综合指数为 0.74～9.33。66 个样品显示污染程度为较轻，占总样品 57%；38 个样品显示污染程度为较严重，占总样品 32%；13 个样品显示污染程度为严重，占总样品 11%。

（2）邢台调查区

共采集地下水水样 71 个，超标数 44 个，总超标率 62%，特征污染物为 pH、总硬度、NH_4^+、NO_3^-、SO_4^{2-}、F、耗氧量、溶解性总固体等。超标率最高的为 SO_4^{2-}，最高值为 1 202.32 mg/L，超标率达到 46%；其次为总硬度，最高值为 1 151.53，超标率也达到 31%。经综合评价，综合指数为 0.74～3.44。其中 46 个样品显示污染程度为较轻，占总样品 65%；24 个样品显示污染程度为较严重，占总样品 34%；1 个样品显示污染程度为严重，占总样品 1%。

（3）石家庄调查区

共采集地下水水样 5 个，超标个数 2 个，总超标率 40%，特征污染物为总硬度、SO_4^{2-}、

NO_3^- 和溶解性总固体等。其中总硬度最高值达到 663.68，SO_4^{2-} 最高值为 1 639.26 mg/L，溶解性总固体最高值为 2 358 mg/L。经综合评价，综合指数为 0.74~4.67。其中 3 个样品显示污染程度为较轻，占总样品 60%；1 个样品显示污染程度为较严重，占总样品 20%；1 个样品显示污染程度为严重，占总样品 20%。

（4）张家口调查区

共采集地下水水样 28 个，超标个数 23 个，总超标率 82%，特征污染物为 pH、总硬度、SO_4^{2-}、耗氧量、NH_4^+、Cl^-、NO_3^-、F 和溶解性总固体等。超标率最高的为耗氧量，最高值为 8.48，超标率达到 61%；其次为 SO_4^{2-} 和总硬度，最高值分别为 1 211.09 mg/L、1 256.29，超标率均达到 39%、36%。经综合评价，综合指数为 0.68~4.68。其中 16 个样品显示污染程度为较轻，占总样品 57%；10 个样品显示污染程度为较严重，占总样品 36%；2 个样品显示污染程度为严重，占总样品 7%。

在宣东二井采取奥灰长观孔水样 1 个，化验结果显示 F 超标，水质单项最高等级为 V，综合污染程度为较严重级别。

（5）唐山调查区

共采集地下水水样 15 个，超标个数 11 个，总超标率 73%，特征污染物包括 pH、总硬度、耗氧量、NH_4^+、SO_4^{2-}、NO_3^-、F 和 Fe 等。超标率最高的为耗氧量，最高值为 220.8，超标率达到 53%；其次为 F，最高值为 2.61 mg/L，超标率也达到 33%。经综合评价，综合指数为 0.64~3.05。13 个样品显示污染程度为较轻，占总样品 86%；1 个样品显示污染程度为较严重，占总样品 7%；1 个样品显示污染程度为严重，占总样品 7%。

在林南仓煤矿采取煤系含水层水样 2 个，化验结果显示 F 均超标，水质单项最高等级为 Ⅳ、V，综合污染程度为较严重、严重级别。其他奥灰长观孔水样水质单项最高等级均为 Ⅳ，特征污染物为 F、NO_3^-。

（6）承德调查区

共采集地下水水样 10 个，超标个数 6 个，总超标率 60%，特征污染物为 pH、总硬度、NH_4^+、SO_4^{2-}、NO_3^-、F、溶解性总固体、耗氧量、Cd 和 Zn 等。其中超标率最高的为 SO_4^{2-}，最高值为 2 378.51 mg/L，超标率达到 50%；其次为总硬度、溶解性总固体，超标率达到 40% 和 30%。经综合评价，综合指数为 0.68~6.80。其中 6 个样品显示污染程度为较轻，占总样品 60%；3 个样品显示污染程度为较严重，占总样品 30%；1 个样品显示污染程度为严重，占总样品 10%。

4.6.3　矿井排水对环境的影响

邯邢、唐山煤矿床属于岩溶大水矿床，自矿业开发以来，排放了大量矿井水，而且矿井水排放量呈逐年增加的趋势。以往资料显示，2007 年峰峰矿区矿井水年排放量达 120 531.2 万 m³，2008 年邢台矿区矿井水年排放量达 2 849.41 万 m³。20 世纪以前矿井水大多未经任何处理，直接排入河流、沟渠或用于灌溉，进入 20 世纪以后，一般大型煤矿设有矿井水处理池，矿井水经处理后再利用或外排，大大减轻了对环境的影响。河北省主要矿区关闭煤矿除极个别外(保护邻矿生产安全),闭坑后矿井水均停止了外排。

(1) 对地表、地下水资源的污染

以往资料显示,矿业开发产生的大量废水中含有大量有毒、有害成分,这些废水大多直接排入河流、河谷,不可避免要污染地表、地下水。

区内地表水、地下水及矿井水的主要特征污染物为 SO_4^{2-}、总硬度、耗氧量、溶解性总固体、F、NO_3^-、NH_4^+、Hg、pH、Cl^- 等。

(2) 对土壤的污染

自煤矿开采以来,大量土地直接使用矿井疏排水灌溉,不可避免会污染土壤。主要对矿业活动可能影响到的范围进行了土样采集、测试。

4.7 煤矸石对环境的影响

煤矸石等通过水、气、土壤等媒介,受氧化、风化、侵蚀、淋滤等作用,会形成含有镉、铅、锌、铬、铜、汞等有毒有害物质的废水,向土壤、地表水流和地下水中渗透和富集,这类矿山地质环境问题不易直观观察到,但对人体健康和农作物生长的影响严重,长期作用可形成地方性疾病。

4.7.1 河北省主要矿区煤矸石主要特征

河北省煤矸石来源主要为掘进矸石、采煤矸石和选煤矸石。煤矿矸石的排弃主要采用轨道运输,坡面轨道铺设处矸石堆放时间较久,风化较严重,坡度较缓。矸石山顶部呈近尖锥状,运输轨道到达山顶处设有翻车装置。矸石由轨道运输到矸石山顶,并在固定方位自由倾倒。

河北省矸石山的堆积地点受地形和地质条件影响,堆积形式有山间开阔地堆积、老矸石山上堆积、沟谷地填筑、低洼地充填 4 种基本形式。

调查区内矸石山形状多为似圆锥形,单体高度最高 115.9 m(通顺矿业)。堆积时间较长的矸石山风化严重,植被、冲沟发育;新堆积矸石山表面有大量粒径 5~30 cm 的矸石岩块,表面植被不发育,堆积物松散,常有较大岩块顺坡滑落,坡角接近自然休止角。通常矸石天然休止角为 35°~40°不等。新倒部位的坡度一般较大(40°~60°),稳定性较差,局部存在滑坡垮落现象。河北省南部主要矿区近一半的矸石山发生过不同程度的自燃,其中康城煤矿矸石山在调查期间正在发生自燃,可闻刺鼻气味。矸石山已发生全部自燃的有峰峰二矿、三矿、四矿和王凤矿等。据以往研究表明,调查区矸石山含有多种有害元素,矸石山一旦自燃,释放出大量的 CO、CO_2、SO_2、H_2S 等有害气体。

根据化验成果结合以往调查成果资料,调查区内矸石山含有的有害元素主要为镉、铬、铜、铅、锌、汞等元素,对环境有一定的影响。调查区关闭煤矿煤矸石含有的有害元素中,章村矿煤矸石镉含量相比较其他矿最高,最高含量为 1.93 mg/kg(pH 值为7.51),大于农用地土壤污染风险筛选值(pH>7.5 时限值 0.6 mg/kg),但小于农用地土壤污染风险管制值(pH＞7.5 时限值 4.0 mg/kg);荆各庄矿煤矸石铬含量最高,最高含量可达 2 707 mg/kg(pH 值为 8.23),大于农用地土壤污染风险管制值(pH＞7.5 时限值 1 300 mg/kg);凯兴二井煤矸石铜含量最高,最高含量可达 124 mg/kg(pH 值为 5.09),大于农用地土壤污染风险筛选值(pH≤5.5 时限值 50 mg/kg);林南仓矿煤矸石铅含量最高,最高含量可达 836 mg/kg(pH 值为 7.42),大于农用地土壤污染风险管制值(6.5＜pH≤7.5 时限值 700 mg/kg);林南仓矿煤矸石锌含量最高,最高含量可达 3 768 mg/kg(pH 值为 7.42),大于农用地土壤污染风险筛选值(6.5＜pH≤7.5 时限值 250 mg/kg);赵各庄矿(pH 值为 6.25)、凯兴一井(pH 值为 2.96)煤矸石汞含量相比较其他煤矿高,最高含量为 1.21～1.25 mg/kg,均小于农用地土壤污染风险筛选值(5.5＜pH≤6.5 时限值 1.8 mg/kg,pH≤5.5 时限值 1.3 mg/kg);康城矿煤矸石砷含量最高(pH 值为 5.8),最高含量为 18.49 mg/kg,小于农用地土壤污染风险筛选值(5.5＜pH≤6.5 时限值 40 mg/kg)。

以往煤矸石堆积主要以大中型矿山为主。据"2012—2013 年河北省矿山地质环境调查"项目显示,河北省煤矸石堆积量约 11 716.7 万 m³,主要分布在邯郸峰峰矿区和唐山开滦矿区,煤矸石积存总量分别占河北省煤矸石积存总量的 45.1% 和 41.6%。由于这两个煤炭开采区开采历史悠久,矿山数量多,早期矿山开采技术落后,煤矸石产出量较多,且煤矸石利用技术不成熟,产出的煤矸石只能就地堆积,形成又高又大的矸石山。而邢台地区、石家庄井陉煤矿区、张家口宣下矿区、承德兴隆矿区煤炭储量相对较小,开采规模较小,出井矸石量相对较少。张家口蔚县矿区 2013 年为新兴煤炭基地,采用了先进的煤炭开采技术和井下筛选技术,使出井的煤矸石量大大减少,加上煤矸石利用技术的成熟,出井的煤矸石也都被再利用,很难在该区域看到大型矸石山存在。

通过调查显示,近些年来煤矸石利用技术不断成熟,一些煤矸石被逐步利用,例如煤矸石发电、制砖、筑路、充填等,因此现状条件下煤矸石积存的数量较少。河北省主要矿区关闭煤矿中成规模的矸石积存量约 1 446 万 m³,占地面积及积存量较大的矸石山主要分布于邯郸等地,一般为大中型矿井。

4.7.2　煤矸石对环境的影响

煤矿矸石是煤矿生产过程中的废弃物,是煤矿排放量和积存量最大、占地面积最多的工业废弃物,同时也是矿区主要污染源之一。

4.7.2.1　对大气环境的危害

矸石山是严重的空气污染源。据研究,当风速达到 4.8 m/s 时,矸石的粉尘颗粒就会起飞并悬浮于大气中。粉尘中含有很多对人体有害的元素,如镉、铅、锌、铬、铜、汞等,如被人体吸入肺部,会导致气管炎、肺气肿、尘肺,更严重的甚至导致癌症等疾病的发生。

矸石山中存在可燃物残煤、碳质泥岩、废木材等,露天堆放,日积月累,矸石山内部的热量逐渐积累,当温度达到其燃点温度时便发生自燃。矸石山一旦自燃,便释放出大量的 CO、CO_2、SO_2、H_2S 等有害气体。硫元素在矸石山自燃过程中可生成 SO_2 和 H_2S。SO_2

是一种刺激性气体,会对呼吸道产生刺激而引起咳嗽、流泪等症状。H_2S 是一种具有臭鸡蛋气味的气体,当人吸入该气体后会产生恶心、呕吐等症状。CO 对人体的危害主要是造成缺氧,导致脉弱、呼吸变慢等症状。矸石山的自燃对周围大气产生污染,使矿区附近居民呼吸道疾病大量增加,主要症状有眼睛红肿、头晕恶心、咳嗽气喘、鼻腔溃疡等。如果矸石存放于四周密不透风的低洼处发生自燃,很可能致使在此活动的人、动物出现不同程度的不适症状。当有害气体达到一定浓度时,甚至能致人死亡。

4.7.2.2 对土壤环境的危害

矸石山对土壤的污染主要是使土壤重金属含量超标。自煤矿开采以来,大量煤矸石、煤场粉煤灰等煤炭废弃物直接堆放于田间、地头,经降水淋滤、大风吹扬等途径不可避免会污染土壤。矸石山受到降雨喷淋或长期处于浸渍状态会使土地盐渍化以及土壤重金属含量超标,影响农作物的生长。矸石山中含有有害重金属元素,如镉、铬、铜、铅、锌等,经过雨淋之后会渗入土壤,增加土壤重金属含量,从而破坏土壤中的有机物养分。

矸石山在风化过程中可分解成部分可溶盐,如 Cl^-、SO_4^{2-}、Mg^{2+}、Ca^{2+}、K^+ 等,当这些可溶盐浸入土壤,将导致土壤盐渍化;矸石山自燃释放的 SO_2、NO_2 气体在空气中氧化为酸,并随雨水降落地面,会使土壤发生酸化和盐渍化影响农作物的生长。

4.7.2.3 对地下水、地表水环境的危害

矸石山中含有的硫化物在雨水及地表水的淋溶作用下会形成酸性溶液,并随降雨形成地表径流进入地表水,经渗透作用渗入地下水中;矸石中的重金属元素如镉、铬、铜、铅、锌等,也会随雨水渗入地下水,从而造成地下水、地表水水体污染,对人们的身体健康、农业生产和水产养殖带来危害。

4.7.2.4 矸石山其他危害

矸石山的堆放压占了大量的土地资源,甚至耕地。此次调查 49 处矸石山(堆)占地总面积达到 2.25 km^2。如果不能有效地对矸石山进行治理、利用,将会给当地的农业生产带来一定的影响。此外,矸石多为灰黑色,自燃后变为褐色,影响大自然风光。另外,矸石山多为自然堆积,结构松散,稳定性较差,易发生矸石山滑坡、垮落等灾害。河北省主要矿区关闭煤矿矸石山存在垮落隐患为 29 处,主要集中在邯郸、张家口部分大中型煤矿。在生态恢复方面,邯郸峰峰矿区对煤矿矸石山实施了覆土植树等治理措施,成效较为显著,无论从安全隐患还是景观视觉方面都有了较大的改观。

第 5 章　关闭煤矿地质环境影响评价

5.1　评价方法

关闭煤矿地质环境综合评价工作通常是以充分调查走访、研究分析井田地质环境条件为前提,依据一定原则,遵循国家及行业标准,并结合矿区地质环境条件,挑选相关评估指标并建立评价模型,对关闭煤矿地质环境进行单项、综合评价。

为保证评价结果的准确性,使评价的结果更具有说服力和参考的价值,在评价的过程中尽量综合考虑所有可能影响地质环境的因素。地质环境问题的产生除了受到开采活动的影响,同时还受到当地的自然地理条件、地质环境背景和社会经济等方面的影响。不同的自然地理条件、地质环境背景以及社会经济条件,所面临的地质问题是不同的。在评价的过程中也需要考虑到当地的地质环境和社会经济条件情况。

综合前文阐述的调查区几个环境问题,涉及的因素众多,各因素彼此之间呈现出层次上的复杂性和系统性,因此,通常借助模糊数学理论进行评判;二级模糊评判就是将不能确定的信息定量表示,整个系统划分为要素和指标两个层次,分别对这两个层次进行评价,首先通过模糊运算法则对要素层进行计算,再通过模糊运算法则对指标层进行计算,最后得出矿山地质环境的综合评价结果。

5.1.1　评价指标选取原则

影响关闭煤矿地质环境的因素众多,涵盖范围广泛,涉及地质条件、资源环境和人类经济活动等多方面,科学合理地选取评价指标是保障评价结果客观真实的必要条件。

（1）科学合理性。评价指标的选取和建立应当符合环境地质等学科的客观要求。

（2）客观真实性。评价指标应当是在全面客观地对矿区地质环境进行实地调查并结合相关资料分析、总结研究的基础上筛选出来的,能够客观、系统、真实地反映矿区地质环境现状。

（3）系统完善性。选取的评价指标应当能够反映矿山采选过程中对矿区地质环境各个方面的影响,既要有地质灾害、资源损毁等指标,又要有与其相互影响相互作用的其他系统的指标。

（4）代表性。由于自然地理位置和地质条件的差异,相同的评价指标所反映的地质环境影响因素的重要性也不一样。选取的评价指标应符合地质环境条件实际,能够代表该区域的地质环境现状。

(5)相对独立性。结合矿区地质环境条件,选取相对独立的评价指标,避免各评价指标间因相互影响、相互制约而重复参与计算,影响评价结果。

5.1.2 评价指标体系

在充分研究河北省主要矿区关闭煤矿井田地质环境背景的基础上,结合井田地质环境问题调查研究,参照评价指标选取原则,构建河北省关闭煤矿地质环境评价指标(表5-1)。

表 5-1　河北省关闭煤矿地质环境评价指标表

目标层	要素层	指标层
矿山地质环境评价	地质环境背景	地形地貌
		年平均降水量
		植被覆盖度
	资源损毁	土地资源压占
		含水层破坏
		地表水污染
		土壤污染
		地形地貌景观破坏
	地质灾害	地面塌陷
		地裂缝
		崩塌(矸石山)

针对各关闭煤矿面临的地质环境问题,现将评价划分为要素层和指标层两个层次。要素层包含地质环境背景(U_1)、资源损毁(U_2)和地质灾害(U_3)3个要素,每一个要素都可由若干个指标及因子表征,其中地质环境背景包括地形地貌(u_1)、年平均降水量(u_2)、植被覆盖度(u_3)等指标;资源损毁包括土地资源压占(u_4)、含水层破坏(u_5)、地表水污染(u_6)、土壤污染(u_7)、地形地貌景观破坏(u_8)等指标;地质灾害包括地面塌陷(u_9)、地裂缝(u_{10})、崩塌(矸石山)(u_{11})等指标。

5.1.3 评价指标分级

本次评价工作参照《矿山地质环境调查评价规范》(DD 2014—05)中对各类矿山地质环境评价指标的级别评判,并充分考虑了河北省主要矿区关闭煤矿的地质环境实际情况,将矿山地质环境评价指标等级划分为较轻、较严重、严重3个等级(表5-2)。

表 5-2　各评价指标等级划分表

要素层	指标层	影响程度分级		
		较轻	较严重	严重
地质环境背景	地形地貌	平原	丘陵、低山	中低山
	年平均降水量	≥700 mm	450~700 mm	≤450 mm
	植被覆盖度	≥40%	20%~40%	≤20%
资源损毁	土地资源压占	≤0.05 km²	0.05~0.25 km²	≥0.25 km²
	含水层破坏	(1) 矿井正常涌水量小于3 000 m³/d。 (2) 矿区及周围主要含水层水位下降幅度小。 (3) 矿区及周围地表水体未漏失。 (4) 未影响到矿区及周围生产生活供水。 (5) 地下水综合污染水平为清洁、尚清洁	(1) 矿井正常涌水量3 000~10 000 m³/d。 (2) 区域地下水位下降。 (3) 矿区及周围主要含水层(带)水位下降幅度较大,地下水呈半疏干状态。 (4) 矿区及周围地表水体漏失较严重。 (5) 影响矿区及周围部分生产生活供水。 (6) 煤矿活动造成地下水轻度~中度污染	(1) 矿床充水主要含水层结构破坏,产生导水通道。 (2) 矿井正常涌水量大于10 000 m³/d。 (3) 区域地下水位下降。 (4) 矿区周围主要含水层水位大幅下降,或呈疏干状态,地表水体漏失严重。 (5) 不同含水层(组)串通,水质恶化,地下水严重污染。 (6) 影响集中水源地供水,矿区及周围生产、生活供水困难
	地表水污染	地表水综合污染水平为清洁、尚清洁	地表水综合污染水平为受到轻度~中度污染	地表水综合污染水平为污染相当严重
	土壤污染	土壤综合污染水平为清洁、尚清洁	土壤综合污染水平为受到轻度~中度污染	土壤综合污染水平为污染相当严重
	地形地貌景观破坏	(1) 对原生的地形地貌景观影响和破坏程度小。 (2) 对各类自然保护区、人文景观、风景旅游区、城市周围、主要交通干线两侧可视范围内地形地貌景观影响轻。 (3) 地形地貌景观破坏率≤20%	(1) 对原生的地形地貌景观影响和破坏程度较大。 (2) 对各类自然保护区、人文景观、风景旅游区、城市周围、主要交通干线两侧可视范围内地形地貌景观影响较重。 (3) 地形地貌景观破坏率20%~40%	(1) 对原生的地形地貌景观影响和破坏程度大。 (2) 对各类自然保护区、人文景观、风景旅游区、城市周围、主要交通干线两侧可视范围内地形地貌景观影响严重。 (3) 地形地貌景观破坏率≥40%
地质灾害	地面塌陷面积	≤0.1 km²	0.1~10 km²(含)	>10 km²
	地裂缝	长度≤100 m,或裂缝密度≤0.1 条/km²	长度100~500 m,或裂缝密度0.1~0.3 条/km²	长度≥500 m,或裂缝密度≥0.3 条/km²
	崩塌	无矸石山,或仅为小矸石堆	矸石山处于欠稳定状态,近期有碎矸石掉块现象	矸石山处于欠稳定-不稳定状态,近期有碎矸石掉块现象

　　注:含水层破坏及地形地貌景观破坏评估分级确定采取上一级别优先原则,只要有一条符合者即为该级别。其中,水、土污染问题影响程度按照《矿山地质环境调查评价规范》(DD 2014—05)的综合污染评价分级标准执行。

单项污染指数：

$$P_i = \frac{C_i}{C_0} \tag{5-1}$$

综合污染指数：

$$P_z = \sqrt{\frac{P_{i\max}^2 + \overline{P_i}^2}{2}} \tag{5-2}$$

式中，C_i 为样品中某污染物的实测含量，mg/L。C_0 为标准中某污染物的限制含量，mg/L。P_i 为单项污染指数。$P_i > 1$，表明该污染物超过了国家水、土中相应的污染物限值。其值愈大，表明超标愈严重。P_z 为综合污染指数，分级标准见表5-3。$P_{i\max}$ 为同一样品中多种污染物中最大单项污染指数。$\overline{P_i}$ 为同一样品中多种污染物中单项污染指数平均值。

表 5-3 水、土综合污染评价分级标准

综合污染指数	污染等级	污染水平
$P_z \leqslant 0.7$	安全	清洁
$0.7 < P_z \leqslant 1.0$	警戒线	尚清洁
$1.0 < P_z \leqslant 2.0$	轻污染	轻度污染
$2.0 < P_z \leqslant 3.0$	中污染	中度污染
$P_z > 3.0$	重污染	污染相当严重

本次研究充分考虑了综合评价的可行性，尽量对各评价指标的分级进行量化，确实无法量化的采用专家经验法赋值。

5.1.4 专家打分法确定权重

权重是评价中衡量各因素作用大小的数值，它也是不同因素重要程度的体现。影响矿山地质环境的因素众多，每一个因素对矿山地质环境影响都有差异，所以要根据参评因素在整个评价当中的相对重要性来赋予相应的权重。本次采用专家打分法确定参评指标的权重。

专家打分法确定权重是通过匿名方式征询有关专家的意见，告知评分原则和方法，专家根据自己的知识和经验对指标层和要素层进行评分，再对评分结果进行统计、处理、分析和归纳，综合多数专家的经验，从而对大量难以采用技术方法进行定量分析的因素作出估算。该方法具有简便、直观性强、计算方法简单、能够综合各种定性及不确定因素的优点。专家打分法确定权重的步骤为：

（1）根据评价指标体系和评价方法，设计评分标准及评分表；

（2）筛选相关领域专家；

（3）向专家提供关闭煤矿地质环境评价背景资料和评分表，以匿名方式征询专家评分意见；

（4）对专家评分结果进行分析汇总，计算各指标权重平均值、方差、标准差等统计量；

（5）确定各评价指标权重。

本次评价征询了 38 位专家的评分意见，这些专家分别来自中国矿业大学、中国地质科学院水文地质环境地质研究所、山东省煤田地质局、河北省煤田地质局等单位。通过分析和计算得到关闭煤矿地质环境评价各类指标权重（表 5-4）。

表 5-4　评价系统权值分布表

目标层	要素层		指标层		总权重
	名称	权重	名称	权重	
矿山地质环境评价 U	地质环境背景 U_1	0.235 5	地形地貌 u_1	0.405 8	0.095 6
			年平均降水量 u_2	0.269 2	0.063 4
			植被覆盖度 u_3	0.325 0	0.076 5
	资源损毁 U_2	0.344 8	土地资源压占 u_4	0.275 5	0.095 0
			含水层破坏 u_5	0.209 5	0.072 2
			地表水污染 u_6	0.159 5	0.055 0
			土壤污染 u_7	0.146 0	0.050 3
			地形地貌景观破坏 u_8	0.209 5	0.072 2
	地质灾害 U_3	0.419 7	地面塌陷 u_9	0.407 3	0.170 9
			地裂缝 u_{10}	0.369 5	0.155 1
			崩塌（矸石山）u_{11}	0.223 2	0.093 7

5.1.5　模糊评判

5.1.5.1　模糊评判方法

所谓模糊综合评判就是针对比较复杂的系统，以模糊数学理论为基础，通过模糊变换和最大隶属度原则来对多个参评指标与评价目标之间的关系作出综合性的评判，基本方法和步骤如下：

（1）建立因素集，设 $U=(U_1, U_2, \cdots, U_n)$ 评价因素集合；

（2）建立评价集，设 $V=(v_1, v_2, \cdots, v_n)$ 是判断结果级别划分的判定指标；

（3）计算各参评指标的权值，构建权重集合 $W=(w_1, w_2, \cdots, w_n)$；

（4）通过建立隶属度函数进行单个因素模糊评判，构建模糊关系矩阵；

（5）计算模糊综合评判向量：$\boldsymbol{B}=\boldsymbol{WR}=(b_1, b_2, \cdots, b_n)$，并作归一化处理，按照最大隶属度原则判定评价目标等级。

5.1.5.2　模糊评价

（1）建立参与评价的要素集

$$U=\{U_1, U_2, U_3\}$$

式中，U_1 为地质环境背景条件；U_2 为资源损毁；U_3 为地质灾害。

（2）确定参与评价的因子

$$U_1 = \{u_1, u_2, u_3\}$$
$$U_2 = \{u_4, u_5, u_6, u_7, u_8\}$$
$$U_3 = \{u_9, u_{10}, u_{11}\}$$

式中，u_1 为地形地貌；u_2 为年平均降水量；u_3 为植被覆盖度；u_4 为土地资源压占；u_5 为含水层破坏；u_6 为地表水污染；u_7 为土壤污染；u_8 为地形地貌景观破坏；u_9 为地面塌陷；u_{10} 为地裂缝；u_{11} 为崩塌（矸石山）。

（3）建立评价集

$$V = (v_1, v_2, v_3) = (Ⅰ, Ⅱ, Ⅲ)$$

式中，v_1 为较轻；v_2 为较严重；v_3 为严重。

（4）单因素评判

针对所挑选的每一个参评因素的特点选择合适的隶属度函数进行单因素评判。隶属度函数值域区间为 $[0,1]$，在形状特征上，可以划分为最清晰区域、最模糊区域和过渡区域 3 部分。按照隶属度定义，当参数的某一值的归属最清晰时，其隶属度为 0 或 1，最模糊时隶属度为 0.5，在 $(0, 0.5)$ 和 $(0.5, 1)$ 之间为过渡区域。多相模糊集中相邻两相的分界点是最模糊的点，区段的中点是模糊集中最清晰的点，该点对于所属模糊相隶属度为 1，对于相邻模糊相隶属度为 0。根据本次评价因子特征，对于完全定量化指标，选择连续线性函数形式构造隶属度函数，对于地形地貌、地表水污染、土壤污染及含水层破坏、地貌景观破坏因素中不能量化的指标采用专家直接打分的方式，并采取上一级别优先原则，只要有一条符合者即为该级别。

① 地面塌陷隶属度函数

$$\alpha_1 = \begin{cases} 1, & x \leqslant 0.05 \\ 1.5 - 10x, & 0.05 < x \leqslant 0.1 \\ \dfrac{14.95 - x}{9.9}, & 0.1 < x \leqslant 5.05 \\ 0, & x > 5.05 \end{cases} \tag{5-3}$$

$$\alpha_2 = \begin{cases} 0, & x \leqslant 0.05, x \geqslant 15 \\ 10x - 0.5, & 0.05 < x \leqslant 0.1 \\ \dfrac{x + 4.85}{9.9}, & 0.1 < x \leqslant 5.05 \\ \dfrac{5.05 - x}{9.9}, & 5.05 < x \leqslant 10 \\ \dfrac{15 - x}{10}, & 10 < x < 15 \end{cases} \tag{5-4}$$

$$\alpha_3 = \begin{cases} 0, & x \leqslant 5.05 \\ \dfrac{x-5.05}{9.9}, & 5.05 < x \leqslant 10 \\ \dfrac{x-5}{10}, & 10 < x \leqslant 15 \\ 1, & x > 15 \end{cases} \tag{5-5}$$

② 土地资源压占隶属度函数

$$\alpha_1 = \begin{cases} 1, & x \leqslant 0.025 \\ \dfrac{7.5-100x}{5}, & 0.025 < x \leqslant 0.05 \\ 5x+0.25, & 0.05 < x \leqslant 0.15 \\ 0, & x > 0.15 \end{cases} \tag{5-6}$$

$$\alpha_2 = \begin{cases} 0, & x \leqslant 0.025 \\ \dfrac{100x-2.5}{5}, & 0.025 < x \leqslant 0.05 \\ 5x+0.25, & 0.05 < x \leqslant 0.15 \\ 1.75-5x, & 0.15 < x \leqslant 0.25 \\ \dfrac{37.5-100x}{25}, & 0.25 < x \leqslant 0.375 \\ 0, & x > 0.375 \end{cases} \tag{5-7}$$

$$\alpha_3 = \begin{cases} 0, & x \leqslant 0.15 \\ 5x-0.75, & 0.15 < x \leqslant 0.25 \\ \dfrac{100x-12.5}{25}, & 0.25 < x \leqslant 0.375 \\ 1, & x > 0.375 \end{cases} \tag{5-8}$$

③ 植被覆盖度隶属度函数

$$\alpha_1 = \begin{cases} 0, & x \leqslant 30 \\ \dfrac{x-30}{10}, & 30 < x \leqslant 40 \\ \dfrac{x-20}{40}, & 40 < x \leqslant 60 \\ 1, & x > 60 \end{cases} \tag{5-9}$$

$$\alpha_2 = \begin{cases} 0, & x \leqslant 10, x \geqslant 60 \\ \dfrac{30-x}{20}, & 10 < x \leqslant 20 \\ \dfrac{x-10}{20}, & 20 < x \leqslant 30 \\ \dfrac{50-x}{20}, & 30 < x \leqslant 40 \\ \dfrac{x-20}{40}, & 40 < x < 60 \end{cases} \tag{5-10}$$

$$\alpha_3 = \begin{cases} 1, & x \leqslant 10 \\ \dfrac{30-x}{20}, & 10 < x \leqslant 20 \\ \dfrac{30-x}{10}, & 20 < x \leqslant 30 \\ 0, & x > 30 \end{cases} \tag{5-11}$$

④ 年平均降水量隶属度函数

$$\alpha_1 = \begin{cases} 0, & x \leqslant 575 \\ \dfrac{x-575}{250}, & 575 < x \leqslant 700 \\ \dfrac{x-350}{700}, & 700 < x \leqslant 1\,050 \\ 1, & x > 1\,050 \end{cases} \tag{5-12}$$

$$\alpha_2 = \begin{cases} 0, & x \leqslant 225, x \geqslant 1\,050 \\ \dfrac{x-225}{450}, & 225 < x \leqslant 450 \\ \dfrac{x-325}{250}, & 450 < x \leqslant 575 \\ \dfrac{825-x}{250}, & 575 < x \leqslant 700 \\ \dfrac{1\,050-x}{700}, & 700 < x < 1\,050 \end{cases} \tag{5-13}$$

$$\alpha_3 = \begin{cases} 1, & x \leqslant 225 \\ \dfrac{675-x}{450}, & 225 < x \leqslant 450 \\ \dfrac{575-x}{250}, & 450 < x \leqslant 575 \\ 0, & x > 575 \end{cases} \tag{5-14}$$

⑤ 地形地貌景观破坏率隶属度函数

$$
\alpha_1 = \begin{cases} 1, & x \leqslant 0.1 \\ 1.5 - 5x, & 0.1 < x \leqslant 0.2 \\ 5x - 0.5, & 0.2 < x \leqslant 0.3 \\ 0, & x > 0.3 \end{cases} \tag{5-15}
$$

$$
\alpha_2 = \begin{cases} 0, & x \leqslant 0.1, x > 0.6 \\ 5x - 0.5, & 0.1 < x \leqslant 0.2 \\ 1.5 - 5x, & 0.2 < x \leqslant 0.3 \\ 2.5 - 5x, & 0.3 < x \leqslant 0.4 \\ \dfrac{5x - 1}{2}, & 0.4 < x \leqslant 0.6 \end{cases} \tag{5-16}
$$

$$
\alpha_3 = \begin{cases} 0, & x \leqslant 0.3 \\ 5x - 1.5, & 0.3 < x \leqslant 0.4 \\ \dfrac{5x - 1}{2}, & 0.4 < x \leqslant 0.6 \\ 1, & x > 0.6 \end{cases} \tag{5-17}
$$

⑥ 地裂缝密度隶属度函数

$$
\alpha_1 = \begin{cases} 1, & x \leqslant 0.05 \\ 1.5 - 10x, & 0.05 < x \leqslant 0.1 \\ 1 - 5x, & 0.1 < x \leqslant 0.2 \\ 0, & x > 0.2 \end{cases} \tag{5-18}
$$

$$
\alpha_2 = \begin{cases} 0, & x \leqslant 0.05, x > 0.45 \\ 10x - 0.5, & 0.05 < x \leqslant 0.1 \\ 5x, & 0.1 < x \leqslant 0.2 \\ 2 - 5x, & 0.2 < x \leqslant 0.3 \\ \dfrac{4.5 - 10x}{3}, & 0.3 < x \leqslant 0.45 \end{cases} \tag{5-19}
$$

$$
\alpha_3 = \begin{cases} 0, & x \leqslant 0.2 \\ 5x - 1, & 0.2 < x \leqslant 0.3 \\ \dfrac{10x - 1.5}{3}, & 0.3 < x \leqslant 0.45 \\ 1, & x > 0.45 \end{cases} \tag{5-20}
$$

⑦ 地裂缝长度隶属度函数

$$\alpha_1 = \begin{cases} 1, & x \leqslant 50 \\ \dfrac{150-x}{100}, & 50 < x \leqslant 100 \\ \dfrac{300-x}{400}, & 100 < x \leqslant 300 \\ 0, & x > 300 \end{cases} \tag{5-21}$$

$$\alpha_2 = \begin{cases} 0, & x \leqslant 50, x > 750 \\ \dfrac{x-50}{100}, & 50 < x \leqslant 100 \\ \dfrac{x+100}{400}, & 100 < x \leqslant 300 \\ \dfrac{700-x}{400}, & 300 < x \leqslant 500 \\ \dfrac{750-x}{500}, & 500 < x \leqslant 750 \end{cases} \tag{5-22}$$

$$\alpha_3 = \begin{cases} 0, & x \leqslant 300 \\ \dfrac{x-300}{400}, & 300 < x \leqslant 500 \\ \dfrac{x-250}{500}, & 500 < x \leqslant 750 \\ 1, & x > 750 \end{cases} \tag{5-23}$$

（5）综合评价

① 初级评判

分别利用所挑选的每一个参评因子级别评定的临界值,构造参评因子与其对应的级别评判的隶属度函数,将每一个参评因子的实际数值代入公式,求得地质环境背景、资源损毁和地质灾害 3 个方面所选取的每一个指标的级别判定结果从而列出隶属度矩阵 R_1、R_2、R_3。

地质环境背景要素集隶属度矩阵:

$$R_1 = \begin{bmatrix} r_{11} & r_{12} & r_{13} \\ r_{21} & r_{22} & r_{23} \\ r_{31} & r_{32} & r_{33} \end{bmatrix} \tag{5-24}$$

资源损毁要素集隶属度矩阵:

$$R_2 = \begin{bmatrix} r_{41} & r_{42} & r_{43} \\ r_{51} & r_{52} & r_{53} \\ r_{61} & r_{62} & r_{63} \\ r_{71} & r_{72} & r_{73} \\ r_{81} & r_{82} & r_{83} \end{bmatrix} \tag{5-25}$$

地质灾害要素集隶属度矩阵：

$$\boldsymbol{R}_3 = \begin{bmatrix} r_{91} & r_{92} & r_{93} \\ r_{101} & r_{102} & r_{103} \\ r_{111} & r_{112} & r_{113} \end{bmatrix} \tag{5-26}$$

根据专家打分法确定的各个要素的指标权值结果，可以得到 U 的模糊子集是：

$$W_1 = (w_1, w_2, w_3)$$
$$W_2 = (w_4, w_5, w_6, w_7, w_8)$$
$$W_3 = (w_9, w_{10}, w_{11})$$

将上述计算所得的隶属度矩阵 $\boldsymbol{R}_i$ 和权重集通过复合运算来进行模糊变换，从而求得各要素的一级评判结果，即：

$$\boldsymbol{B}_i = W_i \cdot \boldsymbol{R}_i = (b_{i1}, b_{i2}, b_{i3})$$

② 二级评判

根据上述的初级评判的结果构建目标层对评价等级的隶属度矩阵，由此可以得出模糊二级评判矩阵，即：

$$\boldsymbol{R} = \begin{bmatrix} \boldsymbol{B}_1 \\ \boldsymbol{B}_2 \\ \boldsymbol{B}_3 \end{bmatrix} \tag{5-27}$$

可知地质环境背景（U_1）、资源损毁（U_2）、地质灾害（U_3）的权值模糊子集 $P = (P_1, P_2, P_3)$。

同样运用模糊数学中的矩阵复合运算，求得河北省关闭煤矿地质环境问题的模糊二级评判的结果为：

$$\boldsymbol{B} = P \cdot \begin{bmatrix} \boldsymbol{B}_1 \\ \boldsymbol{B}_2 \\ \boldsymbol{B}_3 \end{bmatrix} \tag{5-28}$$

从而得到河北省关闭煤矿地质环境影响较轻、较严重、严重 3 个级别的隶属度，根据最大隶属原则，$\boldsymbol{B}$ 最大元素所对应的等级即是矿山地质环境评价等级。

5.2　关闭煤矿地质环境问题影响程度单项评价

本次主要对河北省主要矿区关闭煤矿问题较为明显的 115 个矿进行了单项定量评价和综合定量评价，其余矿山地质环境问题不明显的以往小矿、老窑区按"较轻"级别评价。各单项评价结果详见河北省主要矿区关闭煤矿地质环境影响综合评价部分。

5.2.1　土地资源压占单项评价

依据本次调查数据，通过对全省主要矿区关闭煤矿土地资源压占影响的单项评价，可以看出土地压占影响较严重和严重级别占全部参与定量评价煤矿的 32%（图 5-1），该类煤矿主要分布在邯郸、张家口、唐山等地。较轻级别占 68%，其中一些压占不明显的小矿、老窑区影响程度按较轻级别评价，主要分布在邢台、石家庄、承德、张家口等地。

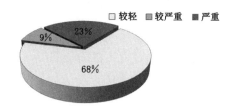

图 5-1　关闭煤矿土地资源压占影响评价统计图

5.2.2　含水层破坏单项评价

含水层破坏按照分级确定采取上一级别优先原则,只要有一条符合者即为该级别。本次调查的关闭煤矿含水层破坏影响评价基本为严重级别。

5.2.3　地表水污染单项评价

评价结果显示参与评价的 33 个关闭煤矿总体为较轻级别。与关闭煤矿相关的地表水污染影响程度为较严重的占评价总体的 15%(图 5-2),主要分布在邯邢地区。其余85% 为较轻。

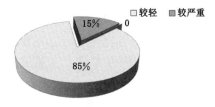

图 5-2　关闭煤矿地表水污染影响评价统计图

5.2.4　土壤污染单项评价

评价结果显示总体较好,与关闭煤矿相关的土壤污染影响程度为较轻的占参与定量评价总体的 83%(图 5-3)。其余较严重～严重级别占总体的 17%,主要分布在邯郸、唐山和张家口等地。

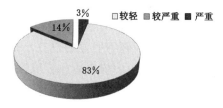

图 5-3　关闭煤矿土壤污染影响评价统计图

5.2.5　地形地貌景观破坏单项评价

评价结果显示总体较差,与关闭煤矿相关的地形地貌景观破坏影响程度为严重的占参与定量评价总体的 51%（图 5-4），主要分布在邯郸、唐山和张家口等地。其余较严重、较轻级别各占 17%、32%。

图 5-4　关闭煤矿地形地貌景观破坏影响评价统计图

5.2.6　地质灾害单项评价

评价结果显示全省主要矿区相当一部分关闭煤矿仍在地质灾害方面存在问题，其中地质灾害影响程度为较严重~严重级别的关闭煤矿占参与定量评价总体的 41%（图 5-5），该类煤矿主要分布在张家口、唐山、邯郸和承德等地。较轻级别的占参与定量评价总体的 59%。

图 5-5　关闭煤矿地质灾害影响评价统计图

5.3　关闭煤矿地质环境影响综合评价——以峰峰四矿为例

以峰峰四矿为例说明计算方法。该煤矿地貌单元属于中低山，年平均降水量 498 mm，植被覆盖度约为 32.92%，土地资源压占 0.65 km²，含水层破坏严重，水综合污染较轻，土壤综合污染较轻，地形地貌景观破坏率为 0.901，地面塌陷面积为 2.96 km²，地裂缝密度 0.499，最长地裂缝长度为 30 m，崩塌（矸石山）程度较轻。

5.3.1　初级评判

将峰峰四矿每一个参评因子的实际数值代入公式（无法量化的采用专家经验法赋值），求得地质环境背景、资源损毁和地质灾害 3 个方面所选取的每一个指标的级别判定结果，从而列出隶属度矩阵 $\boldsymbol{R}_1$、$\boldsymbol{R}_2$、$\boldsymbol{R}_3$：

地质环境背景要素集隶属度矩阵：

$$\boldsymbol{R}_1 = \begin{bmatrix} 0 & 0 & 0 & 1 \\ 0 & 0 & 0.82 & 0.18 \\ 0 & 0.792 & 0.208 & 0 \end{bmatrix}$$

资源损毁要素集隶属度矩阵：

$$R_2 = \begin{bmatrix} 0 & 0 & 0 & 1 \\ 0 & 0 & 0 & 1 \\ 0 & 0 & 0 & 1 \\ 1 & 0 & 0 & 0 \\ 0 & 0 & 0 & 1 \end{bmatrix}$$

地质灾害要素集隶属度矩阵：

$$R_3 = \begin{bmatrix} 0 & 0.282\,2 & 0.717\,8 & 0 \\ 0 & 0 & 0 & 1 \\ 0 & 1 & 0 & 0 \end{bmatrix}$$

根据上文中专家打分法确定的各个要素的指标权值结果,可以得到 U 的模糊子集是：

$$W_1 = (0.405\,8, 0.269\,2, 0.325\,0)$$
$$W_2 = (0.275\,5, 0.209\,5, 0.159\,5, 0.146\,0, 0.209\,5)$$
$$W_3 = (0.407\,3, 0.369\,5, 0.223\,2)$$

得出各要素的一级评判结果：

$$B_1 = W_1 \cdot R_1 = (0, 0.257\,4, 0.288\,3, 0.454\,3)$$
$$B_2 = W_2 \cdot R_2 = (0.146\,0, 0, 0, 0.854\,0)$$
$$B_3 = W_3 \cdot R_3 = (0, 0.338\,1, 0.292\,4, 0.369\,5)$$

5.3.2 二级评判

根据上述的初级评判的结果构建目标层对评价等级的隶属度矩阵,由此可以得出模糊二级评判矩阵,即：

$$R = \begin{bmatrix} 0 & 0.257\,4 & 0.288\,3 & 0.454\,3 \\ 0.146\,0 & 0 & 0 & 0.854\,0 \\ 0 & 0.338\,1 & 0.292\,4 & 0.369\,5 \end{bmatrix}$$

可知地质环境背景(U_1)、资源损毁(U_2)、地质灾害(U_3)的权值模糊子集 $P = (P_1, P_2, P_3) = (0.235\,5, 0.344\,8, 0.419\,7)$。

同样运用模糊数学中的矩阵复合运算,求得峰峰四矿矿山地质环境问题的模糊二级评判的结果为：

$$B = P \cdot R = (0.050\,3, 0.393\,1, 0.556\,5)$$

峰峰四矿矿山地质环境影响程度 3 个级别的隶属度分别为较轻(0.050 3)、较严重(0.393 1)、严重(0.556 5)。根据模糊数学中最大隶属度等级即为评判等级的原则,0.556 5在3个等级中数值最大,得出峰峰四矿矿山地质环境影响程度的评判等级为严重,这个结论与实际调查的情况基本一致。

5.3.3 河北省主要矿区关闭煤矿地质环境影响综合评价

依据上述评价方法,计算出调查区内各关闭煤矿地质环境影响程度。河北省主要矿区关闭煤矿地质环境影响综合评价结果见图5-6~图5-12。

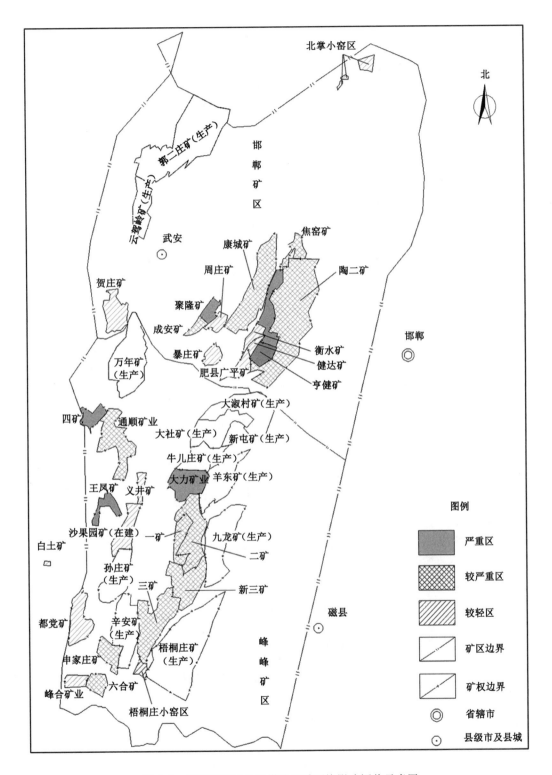

图 5-6   邯郸调查区关闭煤矿地质环境影响评价示意图

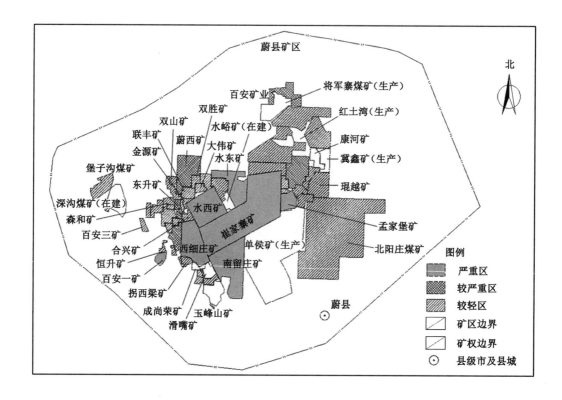

图 5-7　蔚县矿区关闭煤矿地质环境影响评价示意图

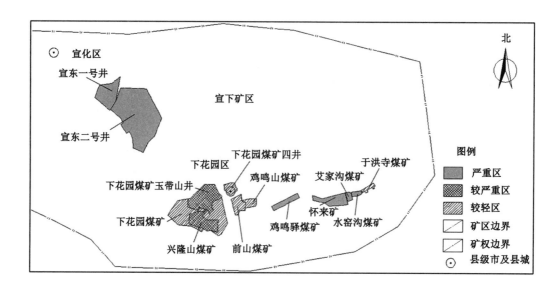

图 5-8　宣下矿区关闭煤矿地质环境影响评价示意图

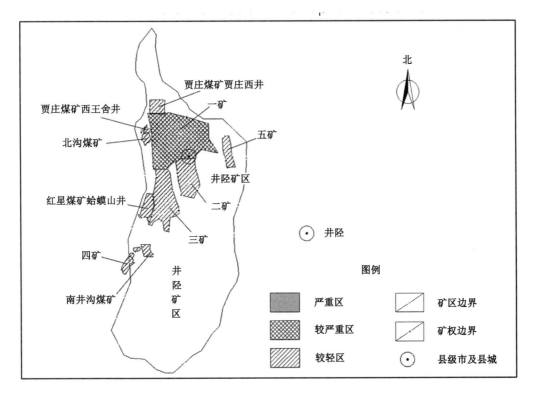

图 5-9　井陉矿区关闭煤矿地质环境影响评价示意图

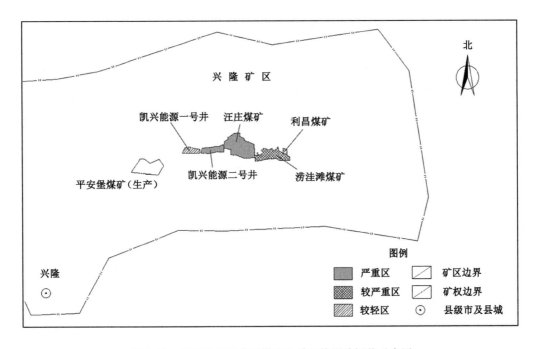

图 5-10　承德调查区关闭煤矿地质环境影响评价示意图

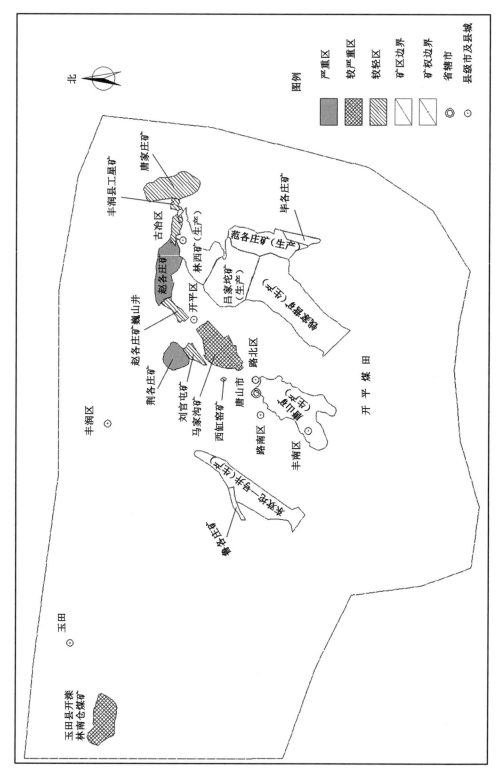

图 5-11　唐山调查区关闭煤矿 地质环境影响评价示意图

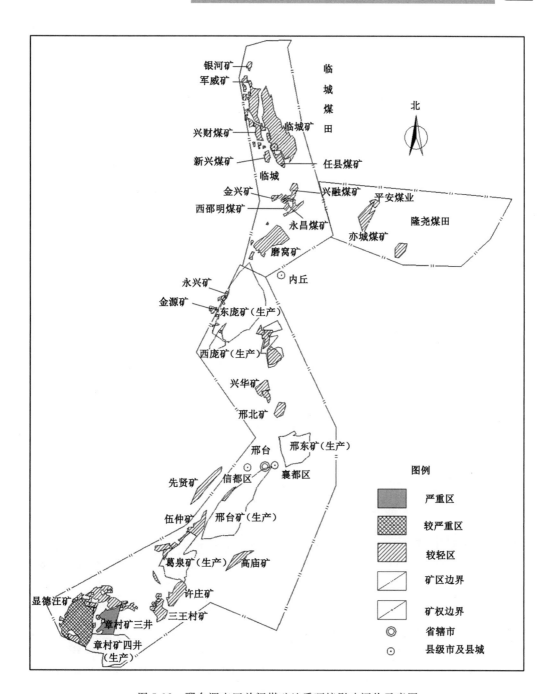

图 5-12　邢台调查区关闭煤矿地质环境影响评价示意图

　　评价结果显示,相当部分关闭煤矿仍处于影响程度较严重～严重状态,仍在地质灾害、含水层破坏、土地压占等多个方面存在较大问题。其中,综合评价级别较轻的矿井有142 个,占总体的 74％;较严重的矿井有 23 个,占总体的 12％;严重的矿井有 28 个,占总体的 14％。综合评价结果统计详见图 5-13、表 5-5。

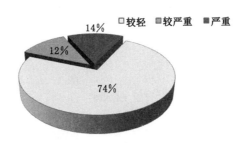

图 5-13　河北省主要矿区关闭煤矿地质环境影响综合评价统计图

表 5-5　调查区关闭煤矿地质环境影响程度评价分级表

调查区	序号	矿山名称	地形地貌	矿区面积/km²	年平均降水量/mm	植被覆盖度/%	土地资源压占	含水层破坏	地表水污染	土壤污染	地形地貌景观破坏	地面塌陷	地裂缝	崩塌(矸石山)	结果
邯郸	1	暴庄矿	丘陵	3.15	560.00	35.07	较轻	严重	—	较轻	较轻	较轻	较轻	较轻	较轻
	2	成安矿	平原	2.01	560.00	40.15	严重	严重	—	较轻	严重	较严重	较轻	严重	较严重
	3	大力矿	平原	9.55	500.10	55.37	严重	严重	较轻	较轻	严重	严重	较严重	较轻	严重
	4	都党矿	丘陵	9.36	560.00	39.86	较轻	严重	较轻	较轻	较轻	较轻	较轻	较轻	较轻
	5	峰峰二矿	丘陵	11.13	600.00	45.48	严重	严重	较轻	较轻	较严重	较严重	较轻	较轻	较严重
	6	峰峰三矿	丘陵	12.52	490.60	40.29	严重	严重	较轻	较严重	严重	较严重	较轻	较轻	较严重
	7	峰峰四矿	中低山	4.01	498.00	32.92	严重	严重	较轻	较轻	严重	较严重	严重	较轻	严重
	8	峰峰一矿	丘陵	5.20	500.10	34.88	较严重	严重	较轻	较轻	严重	较严重	较轻	较轻	较严重
	9	峰合矿	丘陵	2.28	564.30	49.54	严重	严重	—	较轻	较严重	较严重	较轻	较轻	较轻
	10	广平矿	平原	4.24	550.00	36.96	较严重	严重	—	较轻	较轻	较轻	严重	较轻	较轻
	11	亨健矿	丘陵	4.69	505.80	37.49	较严重	严重	较轻	较严重	严重	较轻	严重	较轻	严重
	12	衡水矿	平原	2.65	550.00	52.48	严重	严重	—	较轻	严重	较轻	较轻	较轻	较轻
	13	健达矿	平原	1.39	550.00	59.66	严重	严重	—	较轻	严重	较轻	较轻	较轻	较轻
	14	焦窑矿	平原	3.70	550.00	53.72	严重	严重	—	较轻	严重	较严重	较严重	较轻	较严重
	15	聚隆矿	丘陵	3.02	521.70	48.18	严重	严重	较轻	较轻	严重	严重	严重	较轻	严重
	16	康城矿	丘陵	20.65	529.40	54.77	严重	严重	较轻	较严重	严重	较严重	较严重	较轻	较严重
	17	六合矿	丘陵	4.77	500.10	46.60	严重	严重	较轻	较轻	较严重	严重	较严重	较轻	较严重
	18	邱县矿	平原	0.84	524.60	47.62	较轻	严重	—	较轻	较轻	较轻	较轻	较轻	较轻
	19	曲周矿	平原	1.54	556.20	43.98	严重	严重	—	较轻	严重	较严重	较轻	较轻	较轻
	20	沙果园矿	丘陵	7.60	560.00	38.31	严重	严重	较轻	较轻	较严重	较严重	较轻	较轻	较轻
	21	申家庄矿	丘陵	5.44	493.80	37.92	严重	严重	较轻	较轻	较严重	较严重	较轻	较轻	较严重
	22	陶二矿	平原	44.01	550.00	41.86	严重	严重	较轻	较严重	较严重	较严重	较严重	较严重	较严重

表 5-5(续)

调查区	序号	矿山名称	地形地貌	矿区面积/km²	年平均降水量/mm	植被覆盖度/%	土地资源压占	含水层破坏	地表水污染	土壤污染	地形地貌景观破坏	地面塌陷	地裂缝	崩塌(矸石山)	结果
邯郸	23	陶一矿	丘陵	11.56	510.40	47.57	严重	严重	较轻	较严重	较严重	较严重	较轻	严重	严重
	24	通顺矿	中低山	15.05	494.00	53.49	严重	严重	较严重	较轻	严重	较严重	较严重	较严重	较严重
	25	王凤矿	丘陵	3.87	560.00	36.99	严重	严重	—	较轻	严重	严重	较轻	较严重	严重
	26	新三矿北区	丘陵	15.29	490.60	42.97	严重	严重	较严重	较轻	严重	较轻	较轻	较严重	较严重
	27	义井矿	丘陵	2.23	560.00	40.02	严重	严重	—	较轻	严重	较严重	较轻	较轻	较轻
	28	周庄矿	平原	2.67	560.00	46.11	较严重	严重	较轻	较严重	较轻	较轻	较轻	较轻	较轻
邢台	29	长信矿	丘陵	2.02	525.10	59.14	较轻	严重	较轻	较轻	较轻	较轻	较轻	较轻	较轻
	30	金源矿	丘陵	0.26	552.70	67.91	较轻	严重	较轻	较轻	较轻	较轻	较轻	较轻	较轻
	31	三王村矿	丘陵	3.23	529.50	25.20	严重	严重	较轻	严重	较轻	较轻	较轻	较轻	较轻
	32	伍仲矿	丘陵	3.39	507.70	59.90	较轻	严重	较轻	较轻	较轻	较轻	较严重	较轻	较轻
	33	显德汪矿	丘陵	18.22	494.00	56.15	严重	严重	较严重	较严重	严重	较严重	较轻	较严重	较严重
	34	兴华矿	丘陵	2.26	525.10	67.70	较轻	严重	较轻	较轻	较轻	较轻	较轻	较轻	较轻
	35	许庄矿	丘陵	4.50	529.50	44.47	较严重	严重	—	较轻	较严重	较轻	较轻	较轻	较轻
	36	永兴矿	丘陵	0.22	552.70	78.93	较轻	严重	较轻	较轻	较轻	较轻	较轻	较轻	较轻
	37	章村矿	丘陵	7.07	503.10	43.56	严重	严重	较严重	严重	严重	较严重	严重	较严重	严重
	38	金兴矿	丘陵	0.17	560.00	41.17	较轻	严重	较轻	较轻	严重	较轻	较轻	较轻	较轻
	39	军威矿	丘陵	0.53	556.00	69.74	较轻	严重	—	较轻	严重	较轻	较轻	较轻	较轻
	40	临城矿	丘陵	18.15	605.00	52.12	较严重	严重	较轻	较轻	较轻	较轻	较轻	较轻	较轻
	41	平安矿	平原	0.88	524.00	71.26	较轻	严重	较轻	较轻	较轻	较轻	较轻	较轻	较轻
	42	任县矿	丘陵	1.53	605.00	42.57	较轻	严重	较轻	较轻	较严重	较轻	较轻	较轻	较轻
	43	西邵明矿	丘陵	0.46	560.00	56.48	较轻	严重	较轻	较轻	较轻	较轻	较轻	较轻	较轻
	44	新兴矿	丘陵	0.90	560.00	32.85	较轻	严重	较轻	较轻	严重	较轻	较轻	较轻	较轻
	45	兴财矿	丘陵	1.55	556.00	42.81	较轻	严重	较轻	较轻	较轻	较轻	较轻	较轻	较轻
	46	兴融矿	丘陵	1.62	500.00	74.38	较严重	严重	较轻	较轻	较轻	较轻	较轻	较轻	较轻
	47	亦城矿	平原	4.12	461.00	52.14	较轻	严重	较轻	较轻	较轻	较轻	较轻	较轻	较轻
	48	永昌矿	丘陵	1.44	560.00	62.04	较轻	严重	较轻	较轻	较轻	较轻	较轻	较轻	较轻
石家庄	49	元氏矿业	平原	12.11	545.80	72.77	较严重	严重	较轻	较轻	较轻	较轻	较轻	较轻	较轻
	50	北沟矿	丘陵	0.40	455.44	61.47	较轻	严重	较轻	较轻	较轻	较轻	较轻	较轻	较轻
	51	红星矿	丘陵	1.11	433.07	72.53	较轻	严重	较轻	较轻	较轻	较严重	较轻	较轻	较轻
	52	贾庄西井	丘陵	0.91	456.91	61.96	较轻	严重	较轻	较轻	较轻	严重	较轻	较轻	较轻
	53	井陉一矿	丘陵	11.39	447.03	35.27	严重	严重	较轻	较轻	严重	较严重	严重	较轻	较严重

表 5-5(续)

调查区	序号	矿山名称	地形地貌	矿区面积/km²	年平均降水量/mm	植被覆盖度/%	土地资源压占	含水层破坏	地表水污染	土壤污染	地形地貌景观破坏	地面塌陷	地裂缝	崩塌(矸石山)	结果
石家庄	54	井陉二矿	丘陵	3.11	434.30	42.69	较轻	严重	—	较轻	较轻	较严重	严重	较轻	较轻
	55	井陉三矿	丘陵	4.91	431.73	56.85	严重	严重	—	较严重	严重	较严重	较轻	较轻	较轻
	56	井陉四矿	丘陵	0.74	421.66	40.67	较轻	严重	—	较轻	较轻	较轻	较轻	较轻	较轻
	57	井陉五矿	丘陵	1.05	439.13	39.13	较轻	严重	—	较轻	较轻	较轻	较轻	较轻	较轻
	58	南井沟矿	丘陵	0.47	423.66	49.55	较轻	严重	—	较严重	较轻	较轻	较轻	较轻	较轻
	59	西王舍矿	丘陵	0.14	455.44	72.94	较轻	严重	—	较轻	严重	较轻	较轻	较轻	较轻
唐山	60	荆各庄矿	平原	10.65	637.74	39.11	严重	严重	较轻	严重	严重	严重	较轻	较轻	严重
	61	林南仓矿	平原	24.95	750.02	73.89	严重	严重	较轻	严重	较严重	较严重	较严重	较严重	较严重
	62	马家沟矿	平原	25.32	595.26	30.92	严重	严重	—	较轻	严重	严重	较轻	较轻	较严重
	63	唐家庄矿	平原	23.76	596.46	31.58	严重	严重	较轻	较轻	较严重	较严重	较轻	较轻	较轻
	64	赵各庄矿	平原	24.42	624.95	34.32	严重	严重	较轻	较严重	严重	严重	较轻	严重	严重
承德	65	凯兴一井	中低山	0.93	805.76	53.01	较轻	严重	—	较严重	较轻	较严重	较轻	较轻	较轻
	66	凯兴二井	中低山	1.38	810.23	46.12	较轻	严重	—	较严重	严重	较严重	严重	较轻	严重
	67	涝洼滩矿	中低山	2.94	794.74	69.10	较严重	严重	—	较轻	严重	较严重	较轻	严重	较严重
	68	利昌矿	中低山	0.21	797.24	67.74	较轻	严重	—	较轻	较轻	较轻	较轻	较轻	较轻
	69	汪庄矿	中低山	5.51	794.98	52.96	严重	严重	—	严重	严重	较严重	较轻	较严重	严重
	70	鱼鳞沟矿	中低山	无	808.10	46.12	较轻	严重	—	较轻	较轻	较轻	较轻	较轻	较轻
张家口	71	艾家沟矿	中低山	0.47	453.14	39.50	较轻	严重	—	较轻	严重	严重	较轻	较轻	严重
	72	怀来矿	中低山	2.96	476.79	44.24	较严重	严重	—	较严重	严重	严重	较轻	较严重	严重
	73	前山矿	中低山	2.93	426.05	30.21	较严重	严重	—	较轻	严重	严重	较轻	严重	严重
	74	鸡鸣驿矿	丘陵	1.51	451.62	37.20	较轻	严重	较轻	较轻	较严重	较轻	严重	严重	严重
	75	水窑沟矿	中低山	0.47	492.19	40.56	较轻	严重	—	较轻	严重	较严重	严重	较严重	严重
	76	下花园二井	丘陵	无	411.36	27.09	较轻	严重	—	较轻	较轻	较轻	较轻	较轻	较轻
	77	下花园四井	中低山	1.23	402.52	41.84	较轻	严重	—	较轻	严重	严重	较轻	较轻	严重
	78	兴隆山矿	中低山	4.42	402.65	44.00	较严重	严重	—	较轻	严重	较严重	较严重	较严重	较严重
	79	宣东二井	中低山	21.87	392.19	40.86	严重	严重	较严重	较严重	严重	较严重	较轻	较轻	严重
	80	宣东一井	丘陵	4.93	384.85	29.28	严重	严重	—	较轻	较轻	较严重	较轻	严重	严重
	81	于洪寺矿	中低山	0.53	485.51	45.72	较轻	严重	较轻	较严重	严重	较轻	较轻	较严重	较轻
	82	玉带山矿	中低山	6.36	479.99	37.31	较轻	严重	—	较轻	较轻	较严重	较轻	较轻	较严重
	83	百安矿业	中低山	3.99	452.89	34.58	较严重	严重	—	较轻	较轻	较轻	较轻	较严重	较严重
	84	百安一矿	中低山	1.09	435.68	44.00	较轻	严重	—	较轻	严重	严重	较轻	严重	严重
	85	北阳庄矿	平原	49.28	398.68	46.05	严重	较轻	较轻	较严重	较轻	较严重	较轻	较轻	较轻

表 5-5(续)

调查区	序号	矿山名称	地形地貌	矿区面积/km²	年平均降水量/mm	植被覆盖度/%	土地资源压占	含水层破坏	地表水污染	土壤污染	地形地貌景观破坏	地面塌陷	地裂缝	崩塌(矸石山)	结果
张家口	86	成尚荣矿	中低山	0.50	412.94	41.84	较严重	严重	—	较轻	严重	较轻	严重	较严重	严重
	87	崔家寨矿	丘陵	34.34	429.80	35.12	严重	严重	—	较严重	严重	严重	严重	较严重	严重
	88	大伟矿	中低山	0.97	471.06	38.68	较严重	严重	—	较轻	严重	较轻	较轻	较轻	较轻
	89	东升矿	中低山	0.98	466.43	35.98	较严重	严重	—	较轻	严重	较严重	较轻	较严重	较严重
	90	东裕矿	中低山	1.00	475.96	40.65	较轻	严重	—	较轻	较轻	较轻	较轻	较轻	较轻
	91	合兴矿	中低山	0.87	457.73	31.37	较轻	严重	较轻	较轻	较轻	较轻	较轻	较轻	较轻
	92	恒升矿	中低山	0.51	445.56	37.41	较严重	严重	—	较轻	较严重	较轻	较轻	较轻	较轻
	93	滑嘴矿	丘陵	1.49	408.87	15.17	较严重	严重	—	较轻	严重	较轻	严重	较轻	严重
	94	将军寨矿	中低山	5.13	482.53	41.02	较轻	严重	—	较轻	较轻	较轻	较轻	较轻	较轻
	95	金源矿	中低山	0.49	464.03	24.52	较严重	严重	—	较轻	严重	较轻	较轻	较轻	较轻
	96	康河矿	中低山	1.88	434.68	45.72	较轻	严重	—	较轻	较严重	较轻	严重	较严重	严重
	97	琨越矿	中低山	4.95	420.56	39.50	较严重	严重	—	较轻	较严重	较轻	较轻	较严重	较轻
	98	联丰矿	中低山	1.51	480.43	23.62	严重	严重	—	较轻	严重	较轻	较轻	较轻	较轻
	99	孟家堡矿	中低山	2.67	432.34	25.39	较严重	严重	—	较轻	严重	较严重	严重	较严重	严重
	100	南留庄矿	丘陵	19.90	408.82	38.65	严重	严重	—	较轻	严重	较严重	较轻	较轻	严重
	101	森和矿	中低山	0.84	477.74	40.48	较轻	严重	—	较轻	较严重	较轻	较轻	较轻	较轻
	102	双山矿	中低山	0.64	504.44	69.97	较轻	严重	—	较轻	严重	较轻	较轻	较轻	较轻
	103	双胜矿	中低山	0.95	481.45	52.92	较严重	严重	—	较轻	严重	较轻	较轻	较轻	较轻
	104	水东矿	中低山	7.22	460.13	35.21	严重	严重	—	较轻	严重	较严重	较轻	较轻	严重
	105	水西矿	中低山	10.03	448.70	36.91	严重	严重	—	较轻	较严重	较严重	较轻	严重	严重
	106	水裕矿	中低山	1.44	438.04	27.09	较轻	严重	较轻	较轻	较轻	较轻	严重	较轻	较轻
	107	瓦房矿	中低山	0.38	434.57	44.88	较轻	严重	—	较轻	较严重	较轻	较轻	较轻	较轻
	108	蔚西矿	中低山	7.33	505.71	73.89	较严重	严重	—	较轻	较严重	较严重	较轻	较严重	较严重
	109	西涧沟矿	中低山	1.22	473.58	40.56	较轻	严重	—	较轻	严重	较轻	较轻	较轻	较轻
	110	西细庄矿	中低山	11.86	434.07	34.67	严重	严重	—	较轻	严重	较严重	严重	较严重	严重
	111	新陶阳矿	中低山	2.02	440.39	44.24	较严重	严重	—	较轻	严重	较严重	较轻	较严重	较严重
	112	兴源矿	丘陵	8.04	411.42	43.42	较严重	严重	—	较轻	较轻	较轻	严重	较严重	较轻
	113	玉峰山矿	中低山	3.58	394.81	34.88	严重	严重	—	较轻	严重	较严重	严重	较严重	严重
	114	源丰矿	中低山	2.32	422.54	35.84	较轻	严重	—	较轻	较轻	较轻	较轻	较轻	较轻
	115	郑沟湾矿	中低山	2.66	456.81	35.93	较严重	严重	—	较轻	严重	较严重	较轻	较严重	较严重
备注		其余78处关闭小煤矿、老窑区未发现明显的地质灾害等地质环境问题,评价为较轻													

5.4 关闭煤矿地质环境影响程度

5.4.1 煤矿山地质环境影响程度分区原则

参照《矿山地质环境保护与恢复治理方案编制规范》(DZ/T 0223—2011)、野外实际调查情况及前述建立的评价指标、评价方法及评价原则,将调查区地质环境影响程度分为严重、较严重、较轻进行分区评述。

5.4.2 煤矿山地质环境影响程度分区结果

本次工作共对河北省主要矿区 193 个关闭煤矿进行了矿山地质环境影响程度分区,对其中 115 个关闭煤矿进行了地质环境影响程度定量评价,其他 78 处关闭小煤矿、老窑区没有明显的地质灾害等地质环境问题,均评价为影响程度较轻区。详见统计表 5-6。

表 5-6 调查区关闭煤矿地质环境影响程度统计表

序号	调查区	地质环境影响程度			
		严重	较严重	较轻	小计
1	邯郸	6	11	11	28
2	邢台	1	1	91	93
3	石家庄	0	1	10	11
4	张家口	17	7	26	50
5	唐山	2	2	1	5
6	承德	2	1	3	6
	合计	28	23	142	193

5.4.3 关闭煤矿地质环境影响程度分区评述

河北省主要矿区关闭煤矿主要划分为 3 个区,即地质环境影响较轻区(Ⅰ)、地质环境影响较严重区(Ⅱ)、地质环境影响严重区(Ⅲ)。① Ⅰ区:包含区内 142 处参与地质环境影响程度综合评价的关闭煤矿(含 78 处以往关闭的小矿、老窑区),总面积 273.21 km²;② Ⅱ区:包含区内 23 处关闭煤矿,总面积 250.35 km²;③ Ⅲ区:包含区内 28 处关闭煤矿,总面积 212.50 km²。详见表 5-7。

可以看出,河北省主要矿区以蔚县矿区地质环境影响严重区分布最广,开滦、宣下矿区次之;较严重区以邯郸矿区、峰峰矿区分布最广,开滦次之;较轻区以蔚县矿区分布最广,邢台矿区、临城-隆尧煤田次之。

(1)邯郸调查区

评价总面积 214.42 km²,Ⅱ区分布最广。其中:① Ⅰ区:包括区内 11 处关闭煤矿,总面积 37.95km²;② Ⅱ区:包括区内 11 处关闭煤矿,总面积 139.77km²;③ Ⅲ区:包括区

表 5-7　调查区关闭煤矿地质环境影响面积统计表

调查区	矿区(煤田)	地质环境影响面积/km²			
		较轻(Ⅰ)	较严重(Ⅱ)	严重(Ⅲ)	小计
邯郸	邯郸	16.48	70.37	19.27	106.12
	峰峰	21.47	69.40	17.43	108.30
	小计	37.95	139.77	36.70	214.42
邢台	邢台	44.04	18.22	7.07	69.33
	临城-隆尧	41.34	0	0	41.34
	小计	85.38	18.22	7.07	110.67
石家庄	元氏	12.11	0	0	12.11
	井陉	12.84	11.39	0	24.23
	小计	24.95	11.39	0	36.34
唐山	开滦	23.76	50.27	35.07	109.10
张家口	宣下	4.69	10.78	32.21	47.68
	蔚县	95.34	16.98	94.56	206.88
	小计	100.03	27.76	126.77	254.56
承德	兴隆	1.14	2.94	6.89	10.97
合计		273.21	250.35	212.50	736.06

内 6 处关闭煤矿,总面积 36.70 km²。

（2）邢台调查区

评价总面积 110.67 km²,Ⅰ区分布最广。其中:① Ⅰ区:包括区内 91 处关闭煤矿,总面积 85.38 km²;② Ⅱ区:包括区内 1 处关闭煤矿,总面积 18.22 km²;③ Ⅲ区:包括区内 1 处关闭煤矿,总面积 7.07 km²。

（3）石家庄调查区

评价总面积 36.34 km²,Ⅰ区分布最广。其中:① Ⅰ区:包括区内 10 处关闭煤矿,总面积 24.95 km²;② Ⅱ区:包括区内 1 处关闭煤矿,总面积 11.39 km²;③ Ⅲ区:无。

（4）张家口调查区

评价总面积 254.56 km²,Ⅰ区和Ⅲ区分布较广。其中:① Ⅰ区:包括区内 26 处关闭煤矿,总面积 100.03 km²;② Ⅱ区:包括区内 7 处关闭煤矿,总面积 27.76 km²;③ Ⅲ区:包括区内 17 处关闭煤矿,总面积 126.77 km²。

（5）唐山调查区

评价总面积 109.10 km²,Ⅱ区分布最广。其中:① Ⅰ区:包括区内 2 处关闭煤矿,总面积 23.76 km²;② Ⅱ区:包括区内 2 处关闭煤矿,总面积 50.27 km²;③ Ⅲ区:包括区内 2 处关闭煤矿,总面积 35.07 km²。

（6）承德调查区

评价总面积 10.97 km²，Ⅲ区分布最广。其中：① Ⅰ区：包括区内 3 处关闭煤矿，总面积 1.14 km²；② Ⅱ区：包括区内 1 处关闭煤矿，总面积 2.94 km²；③ Ⅲ区：包括区内 2 处关闭煤矿，总面积 6.89 km²。

5.5 关闭煤矿地质环境保护与治理分区

5.5.1 关闭煤矿地质环境监测区

主要包括 3 类重点区域：一是关闭煤矿采空、疏干排水区域；二是居民点且实际调查中存在房屋损毁区域；三是经调查确认其他需要监测的区域。

调查区内地质环境监测区总面积约 591.95 km²，其中邯郸调查区监测区面积约 162.60 km²、邢台调查区监测区面积约 63.49 km²、石家庄调查区监测区面积约 41.69 km²、唐山调查区监测区面积约 71.92 km²、张家口调查区监测区面积约 240.05 km²、承德调查区监测区面积约 12.20 km²，详见表 5-8。

表 5-8 调查区关闭煤矿地质环境监测区划分情况一览表

调查区	矿区（煤田）	主要监测区域	面积/km²	监测项目
邯郸	邯郸	聚隆-成安-周庄矿	9.98	地质灾害、矸石山安全、居民点安全、含水层破坏、地下水质等
		曲周-邱县矿	2.14	
		康城、陶一、亨健矿	64.70	
	峰峰	四矿、通顺矿	21.15	
		王凤矿	16.91	
		申家庄-六合矿	13.29	
		峰合矿	2.94	
		一矿-二矿-大力矿	19.96	
		三矿	11.53	
邢台	临城-隆尧	黑城-岗头-复兴矿	7.43	地质灾害、矸石山安全、居民点安全、含水层破坏、地下水质等
		新兴矿	1.12	
		任县矿	2.42	
		金兴-常胜-西邵明矿	5.02	
	邢台	显德汪矿	12.47	
		章村矿	12.63	
		许庄矿	3.08	
		三王村矿	1.41	
		伍仲矿	1.02	
		金源-利源-兴盛矿	4.15	
		兴华-政宏-邢盛-长信矿	12.74	

表 5-8(续)

调查区	矿区(煤田)	主要监测区域	面积/km²	监测项目
石家庄	井陉	一矿-二矿-三矿-五矿	36.12	地质灾害、居民点安全、含水层破坏、地下水质等
		四矿-南井沟矿	2.02	
	元氏	元氏矿	3.55	
唐山	开滦	荆各庄矿	12.40	地质灾害、矸石山安全、居民点安全、含水层破坏、地下水质、沉陷积水等
		赵各庄矿	22.60	
		林南仓矿	7.06	
		唐家庄矿	13.73	
		马家沟矿	16.13	
张家口	蔚县	百安矿业-康河-新陶阳-琨越煤矿	59.36	地质灾害、居民点安全、含水层破坏、地下水质等
		双山-水西-西细庄-崔家寨-南留庄矿	131.67	
		孟家堡村北老窑区	0.42	
		百安一矿、恒生煤矿	1.63	
	宣下	怀来、艾家沟、水窑沟、于洪寺	9.81	地质灾害、矸石山安全、居民点安全、含水层破坏、地下水质、地下煤炭自燃、地下瓦斯逸出等
		鸡鸣驿矿	0.55	
		前山-鸡鸣山	2.68	
		兴隆山-玉带山-下花园	18.87	
		宣东一井	3.75	
		宣东二井	11.31	
承德	兴隆	鱼鳞沟矿	0.24	地质灾害、矸石山安全、居民点安全、含水层破坏、地下水质、地下瓦斯逸出等
		凯兴一井	1.53	
		凯兴二井-汪庄矿	8.11	
		涝洼滩-利昌矿	2.32	
合计			591.95	

5.5.2　关闭煤矿地质环境治理区

主要包括 6 类重点区域:一是居民点、农林地地质灾害严重区;二是城市规划范围内的采空区;三是含水层破坏严重的关闭煤矿区;四是土地压占(工业广场、矸石山等)严重区;五是地下煤炭自燃、瓦斯逸出的相关区域;六是经调查确认其他需要治理的区域。

调查区内关闭煤矿地质环境治理区总面积约 185.29 km²,其中邯郸调查区面积约 64.33 km²、邢台调查区面积约 24.32 km²、石家庄调查区面积约 5.08 km²、唐山调查区面积约 20.52 km²、张家口调查区面积约 67.55 km²、承德调查区面积约 3.49 km²,详见表 5-9。

表 5-9　调查区关闭煤矿地质环境治理区划分情况一览表

调查区	矿区（煤田）	主要治理区域	面积/km²	治理项目
邯郸	邯郸	聚隆	1.35	地质灾害、土地压占、含水层等
		成安	1.88	土地压占、矸石山等
		焦窑	2.25	地质灾害、土地压占、矸石山、含水层等
		康城	7.87	
		鸡泽-亨健	7.25	土地压占、矸石山等
		陶二	5.91	地质灾害、土地压占、矸石山、含水层等
		陶一-衡水	4.87	
	峰峰	四矿	4.09	矸石山、地质灾害
		通顺	7.66	地质灾害、土地压占、矸石山、含水层等
		王凤	3.38	地质灾害、土地压占
		大力	3.29	地质灾害、土地压占、矸石山、含水层等
		申家庄	1.31	地质灾害、土地压占、矸石山、含水层、瓦斯逸出等
		峰合	2.35	地质灾害、土地压占、矸石山、含水层、瓦斯逸出等
		六合	1.55	
		二矿	1.51	矸石山、含水层等
		都党	3.99	矸石山
		一矿	0.81	
		三矿	3.01	地质灾害、土地压占、矸石山、含水层等
邢台	邢台	新兴	0.08	地质灾害等
		任县	0.21	
		显德汪	7.25	地质灾害、土地压占、矸石山、含水层等
		章村三井	3.19	
		章村、显德汪北部小窑区	13.00	工业广场、矸石压占等
		三王村	0.59	
石家庄	井陉	三矿	0.98	地质灾害、含水层等
		四矿	0.15	地质灾害、土地压占、含水层等
		一矿	3.95	地质灾害、含水层等
唐山	开滦	荆各庄	3.33	地质灾害、土地压占、含水层、沉陷积水等
		赵各庄	5.82	地质灾害、土地压占、矸石山、含水层、沉陷积水等
		林南仓	1.81	
		唐家庄	5.64	地质灾害、含水层、沉陷积水等
		马家沟	3.92	地质灾害、土地压占、矸石山、含水层等

表 5-9(续)

调查区	矿区(煤田)	主要治理区域	面积/km²	治理项目
张家口	蔚县	孟家堡	0.37	地质灾害、含水层、土地压占等
		西细庄、郑沟湾、成尚荣、滑嘴	7.56	
		康河	2.35	
		水西	1.26	
		崔家寨	23.52	
		南留庄	1.23	
		百安一矿	0.33	
		玉峰山井、建强矿业	7.68	
	宣下	怀来	1.96	地质灾害、含水层、地下煤炭自燃、瓦斯逸出、土地压占等
		兴隆山	1.66	
		于洪寺	0.31	地质灾害、土地压占等
		艾家沟、水窑沟	0.83	
		鸡鸣驿	0.19	地质灾害等
		下花园煤矿	0.62	地质灾害、含水层、地下煤炭自燃、瓦斯逸出、土地压占等
		宣东一井	2.14	地质灾害、含水层、瓦斯逸出、压占等
		宣东二井南 110 国道两侧	6.22	煤场压占等
		前山-鸡鸣驿煤矿之间铁路沿线	4.63	
		宣东二井	4.69	地质灾害、含水层、瓦斯逸出、土地压占等
承德	兴隆	凯兴一井	0.65	地质灾害、含水层、瓦斯逸出等
		凯兴二井	0.34	
		汪庄	1.71	地质灾害、含水层、瓦斯逸出、土地压占等
		涝洼滩	0.79	
合计/km²			185.29	

在充分研究河北省主要矿区关闭煤矿井田地质环境背景的基础上,结合井田地质环境问题调查研究,参照评价指标选取原则,构建了 3 个要素层 11 个指标层的河北省主要矿区关闭煤矿地质环境评价指标体系。采用专家打分法,确定了各类指标权重。利用综合模糊评价方法,对全省 115 个关闭煤矿开展了定量综合评价。

综合评价结果显示,河北省仍有部分关闭煤矿地质环境影响程度处于较严重~严重状态。其中,全省主要矿区关闭煤矿地质环境严重区为 28 个,面积约 212.50 km²;较严重区为 23 个,面积约 250.35 km²;较轻区为 142 个,面积约 273.21 km²。较严重~严重区仍在地质灾害、含水层破坏、土地压占等多个方面存在较大问题。较严重~严重程度的矿井主要分布于蔚县矿区(24 个矿)、峰峰矿区(10 个矿)、邯郸矿区(7 个矿)、开滦矿区(4 个矿)、邢台矿区(2 个矿)、兴隆矿区(3 个矿)、井陉矿区(1 个矿)。

第6章 关闭煤矿资源及再利用研究

6.1 关闭煤矿资源调查

通过对河北省主要矿区的大中型关闭煤矿资源进行重点调查,基本掌握了全省主要关闭煤矿资源基本现状。资源类型主要包括剩余煤炭、土地、煤层气(瓦斯)、地下空间、矿井水(热能)、煤矸石等。

其中,剩余煤炭资源约 25.64 亿 t(剩余资源量大于 0.5 亿 t 矿井为 16 处,剩余煤炭总量约 19.93 亿 t),土地资源约 22.84 km²,高瓦斯矿井 5 处,水位恢复稳定后预计积水总量约 1.04 亿 m³(矿井水文地质类型为复杂~极复杂矿井 6 处),地表沉陷积水 15 处(约 3.87 km²),遗存岩巷、井底车场及斜井空间约 380 万 m³(采空区稳沉后预测总容积约 1.06 亿 m³),遗存煤矸石约 1 446 万 m³,详见汇总表 6-1。

表 6-1 河北省主要矿区关闭煤矿资源汇总表

资源类型	调查区							备注
	邯郸	邢台	石家庄	唐山	张家口	承德	合计	
剩余煤炭资源总量/单井>0.5亿 t 资源总量/亿 t	5.72/4.60	3.46/0.99	0.76/0.66	7.27/6.86	8.34/6.82	0.09/单井均小于0.3	25.64/19.93	数据来源:闭坑地质报告、储量核实报告
土地资源/km²	9.11	3.11	0.53	3.26	6.44	0.40	22.84	工业广场、煤矸石、道路等压占资源
高瓦斯矿井数/煤与瓦斯突出矿井数	3/3	0/0	0/0	0/2	1/0	1/0	5/5	数据来源:闭坑地质报告、瓦斯地质报告
岩巷、井底车场及斜井空间/采空区稳沉后预计总容积/万 m³	150.18/2 493.47	64.39/554.61	8.31/31.68	89.92/6 673.68	61.86/779.74	4.50/11.32	379.16/10 544.50	大中型关闭煤矿岩巷、井底车场及斜井空间根据关闭煤矿采掘图等统计;稳沉后采空区预计总容积根据煤炭采出量、煤密度、下沉系数等参数计算

表 6-1(续)

资源类型	调查区							备注
	邯郸	邢台	石家庄	唐山	张家口	承德	合计	
采空积水(闭坑时积存量/水位恢复稳定后预计积水量)/万 m³	650.40/ 2 493.47	102.94/ 554.61	28.07/ 28.07	49.06/ 6 673.68	196.55/ 667.43	4.35/ 11.32	1 031.37/ 10 428.58	依据闭坑报告统计结果,未包含部分地下空间现已积存的矿井水
地表沉陷、矿排积水数量(处)/面积(万 m²)	4/43.99	—	2/11.84	9/331.57	—	—	15/387.4	峰峰二矿、马家沟矿及井陉矿区沉陷积水已治理
煤矸石体积(万 m³)/成规模矸石山数量(处)	982.45/ 16	179.05/3	7.00/2	155.00/3	73.80/7	49.24/ 3	1 446.54/ 34	实测
矿井水温度/℃	16～28	17～22	15～22	15～20	15～27	15～20	15～28	实测

6.1.1　剩余煤炭资源

本次调查关闭煤矿剩余煤炭资源 95 处,剩余煤炭资源总量约 25.64 亿 t,主要分布于邯郸、邢台、元氏、唐山、张家口宣化和蔚县等地区。其中,单井大于 1 亿 t 矿井为 5 处(剩余资源总量约 11.52 亿 t)、0.5 亿～1 亿 t 为 11 处(剩余资源总量约 8.41 亿 t)、0.3 亿～0.5 亿 t 为 3 处(剩余资源总量约 1.07 亿 t)。各矿区关闭煤矿剩余煤炭资源基本情况如表 6-2 所示。

表 6-2　河北省主要矿区关闭煤矿剩余煤炭资源汇总表

地区	矿区(煤田)	调查煤矿个数/处	主要煤种	主采煤层	剩余资源/万 t		分布	剩余原因	以往主要利用方式及途径
					总量	单井>0.3亿 t 的剩余总量			
邯郸	邯郸	6	无烟煤	2 煤	29 305.51	28 456.92	主要分布于陶一、康城、亨健、聚隆等矿,受奥灰水等开采条件限制,下组煤(7、8、9 煤)未被利用	开采地质条件复杂	动力用煤及民用煤
	峰峰	7	焦煤	2 煤	27 856.86	20 696.80	主要分布于大力、通顺、二矿等矿,受奥灰水等开采条件限制,下组煤(7、8、9 煤)未被利用	开采地质条件复杂、经济效益差、政策性去产能	炼焦用煤

表 6-2(续)

地区	矿区(煤田)	调查煤矿个数/处	主要煤种	主采煤层	剩余资源/万 t		分布	剩余原因	以往主要利用方式及途径
					总量	单井>0.3亿 t 的剩余总量			
邢台	邢台	35	无烟煤	2 煤	34 578.59	14 196.14	主要分布于显德汪、恒安等矿,受奥灰水等开采条件限制,下组煤(7、8、9煤)未被利用	政策性去产能	动力用煤及民用煤
石家庄	元氏、井陉	7	气煤	2 煤	7 588.15	6 571.90	主要分布于元氏矿业	开采条件较复杂、政策性去产能、资源枯竭	炼焦用煤及动力用煤
承德	兴隆	5	气煤、肥煤、焦煤	双纪煤田	903.80	0	主要分布于狮子庙等矿	—	—
唐山	开滦	11	气煤、肥煤	8、9、12 煤	72 686.12	68 584.10	主要分布于林南仓、赵各庄、马家沟、鲁各庄、荆各庄等矿,深部煤大部分未利用	政策性去产能	炼焦用煤、动力用煤及工业用煤
张家口	宣下	1	焦煤、气煤、弱黏煤	III_3、V_2	10 660.70	10 660.70	主要分布于宣东二井的西北、东北及南部	经济效益差、政策性去产能	炼焦用煤及动力用煤
	蔚县	23	长烟煤		72 773.74	60 756.20	主要分布于北阳庄、崔家寨、单侯北井等矿	开采条件复杂、煤质差、政策性去产能	动力用煤及民用煤
合计					256 353.47	209 922.76			

(1)邯郸矿区

邯郸矿区位于邯郸市,煤炭资源均为井工开采,主采煤层为 2 煤,2 煤、9 煤为全区可采煤层,煤种以无烟煤为主,主要用于动力用煤及民用煤。受奥灰水等开采条件限制,下组煤基本未利用,剩余煤炭资源主要由下组煤(7、8、9 煤)组成。剩余煤炭资源调查煤矿 6 处(资源总量约 2.93 亿 t),其中剩余资源大于 1 亿 t 矿井为 1 处(资源总量约 1.11 亿 t)、0.5 亿～1 亿 t 为 2 处(资源总量约 1.42 亿 t)、0.3 亿～0.5 亿 t 为 1 处(资源总量约 0.32 亿 t)。

(2)峰峰矿区

峰峰矿区位于邯郸市,煤炭资源均为井工开采,主采煤层为 2 煤,2 煤、9 煤为全区可采煤层,煤种以焦煤为主,主要用于炼焦用煤。受奥灰水等开采条件限制,下组煤基本未利用,剩余煤炭资源主要由下组煤(7、8、9 煤)组成。剩余煤炭资源调查煤矿 7 处(资源总量约 2.79 亿 t),其中剩余资源大于 1 亿 t 矿井为 0 处、0.5 亿～1 亿 t 为 3 处(资源总量约

2.07 亿 t)、0.3 亿~0.5 亿 t 为 0 处。

（3）邢台矿区

邢台矿区位于邢台市，煤炭资源均为井工开采，主采煤层为 2 煤，2 煤、9 煤为全区可采煤层，煤种以无烟煤为主，主要用于动力用煤和民用煤。受奥灰水等开采条件限制，下组煤大部分未利用，仅对 9 煤进行了小范围的试采，剩余煤炭资源主要由下组煤（7、8、9 煤）组成。剩余煤炭资源调查煤矿 35 处（资源总量约 3.46 亿 t），其中剩余资源大于 1 亿 t 矿井为 0 处、0.5 亿~1 亿 t 为 1 处（资源总量约 0.99 亿 t）、0.3 亿~0.5 亿 t 为 1 处（资源总量约 0.43 亿 t）。

（4）元氏煤田、井陉矿区

元氏煤田位于石家庄市南部，煤炭资源开发利用以元氏矿业公司为主，为井工开采，主采煤层为 2 煤，煤种以气煤为主，主要用于炼焦用煤、蒸汽机车用煤、发电煤粉锅炉用煤。除 2 煤部分开采，其余未开采，开采条件较为复杂。剩余煤炭资源调查煤矿 1 处（资源总量约 0.66 亿 t）。

井陉矿区位于石家庄市西部，主要煤层自下而上为五、四、二、一、甲层煤，甲层煤局部可采。其中五层煤分布稳定，平均厚度 7.00 m，为本区最厚煤层。甲、一、二层煤为肥煤，四、五层煤为焦煤。剩余储量主要集中在矿井扩大区，原矿权范围内资源已基本枯竭，单井剩余储量均小于 0.3 亿 t，资源量较少（资源总量约 0.1 亿 t）。

（5）开滦矿区

开滦矿区位于唐山市，均为井工开采，主采煤层以 8、9、12 煤为主，煤种以气煤、肥煤为主，主要用于炼焦用煤、机车用煤、发电用煤和工业用煤等。受政策性去产能等条件限制，深部煤大部分未利用，剩余煤炭资源主要由 9、10、12、14 煤等深部煤组成，其中尤以林南仓矿最为代表。剩余煤炭资源调查煤矿 11 处（资源总量约 7.27 亿 t），其中剩余资源大于 1 亿 t 矿井为 1 处（资源总量约 3.59 亿 t）、0.5 亿~1 亿 t 为 4 处（资源总量约 3.27 亿 t）、0.3 亿~0.5 亿 t 为 0 处。

（6）宣下、蔚县矿区

宣下矿区主要位于张家口市宣化区、下花园区和怀来县等境内，均为井工开采，主采煤层以 Ⅲ₃、V₂ 煤为主，煤种以焦煤、气煤、弱黏煤为主，主要用于炼焦用煤、炼焦配煤、动力用煤等。剩余煤炭资源主要由 Ⅲ₃、Ⅳ₁、Ⅳ₂、Ⅳ₃、V₂ 煤等组成，井田部分区域原主采煤层未开发利用，其中下花园矿区煤炭资源基本已枯竭。蔚县矿区主要位于张家口市蔚县、阳原县境内，基本为井工开采，煤种以长烟煤为主，主要用于发电厂、动力机车、锅炉、钢铁厂等动力用煤及民用煤，还可做气化用煤等。大部分煤矿受政策性去产能、整合改造、煤质较差等条件限制，后续基本未开发利用，其中尤以北阳庄煤矿最为代表。剩余煤炭资源调查煤矿 24 处（资源总量约 8.34 亿 t），其中剩余资源大于 1 亿 t 矿井为 3 处（资源总量约 6.82 亿 t）、0.5 亿~1 亿 t 为 0 处、0.3 亿~0.5 亿 t 为 1 处（资源总量约 0.32 亿 t）。

（7）兴隆矿区

兴隆矿区主要位于承德市鹰手营子矿区，为双纪煤田，煤系地层主要由石炭二叠纪煤系和早侏罗世下花园组煤系构成。关闭煤矿均为小型矿井，煤质以气煤、肥煤、焦煤为主，单井剩余资源量均小于 0.3 亿 t，资源量较少（资源总量约 0.09 亿 t）。

6.1.2 土地资源

调查区内关闭煤矿土地压占主要包括工业广场、矸石山（堆）以及矿山道路等压占，压占土地资源总规模约 22.84 km²。其中工业广场压占约 19.03 km²（约占 83.32%），矸石山（堆）压占约 2.25 km²（约占 9.85%），矿山道路压占约 1.57 km²（约占 6.87%）。详见表 6-3。

表 6-3 调查区关闭煤矿土地资源现状一览表

地区	矿区（煤田）	调查数量/个	基本地貌	区位	工业广场 面积/万 m²	工业广场 遗产	工业广场 以往主要利用方式	矸石堆场 面积/万 m²	矸石堆场 以往主要利用方式	矿山道路/万 m²	合计/万 m²
邯郸	邯郸	13	平原~丘陵	城郊 3 个，偏远 10 个	302.73	保存较完整 6 个，不完整 7 个	服装加工、物流等	29.57	回填、修路、建材、制砖、发电	27.47	359.77
邯郸	峰峰	13	平原~丘陵	城中 1 个，城郊 2 个，偏远 10 个	412.83	保存较完整 6 个，不完整 3 个，废弃 4 个	复垦、养殖、出租、砖厂等	75.36	回填、修路、制砖、发电	62.70	550.89
邢台	邢台	35	平原~丘陵	偏远 35 个	177.07	保存较完整 5 个，不完整 7 个，废弃 23 个	复垦、物流、养殖	13.23	制砖、发电、铺路、制水泥	52.27	242.57
邢台	临城-隆尧	22	平原~丘陵	城郊 8 个，偏远 14 个	67.13	保存不完整 1 个，废弃 21 个	复垦、选煤厂、面粉厂、游乐园、采砂用地	1.28	填坑、修路	—	68.41
石家庄	元氏	1	平原~丘陵	偏远 1 个	14.48	保存较完整	—	0.68	—	—	15.16
石家庄	井陉	3	平原~丘陵	城郊 1 个，偏远 2 个	32.93	保存较完整 1 个，废弃 2 个	工业遗迹、公寓、矿井遗址、复垦	5.00	削平，地被规划为汽车主题公园	—	37.93
唐山	开滦	5	平原	城郊 2 个，偏远 3 个	280.96	保存较完整 3 个，不完整 2 个	焦化厂、经济产业园	44.81	充填、修路、制砖	—	325.77
承德	兴隆	6	山地	偏远 6 个	32.52	保存较完整 3 个，废弃 3 个	复垦、治理	7.50	—	—	40.02

表 6-3(续)

| 地区 | 矿区(煤田) | 调查数量/个 | 基本地貌 | 区位 | 工业广场 | | | 矸石堆场 | | 矿山道路/万 m² | 合计/万 m² |
					面积/万 m²	遗产	以往主要利用方式	面积/万 m²	以往主要利用方式		
张家口	宣下	11	山地	城中 1 个,城郊 6 个,偏远 4 个	82.78	保存较完整 4 个,不完整 5 个,废弃 2 个	建设用地、养殖	35.14	制砖、治理	0.50	118.42
	蔚县	32	平原~丘陵、冲沟、山地	偏远 32 个	499.31	保存较完整 7 个,不完整 10 个,废弃 15 个	光伏发电、煤场、养殖等	12.31	充填冲沟	13.82	525.44
小计		141		城中 2 个,城郊 22 个,偏远 117 个	1 902.74	保存较完整 36 个,不完整 35 个,废弃 70 个	—	224.88	—	156.76	2 284.38
备注	共调查关闭煤矿 193 处,其中已无矿业活动痕迹的老窑区或关闭久远的小煤矿未上此表(共计 52 处)										

(1) 工业广场压占土地

大中型关闭煤矿工业广场设施一般保存完好,场地平整,闭坑后以往主要利用于物流、选煤厂、复垦、建设用地、工业遗迹旅游、养殖等,土地资源利用潜力较大。一般小型关闭煤矿工业广场设施、建筑多为废弃,场地杂乱,设施利用潜力相对较小。调查区内关闭煤矿遗产保存较完整的煤矿为 36 个,不完整为 35 个,已成为废弃地为 70 个,工业广场已土地整治为 52 处,如土地复垦等。综合考虑区位等因素,其中以邯郸和唐山关闭煤矿潜力最为明显。

工业广场一般地下留有保护煤柱,地质条件较好,大中型关闭煤矿旧工业建筑结构稳固,跨度、高度与内部空间均大于一般建筑,这类资源经改造再利用,对功能的适应性强,改造后根据产业调整情况可置入新的功能。未来利用途径一般为建筑等方向。在避免大拆大建的前提下,可根据煤矿规模、地貌、区位、遗产等指标推断土地利用潜力。

(2) 矸石山(堆)压占土地

河北省主要矿区关闭煤矿矸石处置方式主要为回填采空区、生态修复、修路、充填冲沟、制砖、发电等。剩余矸石主要分布于邯邢、唐山和宣化等地,其中煤矸石压占土地面积以邯郸地区居多。

(3) 矿山道路压占土地

煤矿关闭后,一般遗存小型运输铁路、公路。相对于公路,遗存的运输铁路利用程度不高。矿山道路压占调查主要以关闭煤矿遗存铁路为主,主要分布于邯邢地区。

(4) 富硒土壤

参照《富硒土壤评价要求》(DB23/T 2071—2018)(黑龙江省),对土壤测试成果进行了初步分析,主要富硒煤矿区详见表 6-4。

表 6-4　调查区主要富硒关闭煤矿区一览表

矿区	煤矿	总样点数/个	富硒样点数/个	过硒样点数/个	富硒含量/(mg/kg)	推测富硒面积/万 m²	富硒标准/(mg/kg)
邯郸	陶一	42	13	0	0.34~1.06	6.20	
	聚隆	45	10	0	0.34~0.45	85.52	
	其他矿	320	31	0	—	—	
	合计	407	54	0	0.33~1.23	91.72	
峰峰	大力	21	7	0	0.33~0.40	25.03	
	通顺	39	14	0	0.36~0.63	27.35	
	羊东	21	6	0	0.36~0.50	6.63	
	峰峰一矿	28	7	0	0.35~0.51	10.94	
	新三矿	27	7	0	0.33~0.41	11.79	
	峰峰三矿	49	6	0	0.36~0.60	2.34	
	牛儿庄	27	5	0	0.33~0.54	71.61	
	峰合	38	10	0	0.34~0.50	2.94	
	其他矿	324	54	0	—	—	
	合计	574	116	0	0.33~0.73	158.63	
邢台	显德汪	75	29	0	0.49~2.24	66.35	(1) pH<6.5 时,富硒标准:0.4~3.0 mg/kg;
	章村	74	8	0	0.45~1.22	39.49	(2) 6.5≤pH≤7.5时,富硒标准:0.35~3.0 mg/kg;
	其他矿	187	27	0	—	—	(3) pH>7.5 时,富硒标准:0.325~3.0 mg/kg;
	合计	336	64	0	0.33~2.24	105.84	(4) 测试值大于 3.0 mg/kg 时为过硒
临城-隆尧	合计	383	39	0	0.33~0.50	—	
井陉	南井沟	8	8	2	0.32~5.20	4.68	
	其他矿	20	7	0	—	—	
	合计	28	15	2	0.33~5.28	4.68	
开滦	荆各庄	25	20	0	0.34~3.00	62.33	
	马家沟	15	11	0	0.33~1.94	22.07	
	赵各庄	27	19	7	0.33~26.63	47.90	
	唐家庄	10	6	0	0.35~1.00	34.98	
	其他矿	33	4	0	—	—	
	合计	110	60	7	0.33~26.63	167.28	
宣下	合计	89	9	0	0.33~2.08	—	
蔚县	合计	219	4	0	0.33~0.43	—	
承德	凯兴一井	12	9	1	0.43~7.30	5.51	
	凯兴二井	17	14	0	0.36~2.96	1.78	
	汪庄	12	12	0	0.42~2.71	1.38	
	涝洼滩	8	8	0	0.62~2.79	2.59	
	其他矿	4	2	0	—	—	
	合计	53	45	1	0.36~7.30	11.26	
总计		2 199	406	10	0.33~26.63	539.41	

调查区内各个矿区局部区域均赋存富硒土壤,其中峰峰、邢台、开滦矿区调查点土壤达到富硒标准相对较多,初步推测富硒土壤面积约 5.39 km^2,主要分布于矸石山、煤场周边及排水途径等范围。

（5）沉陷积水区

河北省主要矿区关闭煤矿区沉陷积水、矿排积水区为 15 处,总水域面积约 387 万 m^2。其中沉陷积水 12 处:峰峰矿区 1 处,井陉矿区 2 处,开滦矿区 9 处。详见表 6-5。

表 6-5　调查区关闭煤矿地面沉陷水域资源现状一览表

矿区	编号	煤矿	水域面积/万 m^2	描述	现状
邯郸	1	亨健	21.28	矿排积水（康庄水库）	
	2	陶二	16.61	矿排积水（北牛叫水库）	
峰峰	3	大力	2.90	矿排积水	
	4	峰峰二矿	3.20	清泉公园	已引水治理
井陉	5	新王舍矿	5.20	沉陷积水（清凉湾湿地公园）	已治理
	6	井陉二矿	6.64	沉陷积水（杏花沟湿地公园）	已治理
开滦	7	唐家庄	31.48	沉陷积水	养殖
	8	荆各庄	123.65	沉陷积水	部分养殖
	9		2.02	沉陷积水	
	10		8.94	沉陷积水	养殖
	11	赵各庄	10.80	沉陷积水	养殖
	12		28.29	沉陷积水	养殖
	13		5.98	沉陷积水	养殖
	14	林南仓	118.97	沉陷积水	
	15	马家沟	1.44	沉陷积水（湿地公园）	已治理
总计			387.40		

6.1.3　煤层气（瓦斯）

河北省主要矿区关闭煤矿中,高瓦斯矿井为 5 个,煤与瓦斯突出矿井为 5 个,瓦斯矿井为 10 个,详见表 6-6。

（1）邯郸矿区

邯郸矿区关闭煤矿中,高瓦斯矿井为 2 个,剩余煤炭资源储量相对较多,煤层气开发利用潜力相对较大。其中亨健矿 2 煤瓦斯含量平均为 7.61 m^3/t,但 2 煤大部分已开发利用,瓦斯大量释放,其余煤层有待进一步研究。

（2）峰峰矿区

峰峰矿区关闭煤矿中,高瓦斯矿井为 1 个,剩余煤炭资源储量相对较少,但申家庄矿扩大区煤炭资源尚未开发利用,储量丰富。

表 6-6　调查区关闭煤矿瓦斯基本情况一览表

矿区（煤田）	矿山	瓦斯等级	绝对瓦斯涌出量 /(m³/min)	相对瓦斯涌出量 /(m³/t)	瓦斯含量 /(m³/t)	剩余煤炭资源量 /万 t
邯郸	亨健	高瓦斯矿井	4.79	10.745	7.40	5 040.80
	陶一	高瓦斯矿井	10.44	11.934	5.07	11 112.72
	聚隆	煤与瓦斯突出矿井	8.00	16.303	4.65	3 182.60
	康城	瓦斯矿井	3.10	5.380	—	9 120.80
	焦窑	瓦斯矿井	1.69	2.820	—	667.99
峰峰	申家庄	高瓦斯矿井	4.84	13.984	5.07	1 822.40
	通顺	煤与瓦斯突出矿井	7.72	5.825	—	8 521.00
	六合	煤与瓦斯突出矿井	8.45	18.080	5.07	2 076.30
	大力	瓦斯矿井	1.86	4.780	—	5 820.40
邢台	章村三井	瓦斯矿井	1.01	0.756	—	2 446.00
	显德汪	低瓦斯矿井	7.97	3.614	—	9 902.80
元氏	元氏	瓦斯矿井	2.79	1.570	—	6 571.90
井陉	瑞丰	瓦斯矿井	1.89	3.220	—	592.70
开滦	马家沟	煤与瓦斯突出矿井	32.72	28.210	14.00	9 401.30
	赵各庄	煤与瓦斯突出矿井	11.68	7.520	—	9 857.10
	冀东古冶	瓦斯矿井	0.53	5.670	—	1 029.00
	林南仓	低瓦斯矿井	12.69	4.050	—	35 905.10
宣下	宣东二井	高瓦斯矿井	58.44	40.990	9.960	10 660.70
蔚县	北阳庄	瓦斯矿井	0.67	2.020	—	31 374.40
	琨越西井	瓦斯矿井	0.18	4.400	—	620.20
	奇升矿	瓦斯矿井	0.94	2.950	—	342.00
	崔家寨	低瓦斯矿井	2.27	0.580	—	26 152.40
	西细庄	低瓦斯矿井	3.42	3.540	—	2 190.77
兴隆	松树台	高瓦斯矿井	1.27	10.820	—	627.90

（3）邢台矿区、临城-隆尧煤田

该调查区内关闭煤矿中，无高瓦斯矿井，且剩余煤炭资源储量相对较少，煤层气开发利用潜力相对较小。

（4）元氏煤田、井陉矿区、兴隆矿区

石家庄关闭煤矿中，无高瓦斯矿井，除元氏矿剩余煤炭资源储量相对较多外，其余煤矿资源已近枯竭，且瓦斯含量较低。

兴隆矿区关闭煤矿中，高瓦斯矿井 1 个，但剩余煤炭资源储量相对较少，煤层气开发利用潜力相对较小。

（5）开滦矿区

开滦矿区关闭煤矿中目前无高瓦斯矿井。值得说明的是,临靠唐山矿(高瓦斯矿井)的马家沟矿近些年虽为煤与瓦斯突出矿井,但以往多年为高瓦斯矿井。尤其,马家沟矿九水平以下区域 9-2 煤和 12-1 煤分布面积大,且瓦斯含量最高分别可达 13.34 m^3/t、14.66 m^3/t。据以往成果资料,12-1 煤按平均资源量丰度可划分为中等类型,具有一定的资源潜力。

（6）宣下矿区

该调查区关闭煤矿中,高瓦斯矿井 1 个,剩余煤炭资源较多,以往井下瓦斯实测含量较高。瓦斯主要用于发电,煤层气开发利用潜力较大。截止到 2016 年年底,宣东二井瓦斯抽采量达 27 962.97 万 m^3,发电量达 1.216 kW·h/m^3。

（7）蔚县矿区

蔚县矿区关闭煤矿中瓦斯矿井 3 个,且相对瓦斯涌出量均小于 5 m^3/t,煤层气开发利用潜力相对较小。

6.1.4 地下空间

关闭煤矿地下空间主要包括井底车场、井筒(斜井)、岩巷、硐室以及煤采空区稳沉后预测总容积(含煤巷容积)等。

其中,调查区大中型煤矿井底车场平均横截面积按 11.2 m^2(邢台煤矿井下示范调查实测数据)计算,斜井井筒、岩巷和煤巷平均横截面积按 6.5 m^2(于洪寺煤矿现场调查实测数据)计算。采掘长度依各矿采掘工程布置图测算。

煤采空区稳沉后预测总容积(含煤巷容积)按下式计算:

$$V = t/g \times \mu \times \gamma \tag{6-1}$$

式中,V 为煤采空区稳沉后预测总容积(含煤巷容积);t 为煤炭累计采出量;g 为煤的密度;μ 为开采煤层和夹矸的总厚度与开采煤层厚度的比值;γ 为下沉系数,引用《河北省重点矿山采空塌陷区调查评价与数据库建设》(2008 年)等前人观测、研究成果,见表 6-7。

表 6-7　河北省主要矿区下沉系数 γ

矿区 (煤田)	邯郸	峰峰	邢台	临城-隆尧	井陉	开滦	宣下	蔚县	兴隆
下沉系数	0.84	0.84	0.84	0.84	0.79	0.67	0.75	0.89	0.65

初步估算,河北省主要矿区近些年关闭的大中型煤矿地下空间总容积约 1.06 亿 m^3。其中,井底车场、岩巷、斜井等空间总容积约 380 万 m^3,煤采空区稳沉后预测总容积约 1.02 亿 m^3。详见表 6-8。

表 6-8   调查区大中型关闭煤矿地下空间容积估算基本情况一览表

地区	矿区(煤田)	是否大水矿区	开采深度/m	井底车场/万 m³	斜井体积/万 m³	岩巷/万 m³	采空区稳沉后预测容积/万 m³	合计/万 m³	采空区面积/km²
邯郸	邯郸	是	100~500	13.75	4.68	70.05	636.08	724.56	15.08
	峰峰	是	100~650	10.86	1.99	48.85	1 707.21	1 768.91	13.06
邢台	邢台	是	175~470	11.56	5.16	47.67	490.22	554.61	9.96
	临城-隆尧	中等	200~400	—	—	—	—	—	—
石家庄	元氏	中等	250~800	1.13	—	2.48	—	3.61	0.71
	井陉	中等	100~540	1.18	0.29	3.23	23.37	28.07	16.91
唐山	开滦	是	500~1 200	17.28	2.00	70.64	6 583.76	6 673.68	37.20
张家口	宣下	否	200~600	2.86	—	13.66	228.62	245.14	—
	蔚县	否	280~450	12.37	0.97	32.00	551.12	596.46	12.76
承德	兴隆	否	200~700	1.89	1.15	1.46	6.82	11.32	8.60
合计				72.88	16.24	290.04	10 227.20	10 606.36	114.28

6.1.5   矿井水、地热

依据《煤矿防治水细则》中矿井水文地质类型的划分,按涌水量大小可将调查区矿井分为简单、中等、复杂、极复杂 4 种类型,详见表 6-9。

表 6-9   调查区矿井水文地质类型划分表(涌水量)

水文地质类型	简单	中等	复杂	极复杂
正常涌水量 Q_1/(m³/h)	$Q_1 \leqslant 180$	$180 < Q_1 \leqslant 600$	$600 < Q_1 \leqslant 2\ 100$	$Q_1 > 2\ 100$
最大涌水量 Q_2/(m³/h)	$Q_2 \leqslant 300$	$300 < Q_2 \leqslant 1\ 200$	$1\ 200 < Q_2 \leqslant 3\ 000$	$Q_2 > 3\ 000$

通过对河北省主要矿区关闭煤矿关闭时间、年涌水量、闭坑前采空积水量等调查,主要关闭煤矿闭坑前采空积水总量约 1 031 万 m³。尤其大水矿区的煤矿闭坑后,据各关闭煤矿的开采水平和闭坑后预计水位推测,井下空间大部分会充满积水。全省煤矿区除峰峰矿区的梧桐庄煤矿(生产矿井)存在地热异常外,地温均属于正常。全省主要矿区关闭煤矿采空积水温度一般在 15~28 ℃。按涌水量大小,调查区矿井水文地质类型为极复杂的矿井为 1 处,复杂的矿井为 5 处,中等的矿井为 11 处,简单的矿井为 10 处。调查区主要关闭煤矿采空积水情况详见表 6-10。

6.1.6   煤矸石

6.1.6.1   规模及分布

河北省主要矿区关闭煤矿遗存相当规模的矸石山 34 处,总规模约 1 446 万 m³,存在自燃的矸石山主要集中在邯邢地区,共计 13 处。其中邯郸 16 处、自燃 12 处;邢台 3 处、自燃 1 处;石家庄 2 处;唐山 3 处;张家口 7 处;承德 3 处。详见表 6-11。以往煤矸石一般用于发电、铺路、制砖或作为建筑材料等,其中蔚县矿区存在大量小型矸石堆,矸石较多用于填埋冲沟。调查区部分矸石山发生自燃或部分自燃,山顶、山脚、侧面自燃位置也不尽相同。

表 6-10 调查区关闭煤矿采空积水现状一览表

矿区	煤矿	关闭年份	年均涌水量/(m³/h)	最大涌水量/(m³/h)	涌水量等级	闭坑前积水/万 m³	井下空间/万 m³	开采水平/m	预计将来水位/m	积水温度/℃
邯郸	亨健	2017	230.00	—	中等	34.47	91.23	+100、-40、-160	南部常胜煤矿+100	20 左右
	聚隆	2018	78.75	172.0	简单	1.82	48.26	-150、-272	+80	20
	康城	2016	1 557.00	1 816.00	复杂	450.00	339.74	+87、+23、-50	+35	17~24
	陶一	2016	592.19	817.0	中等	3.60	155.68	-85	+20	17~24
	焦窑	2018	193.61	205.0	简单-中等	66.43	89.65	+150、+50、-70	+127	22~28
峰峰	大力	2016	1 437.00	1 553.0	复杂	43.93	547.45	-50、-125	预计充满	22
	通顺	2016	787.74	—	复杂	4.37	698.27	±0、-170、-550	+118.5	20 左右
	新三矿北区	2019	29.64	42.6	简单	0.97	18.39	-140、-245	预计充满	20 左右
	申家庄	2017	147.50	156.2	简单	35.53	169.89	+70、-200	+90	16
	峰合	2018	430.00	800.0	中等	1.65	167.96	+9	+120	16~20
	六合	2018	61.00	184.0	简单	7.63	166.95	-135、-270	+90	16~20
邢台	显德汪	2016	302.82	491.4	中等	31.07	377.53	-50	—	22
	章村三井	2017	302.48	463.0	中等	38.98	110.12	-300		22
	许庄	2018	40.00	45.0	简单	—	23.80	-150	+30	22
	伍仲	2018	200.00	300.0	中等	32.89	32.89	预计充满		22
	兴华	2018	17.43	26.0（突水 300.0）	简单	—	10.27	突水事故已淹井		22
井陉	瑞丰	2015	300.00	360.0	中等	28.07	28.07	+130	—	20 左右
开滦	赵各庄	2019	1 935.00	2 086.2	复杂	48.00	1 067.55	-1 100、-1 200	预计充满	20 左右
	林南仓	2017	490.80	567.0	中等	1.06	364.04	-400、-650、-850	-97	20 左右
	唐家庄	1999	7.80	15.0	简单	—	2 610.56	—	预计充满	18
	马家沟	2016	330.00~438.00	—	中等	—	1 501.91	—	预计充满	15~20
	荆各庄	2020	1 122.60	3 298.2	复杂-极复杂	—	1 129.62	-375、-475、-530	预计充满	18

表 6-10(续)

矿区	煤矿	关闭年份	年均涌水量/(m³/h)	最大涌水量/(m³/h)	涌水量等级	闭坑前积水/万 m³	井下空间/万 m³	开采水平/m	预计将来水位/m	积水温度/℃
宣东	宣东二井	2018	294.00	513.0	中等	97.24	245.14	−230、−350	—	27 左右
蔚县	北阳庄	2018	580.00	1 880.0	中等-复杂	6.96	18.84	+540	闭坑后预计会全淹	17 左右
	西细庄	2018	43.13	54.0	简单	—	122.04	+870		15 左右
	崔家寨	2019	70.30	123.6	简单	92.35	281.41	+830	+770	15 左右
兴隆	松树台	2018	14.00	20.0	简单	4.35	11.32	+150、±0		—
总计						1 031.37	10 428.58			15~28
涌水量等级		极复杂(1),复杂(5),中等(11),简单(10)								

表 6-11 调查区关闭煤矿煤矸石资源现状一览表

地区	矿区(煤田)	矿山	占地面积/万 m²	规模/万 m³	高度/m	备注	以往用途
邯郸	邯郸	亨健	0.92	5.65	26.4		建材原料、填沟、铺路
		聚隆	3.17	14.00	5.0		填沟、铺路、制砖、发电等
		康城	7.00	69.60	26.8		填沟及回填矿井
		陶一	9.60	40.04	55.8		修路
		成安	2.48	70.00	28.0	部分自燃	
	峰峰	大力	9.39	157.30	61.7	一半自燃	充填、制砖
		通顺	10.78	210.39	115.9	一半自燃	制矿渣水泥、充填
		新三矿北区	3.12	61.19	33.5	部分自燃	回填
		申家庄	7.10	83.00	39.3	部分自燃	制砖、发电
		六合	3.37	5.00	13.4	部分自燃	充填、铺路
		都党	1.93	18.00	30.0	自燃	覆土、填补破坏山体
		峰峰二矿	8.72	114.19	60.0	全部自燃	
		峰峰三矿	8.83	15.98	6.0	全部自燃	
		峰峰四矿	7.78	32.26	16.0	部分自燃	
		王凤	13.35	61.64	39.0	全部自燃	
		峰峰一矿	1.01	24.21	20.0	山顶自燃	
邢台	邢台	显德汪	7.49	133.07	80.6	山脚自燃	新型墙体材料配料、铺路等
		章村	3.69	43.48	49.8		回填、堆放、制砖
	临城-隆尧	临城	0.67	2.50	23.0		
石家庄	元氏	元氏矿业	0.68	5.00	10.0		
	井陉	瑞丰	0.50	2.00	4.0		填充黄土冲沟

表 6-11(续)

地区	矿区 (煤田)	矿山	占地面积 /万 m²	规模 /万 m³	高度/m	备注	以往用途
唐山	开滦	林南仓	1.00	7.00	20.0		制砖、铺路、制水泥
		赵各庄	31.22	145.00	80.0		制砖
		马家沟	1.99	3.00	20.0		制砖
张家口	宣下	宣东二井	24.53	8.30	20.0		
		宣东一井	4.50	5.00	15.0		制砖
		怀来	2.50	41.70	50.0		
		兴隆山	4.00	3.00	7.0		
	蔚县	崔家寨	5.90	11.80	已地面整平		充填冲沟
		兴源	1.90	1.00	6.0		制砖
		孟家堡	1.00	3.00	10.0		
承德	兴隆	涝洼滩	3.00	20.00			处在开采利用中，用途不详
		汪庄	2.50	25.00	30.0		制砖、铺路
		狮子庙	0.74	4.24	10.0		填充井筒和工业广场平整
总计			196.36	1 446.54			

6.1.6.2 有益元素

主要对环境危害性小、对动植物生长发育能产生有利作用或工业用途较广的煤矸石有益元素进行了调查。测试项目为钯(Pd)、锌(Zn)、镓(Ga)、锰(Mn)、锗(Ge)、铼(Re)等。在以往调查成果报告的基础上，结合化验成果，工业价值分析如下：

(1) 原生矿床中伴生矿床钯的品位要求为 0.03 g/t。测试结果表明，所采集的矸石样含量为 $11 \times 10^{-9} \sim 26 \times 10^{-9}$，均未达到品位要求。

(2) 锌的边界品位为 0.5%，工业品位为 1%。测试结果表明，所采集的矸石样含量为 $10 \times 10^{-6} \sim 185 \times 10^{-6}$，均未达到品位要求。

(3) 煤中镓的一般工业品位要求是 0.003% ~ 0.005%。测试结果表明，所采集的矸石样含量为 $10.4 \times 10^{-6} \sim 45 \times 10^{-6}$，4 个样品点达到了边界品位要求，分属兴隆山矿、琨越矿、崔家寨矿和赵各庄矿(表 6-12)，其余均未达到品位要求。

表 6-12 调查区关闭煤矿煤矸石镓含量统计表

煤矿	平均含量 /(×10⁻⁶)	样点数/个	最高含量 /(×10⁻⁶)	剩余矸石规模 /万 t	镓估算量 /(×10⁶ g)
兴隆山矿	44.2	1	44.2	3	1.3
赵各庄矿	29.0	4	45.0	145	42.1
琨越矿	29.8	2	34.1	矸石堆	—
崔家寨矿	25.9	3	33.0	11.8	3.1
备注	据以往研究，煤矸石自然堆积密度一般为 900~1 300 kg/m³，采用 1 000 kg/m³				

（4）锰的边界品位为 10%，工业品位为 15%。测试结果表明，所采集的矸石样含量为 $41×10^{-6}～5\,964×10^{-6}$，均未达到品位要求。

（5）煤中锗的一般工业品位要求是 0.001%～0.1%。测试结果表明，所采集的矸石样含量为 $0.77×10^{-6}～4.1×10^{-6}$，均未达到品位要求。

（6）铼的一般工业品位要求最低值为 0.000 2%。测试结果表明，所采集的矸石样含量为 $0.41×10^{-9}～2.9×10^{-9}$，均未达到品位要求。

6.2 关闭煤矿剩余煤炭资源地下气化潜力评价

在煤炭地下气化的研发过程中，气化区的选择和气化煤层的评价对地下气化工程设计非常重要，通过对河北省主要矿区关闭煤矿地质数据的评估，来判断河北省主要矿区关闭煤矿煤层地下气化开采的可行性，主要从地质条件、煤层赋存情况、煤质情况、水文情况 4 个方面考虑：地质条件主要与实施气化采煤是否有风险相关，煤层赋存情况与炉区布置及炉型相关，煤质与气化工艺相关，水文情况与气化过程对环境的影响相关。研究各相关因素对煤炭地下气化各环节的影响程度，对参数在气化过程中的作用进行评价，确定各相关因素对煤炭地下气化可行性的权重，最终确定评价依据，建立河北省主要矿区关闭煤矿剩余煤炭资源地下气化可利用地质条件评价体系，并利用模糊综合评价法对河北省典型关闭煤矿煤层地下气化开采的地质条件的可行性进行量化评价。

6.2.1 影响关闭煤矿剩余煤炭资源地下气化的主要地质因素

6.2.1.1 地质条件

（1）资源量

这里资源量专指单层煤层剩余资源量。资源量大小与经济性评价密不可分，通俗地讲，资源量越大，经济性就越好。依据成本、利润预算，设定生产年限，将气化资源量与可动资源量相比，可综合分析资源量是否满足气化需要。国内专家认为气化炉的生产年限应不低于 9 年（刘淑琴 等，2013）。

（2）煤层顶板

煤层顶板的透气性、力学性质、渗透性、热力学特征等物理特征决定着气化剂利用率和对围岩污染程度，并影响着顶板垮落、气化状态、气化区热量扩散、气化通道及工艺孔性能等。可见，煤层顶板各类性质会对气化稳定运行有重大影响。研究表明，难垮落、坚硬的顶板利于气化工作。

（3）勘查程度

需要对评价区资源情况进行研究，达到查明程度。勘查程度决定着煤层的控制程度以及资源量的可靠程度。分析表明，关闭煤矿主采煤层一般都达到了勘探级别，仅边缘位置勘查程度或较低。

（4）煤层裂隙

煤层原生裂隙不仅影响着气化通道贯通速度,同时也影响着气化炉布置和气化区域发展方向。根据以往工作经验,将间隔 20 m 的钻孔间逆向火力贯通需要的时间作为煤层裂隙发育程度的标准,一般来说不宜超过 30 d。

（5）地质构造

断层、陷落柱、岩浆岩侵入对气化影响较大,主要表现在炉区选址、建炉施工以及工艺的稳定性等。单个气化炉内断距小于 1/2 平均煤层厚度的断层,对煤气泄漏情况影响相对较小。依据地质构造复杂程度,简单-中等构造较有利于气化工作。

6.2.1.2　煤层条件

（1）厚度

目前,煤层厚度尚无定量化限定的结论,但煤厚会对煤气热值产生直接影响。刘淑琴等（2019）认为褐煤气化的最小厚度为 2 m,烟煤以上的最小气化厚度是 0.8 m,安全煤层总厚度为 15 m。考虑经济性,以往工程经验将为本书提供参考。

（2）倾角

从地质角度分析,任何产状的煤层均可进行地下气化。同一煤种,倾角对煤气热值、产率的影响不大,主要与建炉工艺、炉型设计有关。依据现有技术,倾角过大会给建炉施工带来一定困难,倾角一般以小于 45°为宜。

（3）埋深

埋深主要与环保、经济性、封闭性等有关（赵岳 等,2018）。资料表明,深部（1 000 m 以深）煤层的地下气化技术尚不成熟（秦勇 等,2019）。本次研究主要针对关闭煤矿剩余煤炭资源（埋深一般为 1 000 m 以浅）。

（4）稳定性

煤层稳定性主要对建炉施工及稳定运行产生影响。一般来说,单一煤层稳定性高有利于气化工作,两层及以上多层煤对地下气化是不利的。为避免煤层太薄（小于 0.8 m）影响产气效果,需要对拟气化的煤层进行稳定性评价（刘淑琴 等,2013）。

（5）夹矸

煤层无夹矸时,气化过程中无支撑力,后期会迅速垮落,对气化十分不利;煤层夹矸层过多时,气化回采率将会受影响,导致降低。Vyas 等（2015）认为对于 2~15 m 的气化煤层,单层夹矸厚度不得大于 1 m,总夹矸率不得高于 20%。当夹矸厚度大于煤层厚度的40%时,会对气化的经济性产生不利影响。

6.2.1.3　煤质条件

（1）灰分

煤中灰分上、下限均有一定要求。灰分过高,后期灰渣堆积孔底,极易导致炉孔、通道堵塞等问题,气化反应速度将受到影响;灰分过低,不易形成透气的支撑体,导致顶板垮落。一般来说,煤中灰分 5%~30%将利于气化工作。

（2）固定碳

原则上,煤中碳含量的增加利于气化反应的进行。但碳含量过高,氧和水蒸气的消耗将极大增加。根据地下气化特殊要求,固定碳含量 55%~90% 效果最佳。

(3)黏结性

黏结性越高,结焦性越强,越影响导热性,不利于气化。如黏结在出气孔底部,随着时间推移将造成堵塞。考虑经济性,气化煤的黏结性以不黏结或弱黏结为宜(韩磊 等,2019),黏结指数不宜超过 50%。

(4)灰熔点

煤的灰熔点与原料中的灰分组成密切相关。灰熔点越高,越有利于气化,反之灰渣容易变成熔融状态,黏结并进入煤层裂隙中,影响气化。灰熔点一般应高于 1 100 ℃。

(5)CO_2 反应活性

反应活性的高低影响气化过程中耗氧量、煤气组成、带出物与灰残渣的含碳比重、单位产气率及气化热效率等生产指标。气化还原区的温度一般在 600~1 000 ℃,不同温度下 CO_2 的气化活性各不相同。在 900 ℃ 下,反应活性一般不宜低于 30。

(6)着火点

煤的着火点一般对气化过程的进行并不影响,但在气化初期的地下点火工作对煤的着火点有一定的要求。结合以往工程试验,着火点不宜超过 700 ℃(钟毓娟 等,2011)。

(7)硫分

基于环境效应,含硫量高,气化后煤气腐蚀性强,影响设备使用寿命。此外,套管等设备的腐蚀与煤气外排极可能造成气体进入含水层或大气,导致环境效应。高硫煤气还会增加净化系统压力,增加生产成本。国内外研究人员对煤中的硫分上限进行限制,其上限变化范围为 2%~4%(Vyas et al.,2015)。

6.2.1.4 水文条件

(1)充水条件

气化过程中少量充水利于气化进行,但大量充水将导致炉内温度降低甚至发生淹炉。气化区在气化条件下不具备发生水力联系可能,称为无充水矿床(第一类);气化炉与含水层间存在隔水层,工作中可能发生水力联系,称为间接充水矿床(第二类);气化炉直接顶板或底板为含水层的矿床,称为直接充水矿床(第三类)。第一、二类宜于气化工作。

(2)充水特征

地下水进入煤层的形式主要为岩溶、裂隙和孔隙等,其特征依次为极不均匀、不均匀和较均匀。岩溶、裂隙充水的矿床开展气化工作一般较适宜。

(3)富水性

当水文地质条件简单、气化煤层为无充水矿床或为间接充水矿床,且单位涌水量<0.1 L/(s·m),该条件下的富水性基本不影响气化工作;含水层与地表水联系密切、补给条件好,或隔水层不稳定、断裂带导水强,水头压力较高,将直接影响气化整个过程。刘淑琴等(2013)认为高含水褐煤在气化过程中不允许气化炉涌水,烟煤气化允许涌水量为 0.7~1.5 m³/t,褐煤允许涌水量为 0.3~1.0 m³/t。

(4)水资源

地面生产、生活以及气化炉反应均需要一定量的水资源。水资源丰富和匮乏均会对气化工作直接或间接产生一定影响,应予以重视。

(5) 防治难度

根据气化煤层涌水量大小、防治难度决定地下水防治工程的投入。依据地下水涌水量,气化前期应对防治难度进行评价。

6.2.2　评价指标赋值

评价系统采用层次分析法进行。地下煤炭气化与多种因素相关,其中地质因素是关键影响因素之一。在地质条件可行性评价中,主要考虑到煤炭地下气化过程中从规划到生产的几个阶段,如气化区总体规划设计、气化炉设计、气化运行工艺设计等。气化区总体规划设计主要涉及前期的勘查程度、构造、裂隙发育程度、资源量、顶板情况,即地质条件;气化炉设计主要涉及煤厚、埋深、倾角、稳定性、夹矸,即煤层情况;气化运行工艺设计主要涉及灰分、固定碳含量、黏结性、灰熔点、CO_2 反应活性、硫分、着火点,即煤质情况;水文条件中的充水条件、充水特征、富水性、水资源和防治难度穿插于上述各个阶段之中,并与环境影响密切相关。

通过对以上情况的分析,在评价体系中设定了两个层次:地质条件(U_1)、煤层情况(U_2)、煤质情况(U_3)、水文条件(U_4)为一级指标层,在一级指标层下又分二级指标层。根据梁杰开发的煤炭地下气化地质评价模型软件(简称 UCG-GE)V1.0 中煤炭地下气化专家及乌兰察布气化站主要技术人员打分情况,对各个指标进行赋值。结合关闭煤矿的地质情况,对其中的资源量、构造、煤层埋深、勘查程度等参数予以修正,得到各参数赋值情况(表 6-13)。

6.2.3　评价模型

关闭煤矿剩余煤炭资源可利用地质条件评价是在了解关闭煤矿相关地质条件的基础上,通过对未来拟进行地下气化的煤层与曾进行过气化的煤层进行对比,最终给出拟气化煤层的评价结论。因现有数据和成功案例有限,这里的评价存在部分定性描述地质参数与气化间的关系,但多为参照现场工作人员及专家经验。

采用层次分析法确定评价因素的权重,通过模糊综合评价法对地下气化煤层进行地质条件综合评价,核心是建立评价模型及计算方法、优选评价参数、对评价参数进行权重赋值。

层次分析法 AHP 是把复杂问题中的各种因素划分为相互联系的有序层次,根据对一定客观现实的主观判断结构(主要是两两比较)把专家意见和分析者的客观判断结果直接而有效地结合起来,将同一层次元素两两比较的重要性进行定量描述,利用数学方法计算反映每一层次元素的相对重要性次序的权值,通过所有层次之间的总排序计算所有元素的相对权重。

表 6-13　关闭煤矿煤炭地下气化地质条件评价指标体系及指标赋值

目标层	一级指标层	二级指标层	评价:评价标准/赋予的对应分值（总分值为100分）					
剩余煤炭资源地质条件评价 U	地质条件 U1	资源量 U_{11}/万t	<600/0	600~1200/60	1201~1800/85	>1800/100		
		煤层顶板 U_{12}	软弱性弯曲/80	极难垮落坚硬/90	难垮落坚硬/80	中等垮落/70	易垮落松软/60	
		勘查程度 U_{13}	井工/90	三维地震/90	勘探/80	勘探以下/70		
		煤层裂隙 U_{14}/d	<7/100	7~15/90	15.01~30/80	>30/30		
		地质构造 U_{15}	简单/90	中等/80	复杂/50	极复杂/0		
	煤层情况 U2	厚度 U_{21}/m	<3/0	3~5/50	5.01~8/80	8.01~12/90	>12/80	
		倾角 U_{22}/(°)	<5/85	5~25/90	25.01~45/70	>45/50		
		埋深 U_{23}/m	<100/30	101~300/70	301~600/90	601~1000/80	>1000/30	
		稳定性 U_{24}	稳定/100	较稳定/80	不稳定/30	极不稳定/0		
		夹矸 U_{25}/层	0/70	1~3/90	4~8/80	>8/50		
	煤质情况 U3	灰分 U_{31}/%	<5/30	5~10/90	10.01~20/80	20.01~30/70	30.01~40/50	>40/0
		固定碳 U_{32}/%	<55/50	55~60/75	60.01~77/90	77.01~90/75	>90/30	
		黏结性 U_{33}/%	<5/100	5~50/80	50.01~65/60	>65/0		
		灰熔点 U_{34}/℃	<1100/60	1100~1250/80	1251~1500/90	>1500/100		
		CO₂ 反应活性 U_{35}(900℃)/%	<10/25	10~30/45	30.01~50/65	50.01~70/85	>70/95	
		着火点 U_{36}/℃	<300/95	300~400/90	401~550/80	551~700/70	>700/60	
		硫分 U_{37}/%	<0.50/100	0.50~1/95	1.01~1.50/90	1.51~2/85	2.01~2.50/75	>2.50/60
	水文条件 U4	充水条件 U_{41}	Ⅰ类/90	Ⅱ类/80	Ⅲ类/30			
		充水特征 U_{42}	孔隙/60	裂隙/80	岩溶/70			
		富水性 U_{43} /[L/(s·m)]	<0.1/100	0.1~1/70	>1/0			
		水资源 U_{44}	丰富/70	中等/90	匮乏/70			
		防治难度 U_{45}	小/90	中等/70	大/30			

　　层次分析法适用于多目标决策,用于存在多个影响指标的情况下,评价各方案的优劣程度。当一个决策受到多个要素的影响,且各要素间存在层次关系,或者有明显的类别划分,同时各指标对最终评价的影响程度无法直接通过足够的数据进行量化计算的时候,就可以选择使用层次分析法。

模糊综合评价法运用模糊数学作为工具,按照特定的评价条件,对受到多个影响因素的评价对象作出全面评价。它的特点是:结果清晰,系统性强,并且能较好地解决模糊的、难以量化的问题,适合各种非确定性问题的解决。

影响煤炭地下气化的地质因素很多,且各因素之间的相互影响无法定量描述,采用模糊层次综合评价法有助于评价体系的建立。在地下气化煤层地质模型评价中应用模糊层次综合评价法,能将定性分析与定量分析相结合,把人的主观判断用数量形式表达出来并进行科学处理。

6.2.3.1　层次分析法确定指标权值

影响煤炭地下气化的地质因素具有层次之分,且相互影响难以定量描述,这里采用了二级模糊综合评判法对模型进行了构建。结合以往研究经验,在评价体系中设定了两个层次:4 个一级指标和 22 个二级指标,建立了计算模型,并对指标进行合理的综合统计分析和科学的分级量化处理。

(1) 数学模型

引入正整数 1~9 为标度值,评比两指标的相对重要性并给出数量标度,$F_{ij}(i,j=1,2,3,\cdots,n)$表示 F_i 指标对 F_j 指标的相对判断标度值,见表 6-14。

表 6-14　标度意义

标度值	含义
1	F_i 与 F_j 同样重要
3	F_i 比 F_j 稍微重要
5	F_i 比 F_j 明显重要
7	F_i 比 F_j 非常重要
9	F_i 比 F_j 极端重要
2、4、6、8	表示相邻两判断的中值
1/3、1/5、1/7、1/9	表示 F_j 与 F_i 相比较的判断,即:$F_{ji}=1/F_{ij}$

影响因素 $P_i(i=1,2,3,\cdots,n)$为 n 个参评因子,$w_i(i=1,2,3,\cdots,n)$表示 P_i 的重要性。将 P_i 两两比较的结果构造出判断矩阵:

$$A = \begin{bmatrix} w_1/w_1 & w_1/w_2 & \dots & w_1/w_n \\ w_2/w_1 & w_2/w_2 & \dots & w_2/w_n \\ \dots & \dots & \dots & \dots \\ w_m/w_1 & w_m/w_2 & \dots & w_m/w_n \end{bmatrix}$$

矩阵中的各元素表示 F_i 与 F_j 关于评价目标的相对重要程度之比。若 $W=(w_1,w_2,\cdots,w_n)^T$,则有:

$$AW = nW \tag{6-2}$$

式中,n 为 A 特征根;W 为特征向量。

则 P_i 个因素的相对重要性权值可通过求解判断矩阵 $\boldsymbol{A}$ 的最大特征值得到：

$$\boldsymbol{AW} = \lambda_{\max} \boldsymbol{W} \tag{6-3}$$

式中，$\lambda_{\max}$ 为 n 中的最大特征根。

（2）判断一致性

引入剩余特征根的负平均，衡量 $\boldsymbol{A}$ 的一致性指标：

$$CI = \frac{\lambda_{\max} - n}{n - 1} \tag{6-4}$$

$CI=0$，表示具有完全一致性；CI 越大，表示一致性越差。

为衡量 CI 的大小，引入随机一致性指标 RI。1 000 次的平均随机一致性得出 $1\sim15$ 阶判断矩阵的 RI 值，见表 6-15。

表 6-15　$1\sim15$ 阶判断矩阵的 RI 值

阶数	1	2	3	4	5	6	7	8
RI	0	0	0.52	0.89	1.12	1.26	1.36	1.41
阶数	9	10	11	12	13	14	15	
RI	1.46	1.49	1.52	1.54	1.56	1.58	1.59	

将 $CI/RI=CR$，记作随机一致性比率，当 $CR<0.10$ 时，矩阵具有满意一致性，否则需重新调整 $\boldsymbol{A}$ 的赋值，直到符合要求。

6.2.3.2　各评价指标权值的计算

评价指标的权重总值为 1，依据各评价参数对地质条件评价影响程度的差异进行两两比较，建立两两判断矩阵，计算得到相应的赋值权重，结果如表 6-16 所示。

表 6-16　煤层地质条件评价指标权重

一级指标	一级指标权重	二级指标	二级指标权重
地质条件 U_1	0.508 0	资源量 U_{11}	0.067 4
		煤层顶板 U_{12}	0.495 1
		勘查程度 U_{13}	0.053 0
		煤层裂隙 U_{14}	0.186 0
		地质构造 U_{15}	0.198 6
煤层情况 U_2	0.244 9	厚度 U_{21}	0.295 4
		倾角 U_{22}	0.046 4
		埋深 U_{23}	0.082 7
		稳定性 U_{24}	0.416 6
		夹矸 U_{25}	0.158 9

表 **6-16(续)**

一级指标	一级指标权重	二级指标	二级指标权重
		灰分 U_{31}	0.058 8
		固定碳 U_{32}	0.324 8
		黏结性 U_{33}	0.101 5
煤质情况 U_3	0.092 6	灰熔点 U_{34}	0.190 1
		CO_2 反应活性 U_{35}	0.256 5
		着火点 U_{36}	0.034 8
		硫分 U_{37}	0.033 5
		充水条件 U_{41}	0.442 5
		充水特征 U_{42}	0.063 2
水文条件 U_4	0.154 5	富水性 U_{43}	0.094 8
		水资源 U_{44}	0.163 7
		防治难度 U_{45}	0.235 8

6.2.3.3　模糊综合评判

针对评价指标难以量化的特点,采用综合评判法进行量化,具体步骤如下。

（1）一级综合评判

对二级指标 U_i 分别作单因素综合评判。U_i 中各因素的权重为:

$$W_{U_1} = (w_{11}, w_{12}, w_{13}, w_{14}, w_{15})$$
$$W_{U_2} = (w_{21}, w_{22}, w_{23}, w_{24}, w_{25})$$
$$W_{U_3} = (w_{31}, w_{32}, w_{33}, w_{34}, w_{35}, w_{36}, w_{37})$$
$$W_{U_4} = (w_{41}, w_{42}, w_{43}, w_{44}, w_{45})$$

式中,w_{ik} 为 U_{ik} 相对于 U_i 的权重。

根据评价指标的具体情况,参照相应的评价标准,对每个因素 U_{ik} 确定其分数 r_{ik},得到矩阵为:

$$
\boldsymbol{R}_1 = \begin{bmatrix} r_{11} \\ r_{12} \\ r_{13} \\ r_{14} \\ r_{15} \end{bmatrix}
\quad
\boldsymbol{R}_2 = \begin{bmatrix} r_{21} \\ r_{22} \\ r_{23} \\ r_{24} \\ r_{25} \end{bmatrix}
\quad
\boldsymbol{R}_3 = \begin{bmatrix} r_{31} \\ r_{32} \\ r_{33} \\ r_{34} \\ r_{35} \\ r_{36} \\ r_{37} \end{bmatrix}
\quad
\boldsymbol{R}_4 = \begin{bmatrix} r_{41} \\ r_{42} \\ r_{43} \\ r_{44} \\ r_{45} \end{bmatrix}
$$

得到第一级综合评判向量为:

$$\boldsymbol{D}_i = W_{U_i} \cdot \boldsymbol{R}_i \text{(其中``·''为合成算子)} \tag{6-5}$$

（2）进行二级综合评判

第二级综合评判向量为：

$$D = W_U \cdot R \tag{6-6}$$

式中，$W_U = (w_1, w_2, w_3, w_4)$，$w_i$ 为 U_i 相对于 U 的权重；$R = (D_1, D_2, D_3, D_4)^T$。

综上，D 即为所得评价分数。

6.2.3.4 评价结论

根据煤炭地下气化专家的现场试验经验，总值大于 80 分的，适合进行地下气化；总值大于 60 分小于 80 分的，比较适合进行地下气化；总值小于 60 分的，不适合进行地下气化。将评判集进行量化，评价结果集合包括 3 个子集，$Z = \{D \geqslant 80,$ 合适 $;60 \leqslant D < 80,$ 比较合适 $;D < 60,$ 不合适 $\}$。

煤炭地下气化对部分指标有一定的要求，如煤矿剩余资源量过少、煤层构造过于复杂、涌水量过大等指标出现时，需要进行人为干预，将目标矿区直接定为不合适进行煤炭地下气化。在筛选河北省典型关闭煤矿时，邯郸市陶二矿剩余资源约 3.2 亿 t，但其主采煤层离奥灰水过近，则将其直接定为不合适进行地下气化的煤矿。

6.2.4 林南仓煤矿地下气化地质条件评价

依据林南仓煤矿相关地质资料，并参照唐山市刘庄煤矿煤炭地下气化试验数据和廊坊市大城县大城勘查区煤炭地下气化地面模拟试验数据，经整理、分析得出林南仓煤矿地质条件评价参数，各煤层的评价参数如表 6-17 所示。

林南仓煤矿煤层地质条件评价结果详见表 6-18，表明林南仓煤矿 8-1$^\#$、11$^\#$、12$^\#$、14$^\#$ 煤层比较适合开展地下气化，其中 12$^\#$ 煤各方面条件最好，适宜优先开展。多层煤层气化时，需要按照从上到下的原则开展。

表 6-18 林南仓煤矿煤层地质条件评价结果

煤层	地质条件评价得分	地下气化可行性
8-1$^\#$	63.40	比较合适
9$^\#$	54.85	不合适
11$^\#$	63.02	比较合适
12$^\#$	67.07	比较合适
14$^\#$	62.56	比较合适

6.2.5 其他典型关闭煤矿煤层地下气化地质条件评价

结合相关规范及参照其他矿井煤层试验数据，河北省其他典型关闭煤矿地质条件概况及评价见表 6-19，评价结果表 6-20。

表 6-17　林南仓煤矿主要煤层地质条件评价参数表

一级指标	二级指标	12#煤		8-1#煤		9#煤		11#煤		14#煤		备注
		参数	分值	参数	分值	参数	分值	参数	分值	参数	分值	
地质条件	资源量/万 t	10 563.3	100	4 474.4	100	4 881.4	100	6 766	100	4 840.6	100	
	煤层顶板	易垮落	60	易垮落	60	易垮落	60	易垮落	60	易垮落	60	不稳定顶板
	勘查程度	三维地震	90	三维地震	90	三维地震	90	三维地震	90	三维地震	90	
	煤层裂隙/d	10	80	10	80	10	80	10	80	10	80	参考大城勘查区相同煤种试验结果
	地质构造	中等(偏复杂)	65	中等(偏复杂)	65	中等(偏复杂)	65	中等(偏复杂)	65	中等(偏复杂)	65	
煤层情况	厚度/m	4.13	50	2.28	0	2.11	0	2.84	0	1.59	0	
	倾角/(°)	一般小于 20	90	一般小于 20	90	一般小于 20	90	一般小于 20	90	一般小于 20	90	
	埋深/m	601~1 000	80	601~1 000	80	601~1 000	80	601~1 000	80	601~1 000	80	
	稳定性	较稳定	80	较稳定	80	极不稳定	0	较稳定	80	较稳定	80	
	夹矸层	1~2	90	1~4	90	3~5	80	1~2	90	0	70	
煤质情况	灰分/%	19.55	80	28.99	70	22.90	70	21.45	70	20.74	70	
	固定碳/%	43.15	50	27.25	50	35.13	50	39.36	50	40.47	50	
	黏结性(黏结指数)/%	50~75	60	50~75	60	50~75	60	50~65	60	50~65	60	
	灰熔点/℃	1 680	100	1 560	100	>1 500	100	1 600	100	1 520	100	
	CO_2 反应活性/%	10~15	45	10~15	45	10~15	45	10~15	45	10~15	45	气煤
	着火点/℃	300~400	90	300~400	90	300~400	90	300~400	90	300~400	90	
	硫分/%	0.64	95	0.60	95	0.51	95	0.44	100	2.22	75	

表6-17(续)

一级指标	二级指标	12#煤		8-1#煤		9#煤		11#煤		14#煤		备注
		参数	分值	参数	分值	参数	分值	参数	分值	参数	分值	
水文条件	充水条件	Ⅲ类	30	Ⅲ类	30	Ⅲ类	30	Ⅲ类	30	Ⅲ类	30	
	充水特征	裂隙	80	裂隙	80	裂隙	80	裂隙	80	裂隙	80	
	富水性 /[L/(s·m)]	$Ⅲ_B$:0.100~0.144 $Ⅲ_A$:0.409~0.694	70	0.100~0.144	70	0.100~0.144	70	0.100~0.144	70	0.409~0.694	70	中等
	水资源	丰富	70	丰富	70	丰富	70	丰富	70	丰富	70	
	防治难度	中等	70	中等	70	中等	70	中等	70	中等	70	

表6-19　其他典型关闭煤矿地质条件概况及地质条件评价表

一级指标	二级指标	宣东二井 Ⅲ₃#煤 参数	分值	V₂#煤 参数	分值	北阳庄煤矿 5#煤 参数	分值	崔家煤矿 1#煤 参数	分值	5#煤 参数	分值	6#煤 参数	分值	显德汪煤矿 1#煤 参数	分值	2#煤 参数	分值	9#煤 参数	分值
地质条件	资源量/万t	2 244.0	100	5 498.8	100	15 822.9	100	4 160.3	100	9 680.0	100	7 092.2	100	1 013.2	60	1 154.7	60	5 629.2	100
	煤层顶板	难跨落	80	难跨落	80	中等跨落	70	中等跨落	70	中等跨落	70	中等跨落	70	易跨落	60	易跨落	60	易跨落	60
	勘查程度	井工开采	90	井工开采	90	井工开采	90	井工开采	90	井工开采	90	井工开采	90	井工开采	90	井工开采	90	井工开采	90
	煤层裂隙/d	10	90	10	90	<7	100	<7	100	<7	100	<7	100	>30	30	>30	30	>30	30
	地质构造	中等	80	中等	80	复杂	50	中等	80	中等	80	中等	80	中等	80	中等	80	中等	80
煤层情况	厚度/m	1.82	0	1.90	0	2.66	0	2.27	0	3.26	50	2.77	0	1.42	0	1.69	0	3.35	50
	倾角/(°)	5~10	90	5~10	90	5~15	90	5~15	90	5~15	90	5~15	90	<23	90	<24	90	5~24	90
	埋深/m	601~1 000	80	601~1 000	80	301~600	90	301~600	90	101~300	70	101~300	70	301~600	90	301~600	90	301~600	90
	稳定性	不稳定	30	极不稳定	0	较稳定	80	较稳定	80	较稳定	80	较稳定	80	较稳定	80	不稳定	30	较稳定	80
	夹矸/层	2~4	90	0~1	90	0(偶2~3)	70	1~3	80	0~1	90	0	90	1~2	90	0~2	90	0~7	80
煤质情况	灰分/%	21~22	70	21~22	70	15.03	80	18.24	80	14.45	80	11.62	80	19.23	80	17.57	80	19.75	80
	固定碳/%	<55	50	<55	50	<55	50	<55	50	<55	50	<55	50	60.01~77	90	60.01~77	90	60.01~77	90
	黏结性(黏结指数)/%	5~30	80	5~30	80	<5	100	<5	100	<5	100	<5	100	<5	100	<5	100	<5	100
	灰熔点/℃	1 181~1 239	80	1 181~1 239	80	1 158	80	1 270	90	1 219	90	1 213	90	>1 250	90	>1 250	90	>1 250	90
	CO₂反应活性/%	10~15	45	10~15	45	88.74~96.27	95	90~95	95	90~95	95	90~95	95	37.3	65	33.2	65	40.5	65
	着火点/℃	300~400	90	300~400	90	<300	95	<300	95	<300	95	<300	95	300~400	90	300~400	90	300~400	90
	硫分/%	<0.5	100	<0.5	100	1.20	95	0.68	95	1.43	95	0.74	90	0.39	100	0.45	100	2.67	60

表 6-19（续）

一级指标	二级指标		宣东二井				北阳庄煤矿		崔家寨煤矿						显德汪煤矿					
			$Ⅲ_3$#煤		V_2#煤		5#煤		1#煤		5#煤		6#煤		1#煤		2#煤		9#煤	
			参数	分值	参数	分值	参数	分值	参数	分值	参数	分值	参数	分值	参数	分值	参数	分值	参数	分值
水文条件	充水条件		Ⅲ类	30	Ⅲ类	30	Ⅲ类	30	Ⅱ类	80	Ⅲ类	30	Ⅲ类	30	Ⅱ类	80	Ⅲ类	30	Ⅲ类	30
	充水特征		裂隙	80	裂隙	80	裂隙	80	岩溶、裂隙	70	裂隙	80	裂隙	80	裂隙	80	裂隙	80	岩溶	70
	富水性 /[L/(s·m)]		0.009 8	100	0~0.000 1	100	0.001~0.018	100	0.122	70	0~0.004	100	0~0.004	100	0.017 8	100	0.017 8	100	0.003 6~0.123	100
	水资源		丰富	70	丰富	70	丰富	70	丰富	70	丰富	70	丰富	70	丰富	70	丰富	70	丰富	70
	防治难度		小	90	小	90	中等	70	中等	70	小	90	小	90	小	90	中等	90	大	30

表 6-20　其他典型关闭煤矿煤层地质条件评价结果

煤矿	煤层	地质条件评价得分	地下气化可行性
宣东二井	$\text{III}_3^{\#}$	65.86	比较合适
	$\text{V}_2^{\#}$	62.80	比较合适
北阳庄煤矿	5#	67.45	比较合适
崔家寨煤矿	1#	74.30	比较合适
	5#	75.17	比较合适
	6#	70.78	比较合适
显德汪煤矿	1#	65.52	比较合适
	2#	56.28	不合适
	9#	64.29	比较合适

6.3　关闭煤矿瓦斯再利用潜力评价

6.3.1　关闭煤矿剩余瓦斯资源量估算与评价方法

6.3.1.1　关闭煤矿剩余瓦斯资源量估算方法

关闭煤矿剩余瓦斯资源量包括动用区剩余煤炭瓦斯资源量和未动用区剩余煤炭瓦斯资源量两部分。本次剩余瓦斯资源量估算采用体积法,即通过瓦斯含量与剩余煤炭资源量的乘积来确定,估算方法如图 6-1 所示。其中,动用区剩余煤炭资源量、未动用区剩余煤炭资源量、部分主采煤层的煤炭原始瓦斯含量均可以通过相关地质报告及瓦斯地质报告获得,动用区剩余瓦斯含量无实测值,根据《矿井瓦斯涌出量预测方法》(AQ 1018—2006)附录 C 煤层原始瓦斯含量和残存瓦斯含量的选定 C.5 条,瓦斯含量>10 m³/t 的高变质煤和低变质煤的残存瓦斯含量 W_c 值可按表 6-21 选取。

瓦斯含量<10 m³/t 的高变质煤的残存瓦斯含量值按下式选取:

$$W_c = \frac{10.385 e^{-7.207}}{W_0} \tag{6-7}$$

式中,W_c 为煤层残存瓦斯含量,m³/t;W_0 为煤层原始瓦斯含量,m³/t。

6.3.1.2　关闭煤矿剩余瓦斯资源量评价方法

评价方法采用刘小磊等(2022)建立的废弃煤矿瓦斯资源评价模型,用未动用区与动用区剩余煤炭资源量的比值为 Y 轴表示关闭煤矿瓦斯的主要赋存形式,以煤矿关闭时间为 X 轴表示瓦斯逸散的概率。该方法将整个评价区域划分为 16 个小区块,每个小区域均用两位数的代码表示,其中十位数代表 Y 轴,以 50% 递增划分为 1、2、3、4 等 4 个区间,分别表示未动用区剩余煤炭资源量相对非常少、较少、较多、非常多;个位数代表煤矿关闭时间,以 5 年为一个区间,划分为 1、2、3、4 等 4 个区间,具体见表 6-22 及图 6-2。

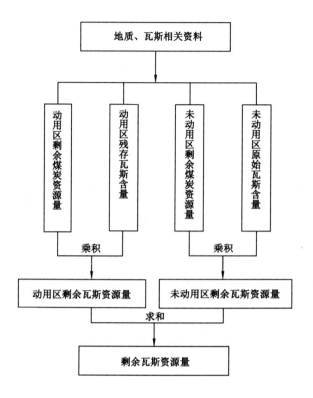

图 6-1 关闭煤矿剩余瓦斯资源量估算方法

表 6-21 纯煤的残存瓦斯含量取值

挥发分/%	6~8	>8~12	>12~18	>18~26	>26~35	>35~42	>42~56
$W_c/(m^3/t)$	>6~9	>4~6	>3~4	>2~3	>2	>2	>2

表 6-22 关闭煤矿瓦斯资源评价表(刘小磊 等,2022)

Y轴	未动用区与动用区剩余煤炭资源量比值/%(代码)	0~50(1)	50~100(2)	100~150(3)	>150(4)
	未动用区剩余煤炭资源量	相对非常少	相对较少	相对较多	相对非常多
X轴	关闭时间/年(代码)	0~5(1)	5~10(2)	10~15(3)	>15(4)
	关闭煤矿类型	初期	中期	后期	稳定型
		非稳定型			
评价	区块代码	31、32、41、42	11、12、21、22	33、34、43、44	13、14、23、24
	瓦斯再利用潜力	相对较大	相对中等	相对较差	相对最差

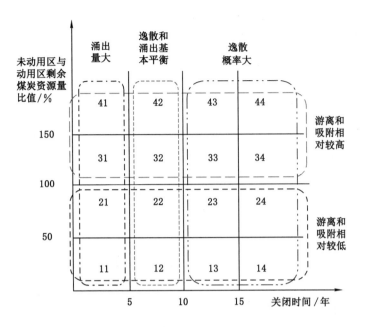

图 6-2 关闭煤矿瓦斯资源评价模式(刘小磊 等,2022)

6.3.2 剩余瓦斯潜力评价过程——以宣东矿为例

6.3.2.1 宣东矿概况

宣东矿位于河北省张家口市宣化区东南,属宣下矿区,面积 21.87 km²。1997 年 6 月正式建井,2009 年矿井经扩能改造后生产能力为 150 万 t/年,服务年限 38.9 年。矿井因经营、产业政策等原因于 2017 年 11 月停产,进行矿井回撤工作,并于 2018 年闭坑。

6.3.2.2 地质概况

井田含煤地层是侏罗系中下统下花园组,由灰、深灰色砂岩、粉砂岩、岩夹少量泥砾岩、砂砾岩和煤组成,是一套典型的陆相山间断陷盆地型含煤建造。地层厚度呈北厚南薄变化,厚度 128.61～425.32 m,平均 259.83 m。井田主采煤层为Ⅲ₃和Ⅴ₂煤层。Ⅲ₃煤层煤厚 0.19～6.96 m,平均 1.82 m,分成东、西两个可采块段:东部可采块段,煤厚 0.70～6.96 m,平均 2.39 m,结构较复杂,灰分较高,煤种以弱黏煤为主,气煤和 1/3 焦煤次之;西部块段,煤厚 0.94～2.83 m,平均 1.73 m,内部煤层结构复杂,含夹矸 2～4 层,煤种为气煤。Ⅴ₂煤层煤厚 0.14～6.65 m,平均 1.90 m,煤种以气煤及 1/3 焦煤为主,在浅部有弱黏煤。

6.3.2.3 开采地质条件

(1) 瓦斯

本区地质勘探过程中,主要可采煤层平均瓦斯含量为 1.47～3.42 mL/g,其中Ⅲ₃煤层瓦斯含量为 0.85～5.9 mL/g,从地勘期间所测的瓦斯含量来看,宣东矿属于低瓦斯煤层。2008—2009年,河南理工大学、中煤科工集团重庆研究院井下实测的瓦斯含量为3.13~9.96 mL/g,瓦斯含量较高,2009年经中煤科工集团重庆研究院鉴定为煤与瓦斯突出矿井。从历年矿井瓦斯等级鉴定情况看,2001—2008年为高瓦斯矿井,2009—2017年为煤与瓦斯突出矿井。

（2）水文地质特征

依据井田出露地层层序、岩性及其富水性和煤层的关系,结合区域含水层划分情况,本井田划分出7个含水岩组13个含水层。据《宣东煤矿矿井水文地质类型划分报告》（中国煤炭地质总局第四水文地质队,2014）,矿井水文地质类型划分为复杂型。

（3）煤层顶底板、倾角

煤层顶板以粉砂岩、细砂岩为主,局部为粗砂岩及薄层中砂岩,裂隙不发育,致密坚硬,属中等坚硬-相当坚硬的岩石;底板由粉砂岩、细砂岩、中砂岩及粗砂岩等组成,裂隙不发育,致密坚硬,属中等坚硬-相当坚硬的岩石;倾角5°~15°,局部倾角大于45°。

6.3.2.4 剩余煤炭资源情况

据《冀中能源股份有限公司张家口宣东矿闭坑报告》（2018）,截至2017年12月31日,累计动用储量（111b）1 434.6万t,采出量1 205.3万t,损失量229.3万t。

截至2017年12月底（闭坑前）宣东矿资源储量、动用储量及剩余情况见表6-23。

表6-23　宣东矿剩余煤炭资源统计表　　　　　　　　　单位:万t

煤层	动用储量	保有资源储量						累计查明资源储量	可采储量
	111b	111b	122b	331	332	333	合计		
Ⅲ₃	1 263.0	263.9	1 151.1	98.8	15.3	714.9	2 244.0	3 513.7	1 320.3
Ⅳ₁	115.6	96.9	39.8			547.7	684.4	800.0	398.8
Ⅳ₂	56.0		314.9			1 417.4	1 732.3	1 788.3	924.7
Ⅳ₃						501.2	501.2	501.2	283.3
Ⅴ₂			1 528.2	1 780.6	2 190.0	5 498.8	5 498.8	3 159.8
合计	1 434.6	360.8	1 505.8	1 627.0	1 795.9	5 371.2	10 660.7	12 095.3	6 086.9

6.3.2.5 剩余瓦斯再利用潜力评价

（1）宣东矿剩余瓦斯资源量估算

根据宣东矿煤质资料,Ⅲ₃煤层原始瓦斯含量为7.20 m³/t,Ⅳ₁煤层原始瓦斯含量为4.16 m³/t,Ⅳ₂、Ⅳ₃、Ⅴ₂煤层无原始瓦斯含量实测数据,按照平均瓦斯含量3.42 m³/t取值。该矿煤种均为气煤和1/3焦煤,煤层原始瓦斯含量为均小于10 m³/t,因此,根据表6-21取动用区残存瓦斯含量值,结果见表6-24。

根据关闭煤矿剩余瓦斯资源量估算方法计算得到宣东矿剩余瓦斯资源量,结果见表6-25。宣东矿剩余瓦斯资源量45 906.97万m³,其中动用区剩余瓦斯资源量458.6万m³,未动用区剩余瓦斯资源量45 448.37万m³。

表 6-24　原始瓦斯含量及残煤瓦斯含量计算结果

煤层	原始瓦斯含量/(m³/t)	残煤瓦斯含量/(m³/t)	挥发分	备注
Ⅲ₃	7.20	2	据闭坑报告,各煤层均为中高挥发分,根据《煤的挥发分产率分级》(MT/T 849—2000),中高挥发分煤,挥发分为>28%~37%	残煤瓦斯含量按照表6-21选取,Ⅳ₃、V₂未开采,按照原始瓦斯含量计算
Ⅳ₁	4.16	2		
Ⅳ₂	3.42	2		
Ⅳ₃	3.42	—		
V₂	3.42	—		

表 6-25　宣东矿剩余瓦斯资源量计算结果

煤层	未动用区剩余煤炭资源量/万 t	动用区剩余煤炭资源量/万 t	剩余煤炭资源量/万 t	原始瓦斯含量/(m³/t)	残煤瓦斯含量/(m³/t)	未动用区剩余瓦斯资源量/万 m³	动用区剩余瓦斯资源量/万 m³	剩余瓦斯资源量/万 m³
Ⅲ₃	2 244.0	188.4	2 432.4	7.20	2	16 156.800	376.8	16 533.600
Ⅳ₁	684.4	29.9	714.3	4.16	2	2 847.104	59.8	2 906.904
Ⅳ₂	1 732.3	11.0	1 743.3	3.42	2	5 924.466	22.0	5 946.466
Ⅳ₃	501.2	—	501.2	3.42		1 714.104	—	1 714.104
V₂	5 498.8	—	5 498.8	3.42	—	18 805.896	—	18 805.896
合计	10 660.7	229.3	10 890.0			45 448.370	458.6	45 906.970

（2）宣东矿剩余瓦斯潜力评价

据宣东矿地质及瓦斯资料,宣东矿未动用区与动用区剩余煤炭资源量比值＝未动用区剩余煤炭资源量/动用区剩余煤炭资源量＝（10 660.7/229.3）×100%＝4 649%≫150%,该矿未动用区剩余煤炭资源量相对非常多。宣东矿于 2018 年关闭,至今煤矿关闭时间为 4 年,该煤矿类型属于非稳定型初期煤矿。综合考虑 Y 轴和 X 轴因素,宣东矿为未动用区剩余煤炭资源量相对非常多的非稳定型初期煤矿,属于 41 类型。该矿为高瓦斯矿井,煤炭剩余量相对非常多,瓦斯除了涌出的部分,大部分仍以吸附态赋存于煤层,吸附态瓦斯含量相对较高。同时该矿关闭年限小于 5 年,游离态瓦斯含量相对较高。因此,从瓦斯资源和赋存角度,宣东矿瓦斯再利用潜力相对较大。此外,宣东矿水文地质条件复杂,煤层开采受顶底板砂岩含水层影响,闭坑后构造很有可能导通采空区和煤层顶底板含水层,煤层顶底板均为裂隙不发育的中等坚硬-相当坚硬的岩石,瓦斯有可能在采空区等地下空间得以集聚和保存。总体上,宣东矿瓦斯再利用潜力相对较大。

6.3.3　河北省剩余瓦斯资源潜力评价

根据"河北省主要矿区关闭煤矿山多要素综合调查"项目成果,截止到 2020 年年底,河北省关闭煤矿中高瓦斯矿井 5 个,煤与瓦斯突出矿井 5 个,瓦斯矿井 10 个,剩余煤炭资源量较多的低瓦斯矿井 4 个。

　　受资料限制,部分关闭煤矿瓦斯及地质资料缺失,这里仅根据上述评价模型从瓦斯资源和赋存角度进行评价,对于剩余瓦斯资源量仍需进一步开展相关专题工作。根据上述关闭煤矿资源评价模式,结合调查成果,得出河北省关闭煤矿瓦斯资源再利用潜力,结果见表6-26。从瓦斯资源和赋存角度,24个瓦斯矿井瓦斯资源类型均为41、42型,剩余煤炭资源量很少的低瓦斯关闭煤矿瓦斯资源再利用潜力相对最差。结合矿井瓦斯等级和剩余煤炭资源量,河北省关闭煤矿中瓦斯再利用潜力相对较大的煤矿主要为邯郸矿区的亨健煤矿、陶一煤矿,峰峰矿区的大力煤矿,开滦矿区的马家沟煤矿、赵各庄煤矿,宣下矿区的宣东矿等。

表 6-26　河北省关闭煤矿瓦斯资源再利用潜力评价结果

编号	矿山	瓦斯等级	剩余煤炭资源量/万 t	动用剩余煤炭资源量/万 t	关闭年份	瓦斯资源类型	矿区
1	聚隆	煤与瓦斯突出矿井	3 182.60	97.80	2018	41	邯郸
2	通顺	煤与瓦斯突出矿井	8 521.00	3 537.40	2016	42	峰峰
3	六合	煤与瓦斯突出矿井	2 076.30	257.40	2018	41	峰峰
4	马家沟	煤与瓦斯突出矿井	9 401.30	1 335.70	2016	42	开滦
5	赵各庄	煤与瓦斯突出矿井	9 857.10	2 444.00	2019	41	开滦
6	亨健	高瓦斯矿井	5 040.80	256.40	2017	41	邯郸
7	陶一	高瓦斯矿井	11 112.72	923.60	2016	42	邯郸
8	申家庄	高瓦斯矿井	1 822.40	261.50	2017	41	峰峰
9	宣东二井	高瓦斯矿井	10 660.70	229.30	2018	41	宣下
10	松树台	高瓦斯矿井	627.90	8.30	2018	41	兴隆
11	康城	瓦斯矿井	9 120.80	1 532.20	2016	42	邯郸
12	焦窑	瓦斯矿井	667.99	281.40	2018	41	邯郸
13	大力	瓦斯矿井	5 820.40	2 252.00	2016	42	峰峰
14	章村三井	瓦斯矿井	2 446.00	201.70	2017	41	邢台
15	元氏	瓦斯矿井	6 571.90	18.67	2014	42	元氏
16	瑞丰	瓦斯矿井	592.70	14.10	2015	42	井陉
17	冀东古冶	瓦斯矿井	1 029.00	0	2018	41	开滦
18	北阳庄	瓦斯矿井	31 374.40	10.60	2018	41	蔚县
19	琨越西井	瓦斯矿井	620.20	0	2018	41	蔚县
20	奇升矿	瓦斯矿井	342.00	0	2018	41	蔚县
21	显德汪	低瓦斯矿井	9 902.80	356.20	2016	42	邢台
22	林南仓	低瓦斯矿井	35 905.10	1 052.80	2017	41	开滦
23	崔家寨	低瓦斯矿井	26 152.40	676.30	2019	41	蔚县
24	西细庄	低瓦斯矿井	2 190.77	365.06	2018	41	蔚县

6.4 关闭煤矿资源综合利用模式

6.4.1 关闭煤矿地质环境治理和综合利用推荐模式选择原则

矿山地质环境治理工作是对资源依法科学采选、资源综合利用、节能低耗、保护环境和可持续发展的综合工程,涉及环境管理、资源采选、水工环、林业、土壤学等多学科领域。

矿山地质环境治理目标、预期效果主要为:① 消除矿山地质灾害及其隐患;② 矿区充分绿化,避免或减轻水土流失;③ 通过治理,使矿区地形地貌景观美化,与周边地形地貌相协调;④ 生态环境得以改善,矿区无扬尘、无污染;⑤ 煤矸石得到合理堆放和利用;⑥ 矿山土地得到合理、充分利用,生态得以恢复;⑦ 矿山闭坑后矿区成为新的经济增长区或娱乐休闲区。

针对矿产资源开发现状及存在的地质环境问题,根据矿山地质环境影响程度、矿山地质环境问题类型的差异、矿山区位差异,依据矿山地质环境治理预期效果,本着因地制宜、综合整治、宜耕则耕、宜林则林、宜渔则渔、宜草则草、宜工则工、宜景则景的原则,提出适合不同关闭煤矿地质环境模块化的治理模式,从而达到社会效益、经济效益和生态效益"多赢"的目的。

（1）保证安全,生态优先

采矿活动对地质环境扰动和破坏强烈,导致地面斜坡失稳或山体边坡失稳,形成地面塌陷、地裂缝等地质灾害,存在一定的安全隐患。需开展关闭煤矿地质灾害监测评估,对于影响安全的地质灾害等问题应当采取人工措施消除地质灾害隐患。突出生态功能,将关闭矿山生态恢复与综合利用与山水林田湖草生态保护修复等有机结合,按照国土空间规划和用途管制要求进行统筹部署。

（2）因地制宜,因矿施策

以关闭煤矿地质环境调查为基础,以问题为导向,充分考虑关闭煤矿资源利用、地质安全、土地空间、生态本底等差异化特征,深度挖掘煤矿特色,因矿施策,系统统筹区域要素,保护水土资源空间,科学提出治理措施和综合利用模式。同时需要与城市总体规划和土地利用总体规划方面进行衔接及横向统筹,从国土空间优化的角度实现关闭煤矿的生态恢复和综合利用。

（3）多元治理,整体推进

矿山地质环境效应的突出特点是具有高度叠加性。单一工程治理措施不能应对复杂的系统问题。关闭矿山地质环境的治理一般需要多种治理模式、模块的组合,分区实施,整体推进。

6.4.2 关闭煤矿地质环境治理与综合利用推荐模式分类

6.4.2.1 推荐模式

依据关闭煤矿矿山地质环境治理模式确定原则和矿山地质环境治理的预期效果,河北省关闭煤矿的生态修复与综合利用推荐模式主要分为 7 类 19 种,详见表 6-27。

表 6-27　河北省关闭煤矿地质环境治理与综合利用推荐模式

模式	种类	描述
农林用地模式	农业	
	林业	
建设用地模式	工业园区	专供工业设施设置区
	商业用地	建设住宅区、商业区、办公类园区等
塌陷水域综合利用模式	湿地公园	以湿地良好生态环境和多样化湿地景观资源为基础,可供人们旅游观光、休闲娱乐的生态型主题公园
	生态养殖	无污染的塌陷区水域进行立体水产养殖
矿山公园模式	矿山公园	矿山地质环境治理恢复后,以展示矿产地质遗迹和矿业生产过程中探、采、选、冶、加工等活动的遗迹、遗址和史迹等矿业遗迹景观为主体的公园
	工业遗迹	具有历史、技术、社会、建筑或科学价值的工业文化遗迹,包括建筑和机械,厂房,生产作坊和工厂矿场以及加工提炼遗址,仓库货栈,生产、转换和使用的场所,交通运输及其基础设施以及用于住所、宗教崇拜或教育等和工业相关的社会活动场所
关闭煤矿资源综合利用模式	煤炭	地质气化等
	矿井水	受煤炭生产活动影响,水质具有显著煤炭行业特征的水
	残余瓦斯	储存在煤层中以甲烷为主要成分的煤的伴生矿产资源
	热能	矿井内围岩散发出来的地球内部热量
	遗留生产物资	地表及井下遗留的较有价值的物资,如建筑、钢材、枕木等
井下空间利用模式	存储	储气、储油、储存化学危险品等特殊物品
	科教	科研中心、档案馆、博物馆等
	设施农业	矿井巷道有比较适宜的温度和湿度条件,可采用人工智能控制方式,根据不同植物所需的阳光波长,生产高产、优质和环保健康的农作物产品
	蓄能	蓄电、蓄热
矸石山生态恢复模式	矸石利用	大宗量利用为重点,利用煤矸石发电、制成建材、复垦回填等
	生态复绿	矸石山(堆)实施生态复绿等治理

6.4.2.2　关闭煤矿地质环境治理与综合利用模式选择

关闭煤矿地质环境治理与综合利用模式的选择要综合考虑关闭煤矿背景条件和资源开发利用条件,其中背景条件包括自然环境、人文环境、采矿遗迹、历史文化、社会文化等,资源开发利用条件包括资源情况、经济发展水平、交通通达度、市场距离、生态环境因素和地质环境安全等,详见表 6-28、图 6-3。例如,交通系统完善、可达性强的关闭煤矿,其再利用模式的选择受限较小。对于地质条件稳定、用地规模较大、工业基础较好、厂房及设备较完备的关闭煤矿,其再利用模式宜选择建设用地模式,可以建设成为工业园区;地质条件稳固、采空区体积大的关闭煤矿可作为地下存储库,如地下仓库、储油、储气等多种用途仓储建设用地;地质地貌特征典型、矿业遗址保留完善、规模大的关闭煤矿可改造成国家矿山公园、博物馆或工业遗迹等;位于城郊的水质好、水面阔的塌陷区可改造为湿地公园。区位条件一般的坡度较缓的平原丘陵地区,具备良好的防洪排涝、灌溉水源和重构土壤的条件的关闭煤矿可采用农用地模式,而具备基本的防洪排涝、灌溉水源和土壤重构条件的丘陵地区的关闭煤矿可以考虑林业用地模式。对于区位条件不佳、已稳沉废弃煤矿可进行分层压实、煤矸石充填用作广场绿地用地或交通用地,可以有效减少占用优良土地。

表 6-28　关闭煤矿地质环境治理与综合利用推荐模式选择因素

类型	因素	描述
关闭煤矿背景条件	自然环境	地形地貌、地质、水体、气候、动植物等
	人文环境	历史沿革、区位条件、经济发展水平、交通条件
	采矿遗迹	露天遗迹、建筑、机械、地下遗迹、矸石山等
	历史文化	历史、工艺、传说、习俗等
	社会文化	矿工居住生活区、乡镇聚落、产业风貌
关闭煤矿资源开发利用条件	资源情况	剩余煤炭、残留煤层瓦斯、矿井水、地热等
	经济发展水平	人均 GDP、消费水平、就业状况
	交通通达度	内部交通、外部交通
	市场距离	距离城市的距离、距离城市圈的距离
	生态环境因素	大气、土壤、水体、植被状况
	地质环境安全	地质条件、地质灾害等

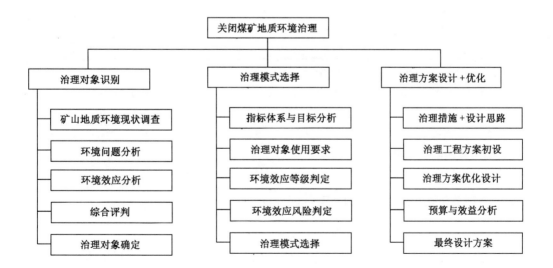

图 6-3　关闭煤矿地质环境治理过程示意图

在模式分类、选择因素初步分析的基础上,结合实地调查,对关闭煤矿进行了推荐模式选择,其中适合建设用地模式的煤矿为 40 个、农林用地模式为 88 个、塌陷水域综合利用模式为 10 个、矿山公园模式为 11 个、煤炭利用模式为 12 个、瓦斯利用模式为 9 个、热能利用模式为 5 个、遗留物资利用模式为 26 个、井下空间利用模式为 7 个、矸石利用模式为 24 个。详见统计表 6-29。

通过对国内外、河北省关闭煤矿资源利用与生态恢复典型案例进行分析,归纳总结了河北省关闭煤矿 7 类 19 种生态修复与综合利用推荐模式。结合实地调查,综合考虑关闭煤矿背景条件和资源开发利用条件,对河北省主要矿区 115 个关闭煤矿提出了资源再利用和生态修复途径。

表 6-29   河北省主要矿区关闭煤矿资源推荐模式

地区	矿区（煤田）	推荐模式																	
		1		2		3		4		5					6				7	
		1-1	1-2	2-1	2-2	3-1	3-2	4-1	4-2	5-1	5-2	5-3	5-4	5-5	6-1	6-2	6-3	6-4	7-1	7-2
邯郸	邯郸	5	9	6	1	0	1	2	4	3	2	4	1	5	2	1	1	0	5	11
	峰峰	4	11	7	3	3	0	3	3	1	4	2	1	5	2	1	1	0	9	12
邢台	邢台	8	2	3	0	0	0	0	2	1	0	0	0	3	1	0	1	0	3	4
	临城-隆尧	6	0	1	0	0	0	0	0	1	0	0	0	1	0	0	0	0	0	0
石家庄	元氏	1	0	1	0	0	0	0	0	1	0	0	0	1	0	0	0	0	0	1
	井陉	2	1	1	2	1	0	1	3	0	1	0	1	1	1	0	0	0	0	2
唐山	开滦	0	0	4	2	5	4	2	2	3	3	2	1	3	1	0	0	0	3	3
张家口	宣下	1	8	0	0	0	0	0	0	1	0	0	0	1	1	0	0	0	3	9
	蔚县	24	6	5	0	0	0	0	1	2	0	0	0	4	0	0	0	0	0	10
承德	兴隆	3	6	2	0	0	0	0	0	0	0	0	0	0	0	0	0	0	1	1

注:同一个关闭煤矿在同一个推荐模式中可能符合多个利用方向。

1:农林用地,2:建设用地,3:塌陷水域综合利用,4:矿山公园,5:资源综合利用,6:井下空间利用,7:矸石山利用,1-1:农业,1-2:林业,2-1:工业园区,2-2:商业用地,3-1:湿地公园,3-2:生态养殖,4-1:矿山公园,4-2:工业遗迹,5-1:煤炭,5-2:矿井水,5-3:瓦斯,5-4:热能,5-5:遗留物资,6-1:存储,6-2:科教,6-3:设施农业,6-4:蓄能,7-1:矸石利用,7-2:生态复绿。

6.4.3　典型关闭煤矿的资源再利用可行性分析

6.4.3.1　邢台矿

考虑煤矿关闭后,井下等现场调查存在现实困难,本次工作以生产矿井邢台矿为示范调查煤矿开展了相关工作,提前谋划煤矿未来关闭后资源再利用工作。

（1）土地资源综合利用分析

邢台矿位于邢台市区南部,北紧靠七里河,南临大沙河,西邻南水北调中线,地处城市南部天然防风护沙屏障和自然开放空间、城市地下水源地,属于生态敏感地区。对于七里河、大沙河两侧的开发利用应坚持保护为主、适度开发的原则。首先从环境入手,加强对水系的生态绿化,并结合它们的行洪、水源地等功能,规划建设一套汛期防洪或一系列阶段截水设施,既能保证在汛期正常行洪需要,又能截住一部分洪水用于城市水资源的补充。按照邢台市原有规划,以生态为主导,邢台矿压占、沉陷等破坏的土地资源经综合开发利用,可与北-森林公园、东-园博园构建城市、城郊"三绿肺"。

借助邢台矿南部襄湖岛生态公园规划,将北沙河与南沙河中间核心区向北——邢台矿拓展、辐射至七里河,形成连接两水系生态通道,打造成湿地、沙地、休闲、农业观光等多个板块功能区,将该城郊"绿肺"建设成为集体育、旅游度假、娱乐休闲、精品农业等于一体的城市南部后花园和绿色生态屏障。

在已有的南水北调、七里河生态建设绿化带基础上,邢台矿矿区范围局部地段应适当增加绿化范围,合理利用煤矿地下空间、矿井水等其他资源,将防洪、蓄水、旅游休闲活动、道路交通、城市景观、农业生态等方面进行结合建设,最终构建东有塌陷区——园博园,西有南水北调和西山绿色屏障,北有省级森林公园,南有采煤区——农业生态观光园,贯穿城市的绿(植被)、蓝(水系)带系统,沟通城市的生态流,建设成融园林景观、生态绿化、休闲旅游为一体的城市、城郊绿色经济带,最终形成人工与自然相生相荣、西山环水、城绿交融的山水城市格局。

在城郊"绿肺"规划区域应当注意的是煤陷区的控制与保护,市区西南部邢台矿的煤陷区周边的建设要严格控制,一方面要准确圈定出沉陷区、沉稳区范围,另一方面根据沉陷范围适当向外扩展一定距离作为缓冲区。对于沉陷区,可以充分利用现状为塌陷的土地建设生态农业观光园,发展成为高效农业、花卉业的种植和观光基地,形成城市的一道亮丽的风景线和城郊生态的"绿肺"。

(2) 地下空间综合利用分析

通过对邢台煤矿井下实地调查,地下空间将来再利用可分为两个方向,即以物资储存和文化娱乐为主导的开发利用模式。

① 以物资储存为主导的开发利用模式

主要是利用地下稳定空间节约空间,温、湿度稳定和节省前期建设投入等优势,以及煤矿毗邻邢台市区南部等优势,实施对石油、天然气、粮食、水等物资的储存。尤其是对水的储存——建立地下水库,现实意义重大,且最符合区位优势特点。

实施地下水库工程,结合对地下空间进行稳定巷道、一般采空区分类、分区,并采取多种手段实施隔离等工程,不仅可以续存南水北调水源,为邢台市区提供应急饮用水源保障,亦可在汛期为七里河防洪调蓄提供一定的保障。

② 以文化娱乐为主导的开发利用模式

以文化娱乐为导向进行旅游资源开发是现在矿山地下空间开发的常见模式。矿山地下空间承载着工业历史的变迁,记录着矿区从成长到兴盛再到衰退的整个过程,连接着几代人的生活,也印刻着技术进步、发展进程。将其保留下来,进行工业遗址博物馆、科教展览馆的开发非常有意义。

地下矿山具有一定的神秘感,矿井生产期间无关人员无法进入井下,即使生长在矿山的人也并非都了解地下情况。故可借鉴国内外成功经验,在矿井关闭后,将其作为观光岩洞,置入各种景观,演示开采工艺,展示开采器具,介绍开采技术等,并结合养殖,使人们在游览观光的同时,也获得了有关的科学知识。考量矿区区位,未来闭坑后的邢台矿地下稳定空间亦可作为城市附近球类、溜冰、图书馆、博物馆等文化体育教育活动场所。

③ 矿井水综合利用分析

针对邢台矿所处地理位置及生产现状,可实施矿区生态用水,即矿井涌水量大,矿区自身生产生活用水难以消化掉矿井水时,可以结合矿区环境特点用于矿区的生态用水和农业用水。结合邢台矿井底车场、岩巷等相对稳定空间容积,与七里河统筹规划,逐步对矿井水资源高效利用进行谋划,为今后实施地下水库等方向打下基础。

现阶段,矿井水经处理站处理后回用于井下消防洒水、绿化、电厂、选煤补充水。灌溉季节剩余水量用于场地绿化及周边生态恢复用水,非灌溉季节进入七里河内作为河流补给、沿河公园景观用水。

未来规划,在充分论证的基础上,结合对地下空间进行稳定巷道、一般采空区分类、分区,并采取多种手段实施隔离等工程,可作为备用水源容仓(地下水库)。矿井水经深度处理后可为邢台市区提供应急饮用水源保障。

6.4.3.2 申家庄矿

（1）工业广场等压占土地综合利用分析

针对煤炭独立工矿区转型面临的问题,将矿区转型和矿乡统筹发展相结合,充分挖掘矿区现有资源优势,以"经济、社会、生态"综合效益最大化为原则,以三产融合发展、矿乡统筹规划、人居环境改善、多方参与转型、合理安置职工为转型策略,在实现矿区转型发展的同时,推动矿区由独立发展向矿乡融合发展转变。

申家庄煤矿临靠水源地——岳城水库,处于生态环境脆弱区域,当地环境容量有限,发展生态产业可为循环经济发展提供有力保障。

结合矿区周边土地,高效利用工业广场土地资源,可大力发展光伏产业,并结合农业基础,打造"光伏＋农业"的基础产业。

矿区周边村镇农产品丰富,但缺少可将农产品大量外销的渠道。设施农业虽蓬勃发展,但缺少相关装备制造产业提供支撑。为此,可以大力培育现代物流业和设施农业装备制造业作为其主导产业。此外,也可以充分发挥原有煤炭相关产业和乡村农业发展的优势,以工业旅游、创意农业为基础进行产业的衍生,并与主导产业相融合。

在区域范围内,以矿区为核心,以周边村镇组团为外围,形成结构合理、功能依赖、分工合作密切的矿乡统筹发展体系。在申家庄煤矿空间融合的过程中,矿区外围区域的发展主要依靠光伏农业和休闲农业来打造大地景观,一方面,可以通过农业发展促进企业与当地村民实现共赢,另一方面,还可以以产业景观作为旅游亮点,实现旅游产业协同发展;矿区核心区域为原有工业广场,发展策略是以工业广场原有空间布局为基础,重点打造工业旅游、农业装备制造和物流园项目来保证企业长期稳定发展。

此外,在生态恢复引导下改善矿区人居环境。独立工矿区在经历煤炭资源开采后,生态环境遭到破坏,由此带来一系列生态、社会和经济问题,矿区生态恢复不仅可以改善矿区生态环境和人居环境,还可以为产业转型提供用地和基础条件,以达到生态效益、社会效益和经济效益最大化。

矿区生态恢复是指对退化的矿区生态系统通过必要的整合,恢复生态系统的功能,建立合理的生态结构,恢复生物多样性,使矿区生态系统进入稳定良性循环阶段。申家庄煤矿在转型规划中,可通过矸石再利用、矸石山土地复垦、复垦后生态重建等措施进行生态恢复。矿区转型需要新建道路,可以用矸石作为路基,实现矸石再利用;针对矸石山压占的土地,可以通过平整土地、覆土改良等措施改善土壤环境,实现矸石山土地复垦;复垦后的土地可以结合化学、生物和工程修复技术进行生态重建,迅速建立生物多样性丰富的生态环境。

(2) 瓦斯综合利用分析

随着煤层开采,采空区范围不断增加,采空区瓦斯的涌出量逐渐增大。在煤炭开采过程中兴建了瓦斯发电厂,随着煤矿闭坑现已关闭。在资源可行性研究的基础上,对煤层气(瓦斯)的开发利用,可考虑实施采空区瓦斯抽采工程。

以 2303 采煤工作面为例,其地面标高为 +130.8～+132.58 m,走向长平均为 1 150 m,倾斜长平均为 165 m,煤层厚度为 5.1 m,煤层结构简单,属于高透气性煤层。工作面采取 U 型通风方式,2303 采煤工作面的绝对瓦斯涌出量为 20.58 m³/min,其中采空区的瓦斯涌出量约为 11.52 m³/min。张永平等人的研究"申家庄煤矿瓦斯抽放钻孔合理布置层位研究"表明,U 型通风方式下采空区瓦斯运移规律为:沿采空区长度方向,距离工作面越远,瓦斯浓度越高;垂向方向看,裂隙带内上部瓦斯体积分数比垮落带内的瓦斯体积分数高。即越往采空区的深部和上部,瓦斯浓度越高。结合 2303 采煤工作面的采空区上覆岩层裂隙带高度以及瓦斯分布规律可以看出,在采空区上方 45～60 m 内,瓦斯含量大、裂隙丰富,属瓦斯富集区,是瓦斯抽采的关键部位。瓦斯抽采孔终孔位置应处于工作面上方 45～60 m 范围内裂隙带内。

(3) 地下空间综合利用分析

对闭坑矿井特殊地下空间加以综合利用,既能避免现有地下空间的浪费,又能节省构建地下空间的建设费用。作为稳定的矿井地下空间资源化利用途径主要有:以抽水蓄能为主导的空间开发利用,根据当地用电低谷、高峰期,利用闭坑矿井地下空间作为地下蓄水库,将电能转化为势能,再由势能转化成电能,满足不同时期用电需求;以物资储存为主导的空间开发利用,主要包括石油、天然气、粮食、水等的储存等;以处理废弃物为主导的空间开发利用,存放废弃物不仅节约了地面土地资源,还可以减轻采空沉降影响;以养殖等为主导的空间开发利用,巷道有着比较适宜的温度、湿度等天然条件,可作为不需过多阳光甚至不需要阳光类的动植物养殖、培育空间。

申家庄煤矿闭坑后,矿方对井口进行了封堵,存在采空积水现状。针对地下空间现状,在地下空间开发与环境保护协调发展的原则下,可考虑依托岳城水库,将磁县申家庄煤矿、六合工业公司和六河沟煤矿联片形成分布式地下水库,实施抽水蓄能为主导的空间开发利用工程。另外,在特殊时期可起到汛期泄洪、旱期给水等功能。

(4)矿井水综合利用分析

煤矿闭坑后矿井水几乎全部赋存在原来地层或形成采空积水,而原来矿井疏排水形成的地表水,因地下补给源缺失则逐渐消失。针对申家庄煤矿的示范调查,主要体现在煤矿采空积水方面。

虽然矿井井筒已封,但赋存的大量矿井水资源随着矿乡规划,其开发利用潜力不容忽视。针对上述的矿乡规划,作为独立工矿区矿井水资源化利用途径主要有:通过简单处理作为农业灌溉、矿区地面绿化、道路洒水、冲厕等用水;通过深度处理作为矿区居民或周边村镇居民生活用水;根据申家庄煤矿南邻岳城水库特点,可谋划矿井预先疏水、矿井排水与矿乡规划地表水优化配置作为水源供给不同用户。

此外,在矿井水资源化利用的过程中,还可以通过限制水位,从而避免劣质矿井水反向串联补给含水层而污染地下水和供水水源地。

(5)煤矸石资源综合利用分析

针对申家庄煤矿煤矸石现状,综合考虑当地环保政策等情况,现阶段延续矸石发电、制砖等工作受到了限制。煤矸石现阶段利用原则应为:在对矸石堆不稳定边坡、压占等问题进行治理的同时,实施利用工程。

可考虑在上述土地规划中的"休闲农业区"区域,进行矸石堆治理工程。通过对矸石堆边坡采取削坡、治理成台阶的方式,控制边坡。矸石堆上部经过治理后形成平台,平台可为实施"光伏大棚"等项目提供场地。整合矿区其他规划,实施"光伏+农业+现代物流"模式,弥补矸石环境容量短板。

综上,新常态下的矿区转型、煤矿资源高效再利用,应在充分理清矿区存在问题的基础上,在可持续发展理论的指导下,以产业体系构建为基础、以矿乡统筹发展为目标、以人居环境改善为根本、以多方参与为前提、以职工安置为核心,提出转型、资源再利用策略。关闭煤矿转型的实践探索不仅可以为关闭煤矿的发展带来新的生机,实现资源的高效利用和矿区可持续发展,还可以为即将关闭的矿区转型提供一定的参考和借鉴。

参考文献

韩磊,秦勇,王作棠,2019.煤炭地下气化炉选址的地质影响因素[J].煤田地质与勘探,47(2):44-50.

刘淑琴,师素珍,冯国旭,等,2019.煤炭地下气化地质选址原则与案例评价[J].煤炭学报,44(8):2531-2538.

刘淑琴,周蓉,潘佳,等,2013.煤炭地下气化选址决策及地下水污染防控[J].煤炭科学技术,41(5):23-27,62.

刘小磊,闫江伟,刘操,等,2022.废弃煤矿瓦斯资源估算与评价方法构建及应用[J].煤田地质与勘探,50(4):45-51.

秦勇,王作棠,韩磊,2019.煤炭地下气化中的地质问题[J].煤炭学报,44(8):2516-2530.

赵岳,黄温钢,徐强,等,2018.煤炭地下气化地质条件评价研究:以江苏省朱寨井田为例[J].河南理工大学学报(自然科学版),37(3):1-11.

钟毓娟,梁杰,刘鑫,等,2011.煤炭地下气化化学点火研究[J].煤炭转化,34(2):22-25.

VYAS D U,SINGH R P,2015.Worldwide developments in UCG and Indian initiative [J].Procedia earth and planetary science,11:29-37.

第7章 结论与建议

7.1 结论

河北省内首次开展了省域主要矿区关闭煤矿多要素综合调查工作,基本掌握了河北省主要矿区关闭煤矿地质灾害、地质环境问题,建立了关闭煤矿地质灾害、地质环境问题清单。本次共收集各类煤矿地质环境调查成果、煤矿资料、遥感影像图等资料727份。共计调查关闭煤矿193处,其中大中型关闭煤矿为30处、个体小煤矿(含老窑区)163处;共完成全省主要煤矿区1:50 000遥感调查4 034.33 km²;完成全省主要矿区1:50 000关闭煤矿多要素综合调查1 557.49 km²,1:10 000关闭煤矿多要素综合调查270 km²,1:2 000关闭煤矿多要素剖面线调查60 km,采取、送检水样357个、土样(土壤、煤矸石等)2 199个;调查行程约2 466 km,调查点4 005个(样品采样点、地灾点、房损点、观测点等),平均调查密度约2.2个/km²。建立了关闭煤矿多要素综合调查方法及技术流程,完成了矿山地质环境影响程度分级、分区综合评价,提出了关闭煤矿地质灾害治理、地质环境保护对策建议及资源再利用对策建议和推荐模式,为今后关闭煤矿地质灾害、地质环境治理、生态恢复及资源再利用提供了可靠的基础资料。

(1)运用资料收集与分析、遥感调查、野外调查、采样化验与分析等现代综合调查手段,开展了河北省主要矿区关闭煤矿多要素综合调查,提出了多要素综合调查工作方法及技术流程,建立了关闭煤矿多要素综合调查示范模式。

按发现问题、资料收集、协同观测、高效处理和聚焦服务的工作程序,提出了集资料收集与分析、遥感调查、野外调查、采样化验、研究分析为一体的关闭煤矿多要素综合调查方法与技术流程,形成了一套集空天地(航天卫星观测平台、无人机观测平台和地面调查平台)一体化的观测调查示范模式。

调查结果表明,全省主要矿区关闭煤矿地质环境问题主要有:成规模的采煤沉陷区150处、面积约328.77 km²,主要分布于峰峰矿区、邯郸矿区、邢台矿区、井陉矿区、蔚县矿区、宣下矿区、开滦矿区以及兴隆矿区;塌陷(群)坑145处、面积约2.15 km²;地裂(群)缝134处,主要分布于蔚县矿区、邯邢矿区;房屋损坏129处,主要分布于张家口、邯郸和唐山等地;矸石山(堆)49处,主要分布于邯郸和张家口等地;各类地质环境问题共压占与破坏土地31.78 km²;地形地貌景观破坏360.55 km²;关闭煤矿含水层破坏基本为较严重~

严重;土壤污染点 146 处,主要分布于邯郸和邢台矿区。

(2)依据本次多要素综合调查成果,基本掌握了河北省主要矿区关闭煤矿地质灾害、地质环境问题,建立了关闭煤矿地质灾害、地质环境问题清单。开发了河北省主要矿区关闭煤矿地质环境与资源数据库,实现了调查数据数字化统一管理。

河北省主要矿区关闭煤矿地质环境问题类型主要为地质灾害、土地资源压占、地形地貌景观破坏、含水层破坏、水污染、土壤污染等。依据本次多要素综合调查成果,按照需求分析、概念结构、逻辑结构与物理结构的设计流程,基于关系型数据库,建立了河北省主要矿区关闭煤矿地质环境与资源数据库,将本次调查数据与附件存储至统一的数据库。基于浏览器/服务器(B/S)架构,采用 Java 语言和 Spring ＋ SpringMVC ＋ Mybatis 框架,开发了河北省关闭煤矿多要素调查数据管理信息系统,实现了关闭煤矿基本信息管理、地质环境信息管理、资源信息管理、信息查询与原始附件上传功能,为调查数据统一管理和信息共享提供了平台。

(3)针对关闭煤矿地质环境影响建立了综合评价方法,开展了关闭煤矿地质环境单项、综合评价。结合矿山地质环境影响评价,参照矿产资源总体规划,按照区内相似、区间相异的原则,划分出关闭煤矿地质环境监测、治理区,为后续关闭煤矿区地质灾害治理、地质环境保护等生态恢复工作提供了基础资料。

在充分研究河北省主要矿区关闭煤矿井田地质环境背景的基础上,结合关闭煤矿地质环境问题调查研究,参照评价指标选取原则,构建了 3 个要素层 11 个指标层的河北省主要矿区关闭煤矿地质环境评价指标体系。采用专家打分法,确定了各类指标权重。利用综合模糊评价方法,对全省 115 个关闭煤矿开展了定量综合评价。

综合评价结果显示,河北省主要矿区仍有部分关闭煤矿处于矿山地质环境影响严重状态。其中,全省主要矿区关闭煤矿地质环境严重区为 28 个,面积约 212.50 km^2;较严重区为 23 个,面积约 250.35 km^2;较轻区为 142 个,面积约 273.21 km^2。较严重～严重区仍在地质灾害、含水层破坏、土地压占等多个方面存在较大问题。较严重～严重程度的矿井主要分布于蔚县矿区(24 个矿)、峰峰矿区(10 个矿)、邯郸矿区(7 个矿)、开滦矿区(4 个矿)、邢台矿区(2 个矿)、兴隆矿区(3 个矿)、井陉矿区(1 个矿)。

依据矿山地质环境综合评价结果,共划分出关闭煤矿地质环境监测区面积约591.95 km^2,关闭煤矿地质环境治理区面积约 185.29 km^2。

(4)开展了河北省主要矿区关闭煤矿资源调查,基本掌握了调查区主要关闭煤矿剩余煤炭资源、土地、煤层气(瓦斯)、矿井水、地下空间、煤矸石等资源情况。通过对河北省主要关闭煤矿生态恢复与资源综合利用推荐模式初步分析,提出了生态恢复与资源综合利用对策与建议,明晰了河北省主要矿区关闭煤矿生态恢复与资源综合利用推荐途径。

全省主要矿区关闭煤矿剩余煤炭资源约 25.64 亿 t(剩余煤炭资源量大于 0.5 亿 t 矿井为 16 处,剩余煤炭总量约 19.93 亿 t),土地资源约 22.84 km^2,高瓦斯矿井 5 处,水位恢复稳定后预计积水总量约 1.04 亿 m^3(矿井水文地质类型为复杂～极复杂矿井 6 处),地表沉陷积水 15 处(约 3.87 km^2),遗存岩巷、井底车场及斜井空间约 380 万 m^3(采空区稳沉后预测总容积约 1.06 亿 m³),遗存煤矸石约 1 446 万 m³。

初步分析,在不考虑其他限制条件情况下,主要基于资源量(或潜在资源量)等因素,全省主要矿区关闭煤矿中适合建设用地模式的煤矿为 40 个、农林用地模式为 88 个、塌陷水域综合利用模式为 10 个、矿山公园模式为 11 个、煤炭利用模式为 12 个、瓦斯利用模式为 9 个、热能利用模式为 5 个、遗留物资利用模式为 26 个、井下空间利用模式为 7 个、矸石利用模式为 24 个。

值得注意的是,土地资源应充分考虑采空区地裂缝、塌陷等地质灾害约束性,在地质安全的基础上遵循"宜林则林、宜耕则耕、宜草则草、宜建则建、宜景则景"的原则,通过修复绿化、转型利用、自然恢复等措施积极推进土地资源综合利用。其他资源,如煤炭资源可以考虑在充分论证后,选择生态敏感性较低、资源丰富、区位条件优越、符合当地经济社会发展需求、便于协调开发利用的关闭煤矿作为重点研究对象,开展综合利用工业性试验和示范工程;煤层气开发利用过程中应在瓦斯治理的前提下注意地质条件变化、安全及地下水保护;矿井水应特别关注地下水污染、防控及水质要求;地下空间则需要进一步的调查和安全、适宜性评价,在此基础上开展示范应用。

(5)归纳总结了河北省关闭煤矿 7 类 19 种生态修复与综合利用推荐模式。结合实地调查,对河北省主要矿区 115 个关闭煤矿提出了资源再利用和生态修复途径。

河北省关闭煤矿 7 类生态修复与综合利用模式分别是农林用地模式、建设用地模式、塌陷水域综合利用模式、矿山公园模式、资源综合利用模式、井下空间利用模式及矸石山生态恢复模式等。

结合实地调查,综合考虑关闭煤矿背景条件和资源开发利用条件,对河北省主要矿区 115 个关闭煤矿提出了资源再利用和生态修复途径。

7.2 存在问题及建议

7.2.1 问题

(1)老窑区小型煤矿关闭时间久远,开采边界不清晰,资料缺失,部分矿区存在隐伏地裂缝等地质灾害,部分采空影响区范围圈定存在一定误差,在土地利用及生态修复过程中需进一步探查。

(2)煤矿关闭后,主副井基本已永久封闭,缺少地下水监测网络,矿井水等相关监测资料缺乏,在地下水资源保护与利用过程中需进一步开展调查与评价。

(3)关闭煤矿剩余煤炭资源、煤层气等资源基本情况调查主要来源于收集资料,在资源开发利用时需要开展专项评价。

7.2.2 建议

(1)建立关闭、生产矿井环境监测网络,实现矿井动态信息有效管理,为后续的资源开发、利用、环境保护提供基础信息。开展关闭、生产矿井基础数据库建设,构建动态的煤矿资源、环境管理系统,为资源的精准利用和规划部门提供决策支持。

（2）关闭矿山地质环境治理与生态恢复应纳入国土空间规划范畴,应符合当地的国土空间规划,以实现提升土地价值、优化国土空间的目的。

（3）对矿山地质环境严重区应尽快开展地质灾害、地形地貌景观破坏、含水层破坏防治等相关治理工程。

（4）加强科技投入,加强关闭煤矿资源再利用及生态恢复关键技术研发,尤其是剩余煤炭和瓦斯开发再利用、地下水污染防控与矿井水综合利用、地下空间利用等技术创新,为实现绿色闭坑提供技术支撑。

（5）树立矿井全生命周期理念,完善闭坑管理,提前编制资源再利用及生态修复方案,实现关闭煤矿资源利用与生态保护协同发展。选择生态敏感性较低、资源丰富、区位条件优越、符合当地经济社会发展需求、便于协调开发利用的关闭煤矿作为示范点,尽快开展资源再利用及生态修复示范工程。

附　图

（a）露天煤矿影像　　　　　　　　　（b）采石场影像

（c）矸石山影像　　　　　　　　　（d）矸石山实地照片

（e）煤矿影像　　　　　　　　　（f）煤场

附图 1　部分矿山地质环境解译标志影像

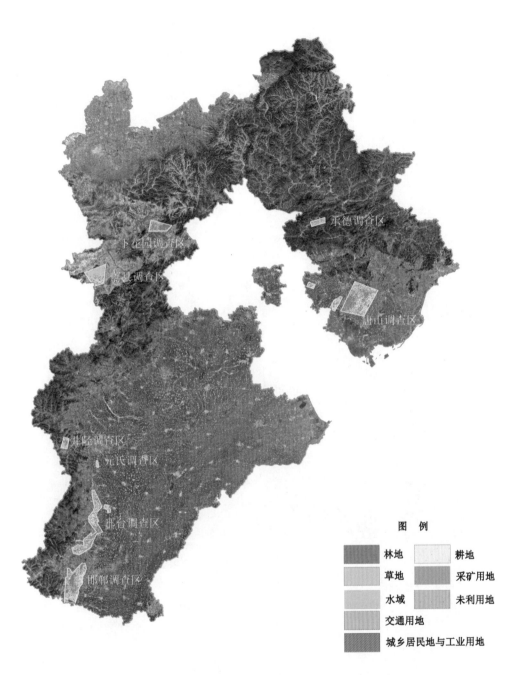

图 例

	林地		耕地
	草地		采矿用地
	水域		未利用地
	交通用地		
	城乡居民地与工业用地		

附图 2　河北省各调查区 2018 年土地利用生态系统分布图

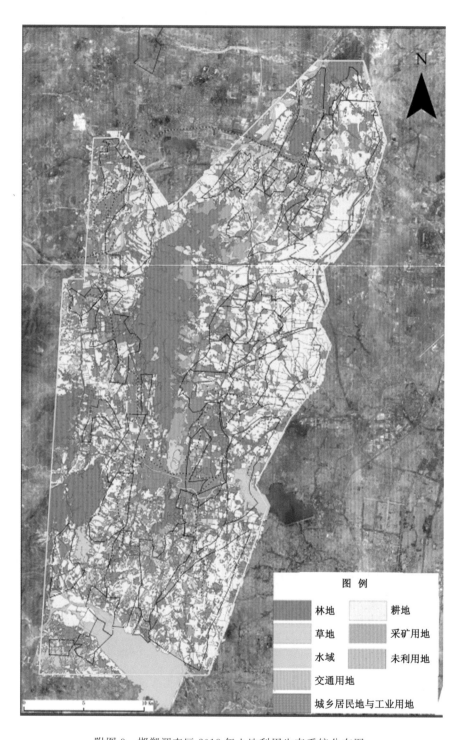

图　例

林地　　　耕地

草地　　　采矿用地

水域　　　未利用地

交通用地

城乡居民地与工业用地

附图 3　邯郸调查区 2018 年土地利用生态系统分布图

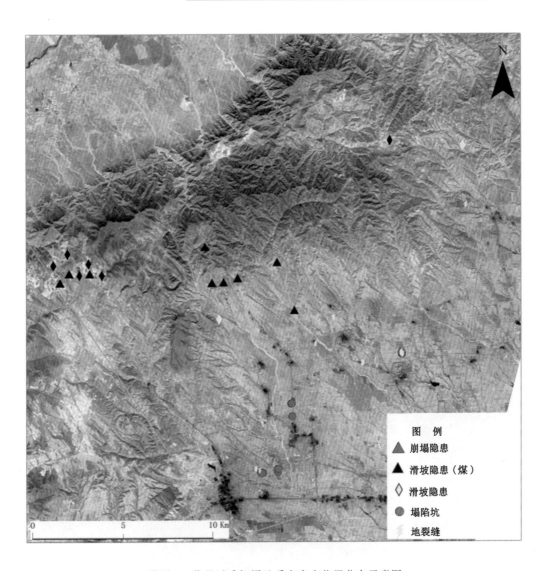

附图 4　蔚县遥感解译地质灾害点位置分布示意图

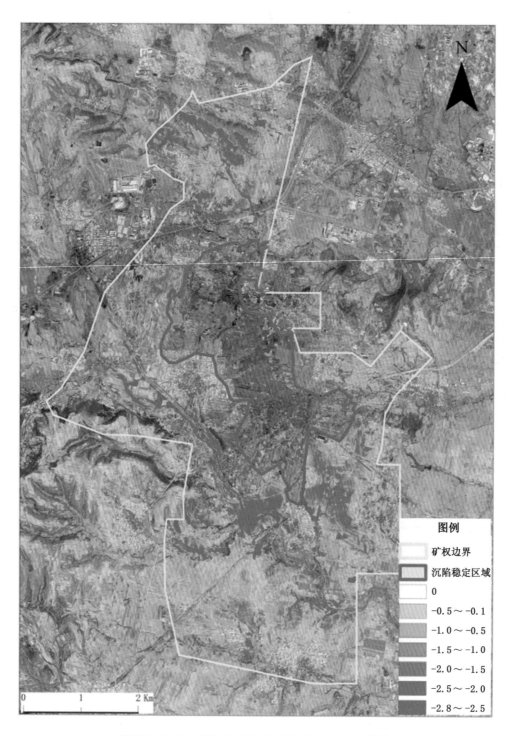

图例
矿权边界
沉陷稳定区域
0
-0.5～-0.1
-1.0～-0.5
-1.5～-1.0
-2.0～-1.5
-2.5～-2.0
-2.8～-2.5

附图 5 2007—2019 年 DEM 与航测 DEM 叠加分析图

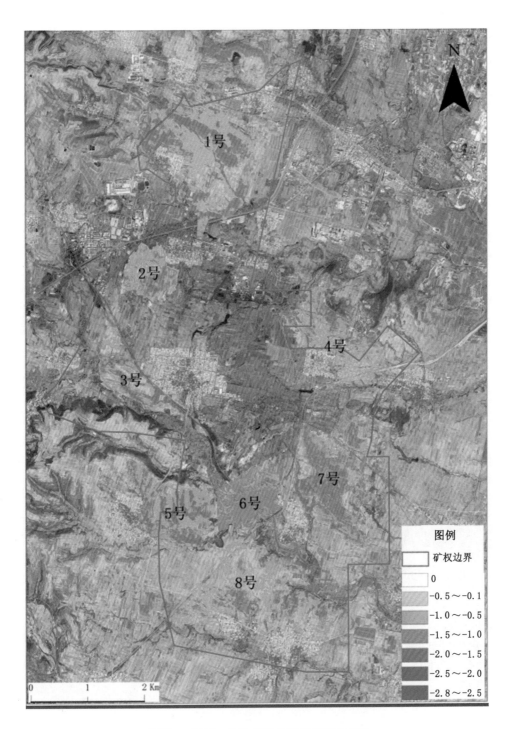

附图 6　2007—2019 年发生沉陷区域分布图

附图 7　2013—2019 年沉陷区域变化图